Wolfgang Beck

Die Geschichte der Chemie an der Ludwig-Maximilians-Universität München

WOLFGANG BECK

DIE GESCHICHTE DER CHEMIE AN DER LUDWIG-MAXIMILIANS-UNIVERSITÄT MÜNCHEN

MIT ZAHLREICHEN KURZBIOGRAPHIEN VON PROFESSOREN, DIE AN DER LMU GEWIRKT HABEN

BERLIN 2023

GNT

Bibliographische Information
der Deutschen Nationalbibliothek
Die Deutsche Nationalbibliothek verzeichnet diese Publikation in der Deutschen Nationalbibliografie; detaillierte bibliographische Daten sind im Internet über › <http://dnb.dnb.de> abrufbar.

Im Buch sind stets Personen männlichen und weiblichen Geschlechts gleichermaßen gemeint. Aus Gründen der Lesbarkeit wird nur das generische Maskulinum verwendet.

Alle im Buch aufgeführten URLs wurden zuletzt am 17.6.2023 abgerufen.

Lektorat, Layout & Satz
GNT-Verlag GmbH, Lasiuszeile 2, 13585 Berlin, Germany
› <https://www.gnt-verlag.de>

Druck und buchbinderische Verarbeitung
Overprintas GmbH, Blindžių g. 7, 08111 Vilnius, Lietuva

1. Auflage 2023

ISBN 978-3-86225-141-4 (Hardcover)
ISBN 978-3-86225-552-8 (E-Book / PDF)
DOI › <https://doi.org/10.47261/1552>

Inhaltsverzeichnis

Wolfgang Beck: Die Geschichte der Chemie an der LMU München.
 DOI: › <https://doi.org/10.47261/1552>.

Vorbemerkung

Die folgenden Ausführungen[1] über die Geschichte der Chemie an der LMU sind als Fortführung des umfassenden Buchs von Wilhelm Prandtl über die Geschichte des Chemischen Laboratoriums der Bayerischen Akademie der Wissenschaften in München gedacht.[2] Prandtl hat die Chemie am sog. Staatslabor bis Anfang der Dreißiger Jahre behandelt. Das chemische Laboratorium des Staates wurde 1937 in die Ludwig-Maximilian-Universität eingegliedert.[3] Eine von Fritz Eiden und Oliver Baron verfasste, kurze und schöne Übersicht über die Geschichte der Chemie und der Pharmazie an der Fakultät Chemie und Pharmazie findet sich im Internet.[4] Freddy Litten hat in einem sehr bewegenden Aufsatz über Rudolf Hüttel die Verhältnisse in der Chemie an der LMU während der Zeit des Nationalsozialismus eindrucksvoll beleuchtet.[5] Janina Altman

1 Als Quelle dienten u. a. die beim Bayerischen Hauptstaatsarchiv zugänglichen Akten des Bayerischen Staatsministeriums für Unterricht und Kultur MK 7, MK 17/1, MK 19/1 und MK 19/2. Herrn Archivrat Michael Puchta dankt der Verfasser dieser Zeilen für die freundliche Unterstützung. Herrn Professor Dr. Dr. h.c. Fritz Eiden und Herrn Professor Dr. Christian Ochsenfeld ist der Verfasser für die kritische Durchsicht des Manuskripts und für wertvolle Anregungen sehr dankbar. Herr Prof. Dr. Dr. h.c. mult. Rolf Huisgen gab wertvolle Hinweise. Der Dekanatssekretärin Gertraud Adelmann gilt der herzliche Dank für wertvolle Hilfe. In besonderem Maße möchte der Verfasser dieser Zeilen Herrn Dr. Markus Müller (Lehrstuhl Prof. Thomas Carell) danken für seine überaus große, vielfältige, wertvolle und kompetente Hilfe beim Fertigstellen des Manuskripts, besonders auch für die Gestaltung der Abbildungen. Tiefer und herzlicher Dank gilt Herrn Prof. Thomas Carell für seine wertvollen Ratschläge.

2 W. Prandtl: *Die Geschichte des Chemischen Laboratoriums der Bayerischen Akademie der Wissenschaften in München*. Verlag Chemie, Weinheim, **1952**.

3 F. Litten, *Zeitschrift für Landesgeschichte* **1992**, *55*, 411.

4 LMU, Fakultät für Chemie und Pharmazie, Geschichte der Fakultät ‣ <https://www.cup.lmu.de/de/fakultaet/geschichte/>.

5 F. Litten: „Er half …, weil er sich als Mensch und Gegner des Nationalsozialismus dazu bewogen fühlte“ – Rudolf Hüttel (9.7.1912 – 1.10.1993). *Mitteilungen der Gesell-*

 DOI: ‣ <https://doi.org/10.47261/1552>.

hat ein Buch über die „Weiße Rose“ geschrieben mit einem einleitenden Kapitel über „Wissenschaftler vor und nach Hitlers Aufstieg zur Macht“, das ins Deutsche übersetzt wurde und in dem sie sich vor allem mit Richard Willstätter und Heinrich Wieland und deren Münchner Kollegen eingehend und mitfühlend befasste.[6]

schaft Deutscher Chemiker – Fachgruppe Geschichte der Chemie **1998**, Nr. 14, 78 – 109. › <http://litten.de/fulltext/huettel.htm>.

6 Janina Altman: *Naturwissenschaftler vor und nach Hitlers Aufstieg zur Macht.* Aus dem Hebräischen von Inka Arroyo Antezana. Haifa, **2007**, erstes Kapitel: › <https://www-sop.inria.fr/members/Eitan.Altman/PAPERS/weisseR1.pdf>.

1 Die Organisation der Chemie

1.1 Die Chemie in der Bayerischen Akademie der Wissenschaften und bei den Wissenschaftlichen Sammlungen des Staates und ihre Professoren

Im Jahr 1807 wurde in der mathematisch-naturwissenschaftlichen Klasse der Bayerischen Akademie der Wissenschaften in München eine eigene Sektion für Chemie eingerichtet. Der erste Leiter dieser Sektion war Adolph Ferdinand Gehlen (1775 – 1815). Nach dessen frühen und tragischen Tod durch Arsenwasserstoff-Vergiftung bezog sein Nachfolger Heinrich August Vogel (1778 – 1852) ein erstes chemisches Laboratorium an der Arcisstraße 1, dessen Bau Gehlen begonnen hatte. Vogel wurde 1827 nach dem Umzug der Universität von Landshut nach München 1826 zum o. Professor in der Philosophischen Fakultät der Münchner Universität ernannt. Im Jahr 1827 wurde das Chemische Laboratorium Teil der „Wissenschaftlichen Sammlungen des Staates", so dass es korrekt „Chemisches Laboratorium des Staates" hieß. Bis zum SS 1892 waren die Leiter des „Staatslabors", H. A. Vogel, Justus von Liebig (1803 – 1873) und Adolf von Baeyer (1835 – 1917), als ordentliche Professoren in der Philosophischen Fakultät der Universität München beheimatet. Dann wurde für die naturwissenschaftlichen Fächer eine eigene Sektion eingerichtet – Philosophische Fakultät, II. Sektion – und ab dem WS 1937 / 38 gab es eine eigene Naturwissenschaftliche Fakultät. Im Jahr 1937 wurde das Chemische Staatslabor in die Universität München eingegliedert und der Etat von den „Sammlungen" auf die LMU übertragen.

Bis zur Emeritierung von Geheimrat Heinrich Wieland im Jahr 1952 war der einzige planmäßige o. Professor für Chemie jeweils der alleinige Direktor des Chemischen Laboratoriums an der LMU, nämlich:

Wolfgang Beck: Die Geschichte der Chemie an der LMU München.
© 2023 GNT-Verlag GmbH, Berlin, Germany. DOI: ▸ <https://doi.org/10.47261/1552>.

- Adolph Ferdinand Gehlen (1807 – 1815)
- Heinrich August von Vogel (1816 – 1852)
- Justus von Liebig (1852 – 1873)
- Adolf von Baeyer (1875 – 1915), Nobelpreis 1905
- Richard Willstätter (1915 – 1924), Nobelpreis 1915
- Heinrich Wieland (1925 – 1952), Nobelpreis 1927.

Bereits Heinrich Vogel hatte einen Kollegen, nämlich seinen Sohn August Vogel, welcher 1848 – 1852 der erste a. o. Professor für Chemie an der LMU wurde. Ebenso war Jacob Volhard von 1869 – 1879 a. o. Professor bei J. von Liebig und A. von Baeyer, der Abteilungen für anorganische und organische Chemie einrichtete. Ab 1890 gab es zwei anorganische Abteilungen.

Die Leiter der *anorganischen Abteilungen* waren a. o. Professoren und später meist überaus erfolgreiche Forscher:[7]

- Jacob Volhard (1875 – 1879), 1879 nach Erlangen berufen
- Emil Fischer (1879 – 1882, Nobelpreis für Chemie 1902), 1882 Nachfolger von Volhard in Erlangen, dann in Würzburg, Berlin
- Clemens Zimmermann (1882 – 1885)
- Hans Freiherr von Pechmann (1886 – 1895), dann nach Tübingen berufen
- Gerhard Krüss (1890 – 1895)
- Wilhelm Muthmann (1895 – 1899), ab 1899 o. Professor für Anorganische Chemie an der Technischen Hochschule München
- Karl Andreas Hofmann (1898 – 1910), ab 1910 Professor an der TH Charlottenburg
- Oskar Piloty (1900 – 1915)
- Wilhelm Schlenk, später o. Professor in Wien, Berlin und Tübingen, der Begründer der Schlenk-Technik, war in München bei Piloty tätig. Ludwig Vanino vertrat Piloty in der Leitung der analytischen Abteilung und wurde 1911 mit dem Titel Königlicher Professor ausgezeichnet.
- Wilhelm Prandtl (1910 – 1937, 1946 o. Professor)
- Otto Hönigschmid (1918 – 1945), ab 1922 persönlicher o. Professor
- Egon Wiberg (1938 – 1969), ab 1951 o. Professor.

7 Prandtl **1952**, s. Anm. 2 auf S. 9.

Die Leiter der *organischen Abteilung* unter v. Baeyer, Willstätter und Wieland waren:[8]

- Eugen Bamberger (1883 – 1893), 1893 o. Professor Polytechnikum Zürich
- Walter Dieckmann (1905 – 1925)
- Johannes Thiele (1893 – 1902), Doktorvater von Wilhelm Manchot
- Richard Willstätter (1902 – 1905), 1905 o. Professor in Zürich, 1915 in München
- Otto Dimroth (1905 – 1913), 1913 o. Professor in Greifswald
- Heinrich Wieland (1914 – 1917), 1917 o. Professor an der TH München, 1921 in Freiburg, 1925 in München an der LMU
- Kurt Horst Meyer (1918 – 1921)
- Rudolf Pummerer (1921 – 1923), ab 1925 o. Professor in Erlangen
- Erich Schmidt (1923 – 1955).

Im Jahr 1917 richtete Willstätter eine physikalisch-chemische Abteilung ein und holte Kasimir Fajans nach München, der 1917 zum a. o. Professor und 1925 zum o. Professor ernannt wurde. 1932 konnte mit Hilfe der Rockefeller-Stiftung ein Neubau für die physikalische Chemie errichtet werden und die physikalisch-chemische Abteilung des Staatsinstituts wurde in Physikalisch-Chemisches Institut umbenannt. Zum ersten Direktor wurde K. Fajans gewählt. Aufgrund der Rassengesetze wurde Fajans 1935 in den Ruhestand versetzt und aus dem Staatsdienst entlassen; er folgte einem Ruf an die Universität Michigan in den USA (1936 – 1957). Nach dem Krieg erhielt Fajans als finanziellen Ausgleich die Emeritenbezüge eines o. Professors. Den Vorschlag des Ministeriums und der Naturwissenschaftlichen Fakultät, eine Rückkehr nach München in Erwägung zu ziehen, lehnte Fajans ab.

Sein Nachfolger als o. Professor war Klaus Clusius, der überraschend 1947 an die Universität Zürich wechselte. Georg-Maria Schwab wurde 1933 als a. o. Professor für Physikalische Chemie berufen, 1938 wurde ihm aufgrund § 18 des Berufsbeamten-Gesetzes die Lehrerlaubnis entzogen (jedoch behielt er zunächst seine Stelle als Konservator). Im Jahr 1950

8 Ebd.

wurde Schwab als Direktor des Physikalisch-Chemischen Instituts nach München berufen.

Wilhelm Prandtl wurde 1937 von der Nazi-Regierung wegen der „nichtarischen" Abstammung seiner Ehefrau des Amtes enthoben. Dieses Unrecht wurde nach dem Krieg durch die Ernennung zum persönlichen ordentlichen Professor wiedergutgemacht. Prandtl hat im September 1946 dem Bayerischen Staatsministerium für Unterricht und Kultus seine „Gedanken zum Wiederaufbau der Chemischen Laboratorien und zur Neueinrichtung des chemischen Unterrichts" vorgetragen und u. a. vorgeschlagen, drei planmäßige Extraordinariate in zwei Ordinariate umzuwandeln – eines für Anorganische und eines für Organische Chemie –, da der derzeitige alleinige o. Professor für Chemie nicht mehr imstande sei, das Gesamtgebiet der Chemie in Lehre und Forschung zu vertreten. Ferner hatte Prandtl die Idee, das beschädigte Kaffeehaus im Alten Botanischen Garten für die Chemie zu nutzen. Wieland erstellte eine sorgfältige und eingehende Stellungnahme und betonte u. a., dass auch an anderen großen Universitäten (Berlin, Leipzig, Bonn, Heidelberg, Freiburg, Würzburg) daran festgehalten werde, die Verantwortung für die Ausbildung der Studenten in eine Hand zu legen und dass sich dieses Prinzip der Organisation seit Liebig bewährt habe. Die Ämter der Abteilungsvorsteher haben sich für den Unterricht und für die Forschung als äußerst förderlich erwiesen und seien seit Liebigs und Baeyers Zeiten Übergangsstellen für besonders befähigte junge Gelehrte. Nach diesem Prinzip wurden später und bis heute junge Wissenschaftler auf Extraordinariate bzw. auf „tenure track"-Positionen berufen. Der Vorschlag von Prandtl wurde dann in der Fakultätssitzung am 6.11.1946 (unter Dekan Clusius) mit großer Mehrheit abgelehnt.

Dagegen gab es an der Technischen Hochschule in München bereits vor 1900 einen Lehrstuhl für Anorganische Chemie.[9]

9 Wilhelm Muthmann (1894 – 1913), Wilhelm Manchot (1914 – 1935), Walter Hieber (1935 – 1964).

1.2 Die Chemischen Institute und das Genzentrum

Nach der Berufung von Rolf Huisgen als Nachfolger von Heinrich Wieland wurde 1954 das Chemische Laboratorium neu geordnet in die drei Institute:

- Institut für Organische Chemie
  (Vorstand o. Professor Dr. Rolf Huisgen)
- Institut für Anorganische Chemie
  (Vorstand o. Professor Dr. Egon Wiberg)
- Institut für Biochemie
  (Vorstand o. Professor Dr. Feodor Lynen).

Die Personalstellen und Mittel wurden auf die einzelnen Institute aufgeteilt.

Die Biochemie war vorher eine Abteilung des Chemischen Laboratoriums unter Leitung von Feodor Lynen, ebenso wie die Chemisch-Technologische Abteilung, die von Rudolf Hüttel geführt wurde und dann eine Abteilung der Organischen Chemie war. Die Physikalische Chemie war bereits seit 1932 durch ein eigenes „Physikalisch-Chemisches Institut" vertreten.

Im Jahr 1957 wurde mit großer finanzieller Hilfe des Bundesministeriums für Atomfragen (Minister Siegfried Balke) ein radiochemisches Labor (mit Etat und Personal) im Institut für Anorganische Chemie unter Leitung von Dr. Fritz Weigel eingerichtet. Das Vorbild für radiochemische Laboratorien war das Radiolabor eines Pioniers der Transurane, Burris B. Cunningham an der University of California in Berkeley, der z. B. erstmals Californium herstellte und bei dem Fritz Weigel als Postdoktorand tätig war. Die Radiochemie wurde auch später durch erhebliche Mittel des Bundesministeriums für Atomkernenergie und Wasserwirtschaft und ab 1962 vom Bundesministerium für wissenschaftliche Forschung gefördert. Die radiochemische Abteilung im Institut für Anorganische Chemie wurde nach dem frühen Tod (1986) von Fritz Weigel von Franz Lux geleitet, der von der Technischen Universität München an die LMU wechselte. Franz Lux hat sich bei der notwendigen und finanziell aufwändigen Sanierung der radiochemischen Abteilung große Verdienste erworben.

Anfang 1969 wurden in der Naturwissenschaftlichen Fakultät (Dekan Heinz Jagodzinski) Fachgruppen für Biologie, für Chemie und Pharmazie (unter Leitung von Egon Wiberg), für Geowissenschaften und für Mathematik und Physik eingerichtet. Diese Fachgruppen waren die Vorläufer der jetzt fünf naturwissenschaftlichen Fakultäten,[10] die 1971 an die Stelle der Naturwissenschaftlichen Fakultät traten. Besetzt wurden die neun Lehrstühle in der Chemie mit R. Huisgen, F. Lynen, A. Weiß, W. Beck, R. Gompper, H. Nöth, H.-P. Boehm, N. N. (Physikalische Chemie), N. N. (Theoretische Chemie I). Armin Weiß war der letzte Dekan der „großen" Naturwissenschaftlichen Fakultät und Hans-Dieter Stachel war der erste Dekan der neuen Fakultät für Chemie und Pharmazie.

Im Jahr 1984 wurde von Ernst-Ludwig Winnacker mit Mitteln des Bayerischen Staates und der Farbwerke Hoechst AG das Genzentrum an der LMU gegründet, zunächst mit dem Ziel, die Gentechnik in Deutschland zu etablieren und für medizinische und industrielle Zwecke zu nutzen. Das Genzentrum ist eine zentrale Einrichtung der LMU mit unabhängigen Nachwuchsgruppen. In den letzten Jahren ist das Genzentrum unter Leitung von Patrick Cramer und Karl-Peter Hopfner stark gewachsen und umfasste 2010 250 Mitarbeiter. Die Forschung ist heute sehr breit angelegt mit einem „systembiologischen" Schwerpunkt.[11]

Im Jahr 2016 wurde der Neubau eines neuen Forschungszentrums der LMU, des Forschungszentrums für Molekulare Systeme (BioSysM) – neben den Bauten der Pharmazie – eröffnet. Dieses BioSysM für 200 Mitarbeiter hat komplexe biologische Systeme als Ganzes im Blick und bildet zusammen mit dem Genzentrum einen Forschungsverbund.

Eine weitere zentrale Einrichtung der LMU ist das Center of Nanoscience (CeNS), das 1998 gegründet wurde und das die Kooperation der verschiedenen naturwissenschaftlichen Disziplinen auf dem Gebiet der „Nanowelt" fördert, mit vielen Mitgliedern aus der Fakultät für Chemie und Pharmazie.

10 Mathematik, Physik, Chemie / Pharmazie, Biologie, Geowissenschaften.

11 Eine nähere Beschreibung der Forschung im Genzentrum findet sich im Internet unter ‣ <https://www.genzentrum.uni-muenchen.de/>.

Seit 1980 gibt es die Fachdidaktik Chemie für Lehramtsstudierende, die von den Oberstudiendirektoren Karl Häusler (1980–1987) und Heribert Rampf (1987–1994) sehr erfolgreich geführt wurde und dann von dem Honorarprofessor an der Universität Wien Dr. Michael Anton (1994–2016) aktiv vertreten und ausgebaut wurde. Häusler hat sehr verbreitete Lehrbücher für Chemie an Realschulen und (gemeinsam mit Wolfgang Beck) auch für Gymnasien verfasst. Rampf machte sich um die Entwicklung und Systematisierung von Schulexperimenten verdient. Anton war Sprecher der Arbeitsgemeinschaft bayerischer Chemiedidaktiker. Von 2017 bis 2020 war Stefan Schwarzer (früher IPN-Leibniz-Institut für Pädagogik in Kiel) Professor für Didaktik der Chemie an der LMU. Dessen Nachfolgerin ist seit 2022 Professorin Silvija Markic.

1.3 Department Chemie und Department Biochemie

Nach dem Umzug der Fakultät von der Meiser-/Luisenstraße nach Großhadern zum „High Tech Campus“ im Jahre 1998 wurden im Jahr 2000 die chemischen und pharmazeutischen Institute aufgelöst und ein Department für Chemie und ein Department für Pharmazie gegründet. Das Institut für Biochemie bestand zunächst noch weiter und wurde dann in das Department für Chemie und Biochemie eingegliedert. Nach einigen Jahren machte sich die Biochemie selbständig und gründete ein Department für Biochemie, so dass heute innerhalb der Fakultät nun drei Departments bestehen.

Im Department Chemie wird eine Leitung (Vorsitzender und zwei Stellvertreter) und ein Leitungsgremium bestellt. Die Geschäftsstelle mit einem Leiter und mit zentralen Sekretariaten für Buchhaltung, Personal, Studenten, Prüfungen und mit einer zentralen Analytik entlastet die Lehrstühle.

Abb. 1.1. Die 1. Sitzung des Department Chemie der LMU München am 15.2.2000. Von links: Die Professoren Klapötke, Knorr, Beck, Steglich, Anton, Knochel, Zipse, Klüfers, Lorenz,

Ebert, Bein, Schnick, Bräuchle, Knözinger, Westerhausen, Pfaendler, Mayr, Langhals.

1.4 Die Professoren für Chemie an der LMU

Tabelle 1.1. Ordentliche Professoren für Chemie an der LMU (C4 bzw. W3) seit dem Rücktritt von Richard Willstätter im Jahr 1925 (in Klammern Dienstzeit).

Anorganische Chemie	*Organische Chemie*
Otto Hönigschmid (1922 - 1945)	Heinrich Wieland (1925 - 1951)
Egon Wiberg (1951 - 1969)	Rolf Huisgen (1952 - 1988)
Ernst Otto Fischer (1959 - 1964)	Rudolf Gompper (1968 - 2002)
Armin Weiß (1965 - 1995)	Gerhard Binsch (1972 - 1993)
Wolfgang Beck (1968 - 2000)	Wolfgang Steglich (1991 - 2001)
Heinrich Nöth (1969 - 1996)	Herbert Mayr (1996 - 2015)
Hanns-Peter Boehm (1970 - 1994)	Paul Knochel (seit 1999)
Wolfgang Schnick (seit 1998)	Thomas Carell (seit 2004)
Thomas Klapötke (seit 1997)	Dirk Trauner (2008 - 2017)
Peter Klüfers (1998 - 2019)	Oliver Trapp (seit 2017)
Ivana Ivanović-Burmazović (seit 2020)	Paul Knochel (1999 - 2021)

Physikalische Chemie	*Biochemie*
Kasimir Fajans (1925 - 1935)	Feodor Lynen (1953 - 1979)
Klaus Clusius (1936 - 1947)	Guido Hartmann (1973 - 1992)
Georg-Maria Schwab (1950 - 1967)	Ernst-Ludwig Winnacker (1980 - 2006)
Gerhard Ertl (1973 - 1986)	Rudolf Grosschedl (1999 - 2004)
Jürgen Voitländer (1973 - 1998)	Patrick Cramer (2004 - 2014)
Christoph Bräuchle (1988 - 2015)	Roland Beckmann (seit 2006)
Thomas Bein (1999 - 2022)	Karl-Peter Hopfner (seit 2007)
Christian Ochsenfeld (seit 2010)	Ulrike Gaul (2009 - 2020)
Philip Tinnefeld (seit 2017)	Veit Hornung (seit 2015)

Tabelle 1.2. Außerordentliche Professoren (bzw. C3, C2, W2) an der LMU.

Anorganische Chemie	*Organische Chemie*
Wilhelm Prandtl (1910 - 1937)	Erich Schmidt (1923 - 1956)
Robert Klement (1955 - 1967)	Hermann Stetter (1955 - 1960)
Ernst Otto Fischer (1957 - 1959)	Siegfried Hünig (1960 - 1961)
Martin Schmeißer (1955 - 1957)	Klaus Hafner (1962 - 1964)
Heinrich Nöth (1965 - 1966)	Rudolf Gompper (1964 - 1968)
Franz Wille (1966 - 1974)	Klaus Gollnick (1978 - 1993)
Eberhard Amberger (1970 - 1986)	Günther Szeimies (1978 - 1993)
Nils Wiberg (1978 - 1999)	Rudolf Grashey (1978 - 1995)
Alfred Schmidpeter (1978 - 1995)	Rudolf Knorr (1980 - 2000)
Günter Nagorsen (1978 - 1991)	Rudolf Pfaendler (1982 - 2010)
Fritz Weigel (1979 - 1986)	Heinz Langhals (1984 - 2013)
Kurt Hartl (1980 - 1994)	Hendrik Zipse (seit 1998)
Hansgeorg Schnöckel (1989 - 1992)	Anja Hoffmann-Röder (seit 2011)
Ingo-Peter Lorenz (1992 - 2009)	Rasmus Linser (2016 - 2019)
Peter Behrens (1994 - 1997)	
Matthias Westerhausen (1996 - 2004)	
Rainer Pöttgen (2000 - 2001)	
Dirk Johrendt (seit 2002)	
Andreas Kornath (seit 2007)	
Bettina V. Lotsch (2009 - 2017)	
Sonja Herres-Pawlis (2011 - 2015)	
Lena Daumann (seit 2016)	

Fortsetzung nächste Seite.

Tabelle 1.2. (Fortsetzung).

Physikalische Chemie	*Biochemie*
Gerhard Dickel (1969 – 1978)	Ernst-Ludwig Winnacker (1977 – 1980)
Georg Zundel (1976 – 1996)	Klaus Förstemann (seit 2006)
Franz Eberhard Wittig (1969 – 1982)	Julian Stingele (seit 2017)
Bernward Stuke (1965 – 1996)	Johannes Stigler (seit 2018)
Konrad Goßner (1971 – 1993)	Lucas Jae (seit 2019)
Christoph Bräuchle (1984 – 1989)	Johanna Klughammer (seit 2021)
Helmut Knözinger (1978 – 2000)	
Hubertus Ebert (1993 – 2021)	
Joost Wintterlin (seit 2002)	
Achim Hartschuh (seit 2006)	
Don Lamb (seit 2007)	
Christina Scheu (2008 – 2014)	
Knut Müller-Caspary (seit 2021)	
Benjamin Fingerhut (seit 2022)	

Tabelle 1.3. Außerplanmäßige Professoren am Department Chemie.

Anorganische Chemie	*Organische Chemie*	*Physikalische Chemie und Biochemie*
Karl-Ludwig Kompa (1978 – 2006)	Manfred Heuschmann (seit 1995)	Regina de Vivie-Riedle (seit 2002)
Jürgen Evers (1994 – 2006)		Christoph W. Turck (2003)
Karlheinz Sünkel (1998 – 2021)		Haralabos Zorbas (2004)
Konstantin Karaghiosoff (seit 2006)		Uwe Jacob (2010)
Hans-Christian Böttcher (seit 2011)		

Tabelle 1.4. Dekane der Fakultät für Chemie und Pharmazie.

Zeitraum	*Dekan*
1970/71	Armin Weiß, der letzte Dekan der Naturwissenschaftlichen Fakultät
1972/73	Hans-Dietrich Stachel, der erste Dekan der Fakultät für Chemie und Pharmazie
1973/74	Wolfgang Beck
1975/76	Rudolf Gompper
1977/78	Guido Hartmann
1979/80	Gerhard Ertl
1981/82	Hildebert Wagner
1983/84	Heinrich Nöth
1985/86	Fritz Eiden
1987/88	Hanns-Peter Boehm
1989/90	Theodor Severin
1991/92	Jürgen Voitländer
1993/94	Ernst-Ludwig Winnacker
1995/96	Christoph Bräuchle
1997/98	Meinhart Zenk
1999/00	Herbert Mayr
2000/01	Klaus Wanner
2001/02	Peter Klüfers
2003/04	Franz Bracher
2005/06	Paul Knochel
2007/09	Patrick Cramer
2009/11	Martin Biel
2011/13	Herbert Mayr
2013/15	Karl-Peter Hopfner
2015/19	Peter Klüfers
2020/21	Angelika Vollmar
2020/21	Philip Tinnefeld

2 Die bauliche Entwicklung der Chemie an der LMU und einige Hintergründe[12]

2.1 In den Jahren 1815–1945

Die Bauten des Chemischen Laboratoriums der Bayerischen Akademie der Wissenschaften bzw. des „Staatslabors" und der Chemie an der LMU bis zu ihrer Zerstörung 1944/45 sind in Prandtls Buch[13] eingehend beschrieben. Ebenso haben 1961 der Architekt der Neubauten in den Jahren 1953–1961, Oberregierungsbaurat Albin Steininger[14] sowie August Pries[15] vom Universitätsbauamt München im Jahr 1999 einen Überblick über die Geschichte der Chemiebauten in München gegeben.

Das erste Chemische Laboratorium in München wurde in der Bayerischen Akademie der Wissenschaften gegründet. Mit dem Bau wurde 1815 an der Ecke Mai-/Sophienstraße, unter Leitung von A. F. Gehlen, dem ersten akademischen Chemiker in München, begonnen, nach Plänen des königlichen Architekten Gärtner. Nach dem tragischen frühen Tod von Gehlen konnte sein Nachfolger H. A. von Vogel ein Chemiegebäude mit Hörsaal, Laboratorium und Wohnräumen vollenden, das aber viele

12 Siehe auch die hier im Buch abgedruckten Ansprachen von Professsor Rolf Huisgen (S. 35) und des Oberbaurats Albin Steininger (S. 43) bei der Einweihung der Chemischen Institute im Jahr 1961.

13 Prandtl **1952**, s. Anm. 2 auf S. 9.

14 Ansprache (Baubericht) von Oberregierungsbaurat Albin Steininger bei der feierlichen Einweihung der Chemischen Institute am 27. Mai 1961. *Jahreschronik der LMU 1960/61*, Sonderdruck Universitätsarchiv München, **1961**, 90–95.

15 August Pries: Chemie und Pharmazie in München im Wandel der Geschichte. In: *Die Neubauten der Fakultät für Chemie und Pharmazie in Großhadern*. Universitätsbauamt, Großhadern, **1999**, 151–158.

Wolfgang Beck: Die Geschichte der Chemie an der LMU München.
© 2023 GNT-Verlag GmbH, Berlin, Germany. DOI: › <https://doi.org/10.47261/1552>.

Mängel aufwies. Von Friedrich Wöhler, dem Freund Liebigs, stammt der Ausspruch, dass man in München die prachtvollsten Kunstsachen und die schlechtesten Laboratorien sehen könne.

Justus von Liebig wurde von König Max II. bei seiner Berufung im Juli 1852 ein neues Laboratorium zugesagt. Schon im November 1852 konnte ein Neubau mit gut ventilierten Räumen (ein besonderer Wunsch von Liebig) und ein Hörsaal mit guter Akustik an der Sophienstraße eröffnet werden. Das alte Vogelsche Institut wurde zu Liebigs Dienstwohnung umgebaut. Nach dem Tod von Liebig (1873) wurde in den Jahren 1876 – 78 unter Leitung seines Nachfolgers Adolf von Baeyer ein Neubau für 150 – 200 Praktikanten neben dem bestehenden Liebig-Laboratorium errichtet.

An der Ecke Arcis- / Sophienstraße wurde anstelle des Liebig-Wohnhauses ein neues Wohnhaus für A. v. Baeyer gebaut. Am 9.2.1909 stellte von Baeyer den Antrag auf Erweiterung der Chemie am kleinen Botani-

schen Garten mit 2250 qm für einen großen Hörsaal, für Laboratorien und für die Physikalische Chemie. In den Jahren 1916 – 18 wurde dann – unter Leitung von Richard Willstätter – das chemische Laboratorium wesentlich ausgebaut mit einem neuen Gebäude für einen großen Hörsaal mit 560 Sitzplätzen. Am 28.10.1920 hat die Justus-Liebig-Gesellschaft Leverkusen zur Förderung des chemischen Unterrichts 45.520 M an das chemische Laboratorium des Staates überwiesen.

Willstätters Nachfolger Heinrich Wieland musste 1930 – 1933 heftig mit dem Kulturministerium um die Renovierung seiner Dienstwohnung für seine Familie sowie um die Instandsetzung der Laboratorien kämpfen.

In den Jahren 1932/33 wurde mit Hilfe der Rockefeller-Stiftung und mit Kosten von etwa 840.000 RM das neue Institut für Physikalische Chemie (mit Kasimir Fajans als Direktor) errichtet und zwar zwischen dem Hörsaalbau und dem an der Luisenstraße neu erbauten Zoologi-

Abb. 2.1. Das Liebig-Laboratorium.

Abb. 2.2. Der Neubau von Adolf von Baeyer und dessen Erweiterung durch Richard Willstätter 1876–1944/45.

schen Institut. Anlass für die großzügige Spende der Rockefeller Foundation war eine große Denkschrift des Dekans Wilkens an die Stiftung über die bauliche Situation der naturwissenschaftlichen Institute der Universität München. Mit Schreiben vom 29.4.1930 hat dann die Rockefeller Foundation 993.000 RM für den Bau und die Ausstattung des Instituts für Zoologie und 560.000 RM für den Bau und die Ausstattung des Instituts für Physikalische Chemie bewilligt, mit der Auflage, dass der bayerische Staat die Grundstücke und jährlich 26.128 RM für den Unterhalt des Physikalisch-Chemischen Instituts garantiert. Fajans hatte als Direktor 40.000 RM von der Industrie für den Neubau erhalten. Das Institut erhielt den Namen Physikalisch-Chemisches Institut und wurde wie das Chemische Institut der Verwaltung der Wissenschaftlichen Sammlungen des Staates unterstellt.

Egon Wiberg konnte 1939 nach seinem Amtsantritt in München die Erneuerung von Laboratorien durchsetzen, nachdem Vertreter des Kultusministeriums den schlechten Zustand der Räume bestätigt hatten.

1944 nahmen die Bombenangriffe in München zu. So sorgte sich Wieland um sein Institut und bat in einem dringenden Gesuch an die Gauleitung München (26.5.1944) um eine eigene „Motorspritze" zur Brandbekämpfung. Dann wurden Ausweichstellen für die chemischen Laboratorien gesucht. Es konnten Chemie-Übungssäle an den Oberschulen in Ingolstadt, Weilheim, Traunstein und Schondorf sowie Räume in Murnau und bei den Englischen Fräulein in Nymphenburg angemietet werden. Hilfreich war die Errichtung von Ausweichstellen im Kloster St. Zeno in Bad Reichenhall (mit Prof. E. Schmidt) und besonders der Bau einer Baracke in Weilheim (mit Prof. Wieland und Dr. Huisgen), die allerdings erst nach dem Krieg fertig gestellt wurde und dann gute Dienste leistete (und 1951 an Löwenbräu wieder verkauft werden konnte). Dr. Hüttel konnte Teile der Chemie-Bibliothek in der Reichsschule Feldafing unterbringen. Egon Wiberg wollte eine Ausweichbaracke in Freising errichten lassen, die allerdings nicht rechtzeitig fertig wurde. Er stellte am 26.1.1945 an den Dekan Beurlen den Antrag, den bereits unterbrochenen chemischen Unterricht an der Volksschule in München-Solln wieder aufzunehmen, wo entsprechende Räume zur Verfügung standen und wo bereits die Forschung für das „Vierjahresplaninstitut" Synthetische Anorganische Chemie untergebracht war.

Das Institut für Physikalische Chemie errichtete 1943 eine Ausweichstelle im Schloss Brand bei Marktredwitz für die Isotopentrennung von N_2 nach dem Clusius-Dickel-Verfahren zur Gewinnung von „schwerem" Stickstoff (^{15}N). Nach dem Krieg erhielt Clusius im Juli 1945 von der Militärregierung die Erlaubnis zur Wiederaufnahme des Betriebs in Brand. Diese wurde dann wieder zurückgenommen und schließlich doch erteilt, nachdem Clusius auf die Bedeutung dieser Arbeiten für Fütterungsversuche zur Steigerung der Milchproduktion hingewiesen hatte.

2.2 Der Wiederaufbau der Chemischen Institute nach dem Zweiten Weltkrieg

Ende des Krieges (ab 1944) wurden die chemischen Gebäude praktisch vollständig zerstört, bis auf den von Willstätter gebauten Trakt. Dieser wurde 1951 instandgesetzt und die Praktikumsräume mussten wegen des großen Andrangs von Chemie-Studenten bis 1965 notdürftig mit schlechter Entlüftung und Versorgung in Betrieb bleiben. 1946 erhielt die Chemie Räume im weniger beschädigten benachbarten Zoologischen Institut.

Die Vorlesungen von Wieland und Huisgen fanden in der Anatomie statt und das Praktikum und die Forschung in der Holzbaracke in Weilheim.[16] Firmen wie Boehringer Ingelheim sowie Lynen und Wieland (Drittmittel) stellten Mittel für den Ausbau von Laboratorien in der Zoologie zur Verfügung. Es gab eine Reihe von Versuchen (von Seiten des Kultusministeriums von Staatsrat Dr. H. Meinzolt und J. v. Elmenau, von R. Huisgen und E. Wiberg, von S. Balke, dem späteren Bundesminister) Darlehen aus der Industrie zum raschen Wiederaufbau der Chemie zu beschaffen, die aber offenbar alle ergebnislos verliefen.

Wieland hat sich am 11.8.1950 in einem heftigen Brief direkt an den bayerischen Ministerpräsidenten Hans Ehard beschwert „über die Art und Weise wie seit nunmehr fünf Jahren die Aufgabe der Wiedererrichtung chemischer Forschungs- und Unterrichtsmöglichkeiten an der Universität München behandelt wird (ist ein Skandal!)“. Wieland war 1950 sehr unglücklich und verbittert, dass sich der Wiederaufbau der Chemie so lange hinzog. Immerhin hatte Minister Alois Hundhammer (bayerischer Kultusminister von 1946 – 1950) im Dezember 1948 nach einem Besuch seines Staatssekretärs Sattler zusammen mit Rektor Gerlach und mit Wieland, in einem Schreiben an Ministerpräsidenten Ehard bestätigt, dass die Wiederherstellung der Chemiegebäude „zu den dringendsten Bauvorhaben der Universität München gehört.“

16 *„Der Chemie in München ist der Garaus gemacht“*. Aus der Dienstzimmer-Korrespondenz des Nobelpreisträgers Heinrich Wieland 1945 – 1951 mit einem Essay von Rolf Huisgen (Ed.: Adam Vollmer). Algorismus, Studien zur Geschichte der Mathematik und der Naturwissenschaften, H. 64. Rauner, Augsburg, **2008**, 21.

Abb. 2.3. Zerstörung der Chemischen Institute, dahinter St. Bonifaz.

Abb. 2.4. Alle Institute der Chemie und Pharmazie sind zerstört und abgeräumt bis auf das Zoologische Institut.

Der Nobelpreisträger Richard Kuhn lehnte im Juli 1950 den Ruf als Wielands Nachfolger ab. Bereits im August 1950 erteilte Minister Hundhammer den Ruf an Clemens Schöpf in Darmstadt, wie Kuhn ein Schüler von Wieland.

Schöpf führte intensive Berufungsverhandlungen und forderte insbesondere den sofortigen Beginn der Baumaßnahmen. Hundhammers Nachfolger Joseph Schwalber (bayerischer Kultusminister 1951 – 1954) setzte sich zusammen mit Ministerialrat Hans Rheinfelder tatkräftig für die Gewährung eines Kredits für Baumittel vom Fachverband der Chemischen Industrie ein. Dieser Vorschlag wurde vom Vorsitzenden des Vereins der Bayerischen Chemischen Industrie Dr. Balke unterstützt. Rheinfelder bittet im September 1951 den Präsidenten der Gesellschaft Deutscher Chemiker Karl Ziegler (Nobelpreisträger 1963) um Hilfe für den Neubau durch die chemische Industrie. Er schreibt „der Wiederaufbau der chemischen Institute raubt mir Tag und Nacht die Ruhe".

Walter Reppe (BASF) machte den Vorschlag, Bayern sollte Schatzanweisungen (Anleihen) zum Wiederaufbau der Chemie auflegen. Schließlich lehnte Schöpf den Ruf wegen der unsicheren Aussicht auf Besserung der räumlichen Verhältnisse ab.

Darauf erging der Ruf von Minister Schwalber an den „genialen" (siehe Gutachten von Georg Wittig über Rolf Huisgen vom 23.11.1951) Schüler von Wieland, Rolf Huisgen (a. o. Professor in Tübingen), der zum meist zitierten deutschen Chemiker wurde.

Schon nach kurzer Zeit konnte das Kultusministerium (auch nach Verhandlungen mit dem bayerischen Finanzministerium) alle Berufungswünsche von Huisgen erfüllen. Insbesondere gab Staatsrat Meinzolt[17] die bindende Zusage, dass für die nächsten drei Jahre (1952 – 54) je 1,5 Millionen DM für den Wiederaufbau zur Verfügung gestellt werden. So wurde Rolf Huisgen bereits im April 1952 im Alter von 31 Jahren zum o. Professor für Organische Chemie als Nachfolger von Heinrich Wieland ernannt. Neue Laboratorien waren damals dringend notwendig. Anfang 1952 warteten, wie E. Wiberg feststellte, 106 Studenten der Chemie und

17 Während der Berufungsverhandlungen richtete Staatsrat Meinzolt an Prof. Huisgen ein Schreiben (11.3.1951) mit dem Vermerk „Wiederbesetzung der Professur für *ordentliche Chemie*". Hauptstaatsarchiv München, MK 69831.

335 Studenten der Naturwissenschaften (vor allem der Biologie) auf einen Platz im chemischen Praktikum. Der Verfasser dieser Zeilen hatte sich im WS 1952/53 an der LMU für das Chemie-Studium beworben und wurde auch zugelassen, allerdings mit dem Vermerk, dass ein Arbeitsplatz im Praktikum erst nach einigen Semestern in Aussicht gestellt werden kann. Daraufhin hat sich W. Beck an der Technischen Hochschule eingeschrieben, wo man nach einer bestandenen Klausur über die Anorganische Experimentalvorlesung von Walter Hieber zum Qualitativen Anorganischen Praktikum zugelassen wurde.

Rolf Huisgen hat sich nach seiner Ernennung vehement und sehr erfolgreich für den Beginn der Wiederaufbau-Arbeiten eingesetzt, z. B. in einem Schreiben vom Dezember 1952 an Staatsrat Dr. H. Meinzolt, dass „die letzten Klippen des Baus der Chemie überwunden werden möge".

Auch die Bestellung von Feodor Lynen zum Direktor des Max-Planck-Instituts für Zellchemie (1956, neben seiner Tätigkeit als o. Professor für Biochemie) sowie die Ablehnung von ehrenvollen Rufen, die F. Lynen an die Universitäten Harvard, Bern, Zürich und Frankfurt erhielt, sowie die Rufabwendungsverhandlungen von Huisgen (1959) nach einem großzügigen Angebot als Professor an der University of Wisconsin in Madison, USA, haben wohl wesentlich zur Beschleunigung der Bauarbeiten beigetragen.

Die erforderliche Bausumme für 10.000 qm bebaute Fläche für die Institute für Anorganische und Organische Chemie wurde auf 10 Millionen DM geschätzt und nach einer Ausschreibung im Jahr 1952, an der sich namhafte Architekten wie Sep Ruf beteiligten und bei der das Team des Universitätsbauamts unter Leitung von Baurat Albin Steininger den ersten Preis erzielte. Die Rohbauarbeiten wurden von den Baufirmen Liebergesell und Brannekämper ausgeführt.

Im Jahr 1956 konnte das Institut für Organische Chemie bezogen werden, ein Jahr später das Institut für Anorganische Chemie und 1958 folgte das Institut für Biochemie. Im Jahr 1961 wurde der Hörsaaltrakt mit dem wunderschönen, an allen Wänden holzgetäfelten Liebig-Hörsaal für 800 Plätze und zwei kleineren Hörsälen (nach A. von Baeyer und R. Willstätter benannt), sowie ein Lösemittelbunker mit Parkplätzen auf dem Dach fertiggestellt. Am 27.5.1961 fand die große und feierliche Einweihung der Chemischen Institute mit vielen Ansprachen statt:[18] Professor R. Klement begrüßte die Festversammlung, Professor R. Huisgen richtete den Dank der Nutzer an alle Beteiligten für den Neubau und Regierungsbaurat A. Steininger gab einen Überblick über die neuen Gebäude. Gruß- und Glückwunsch-Ansprachen (für E. Wiberg) hielten Professor S. Balke (Bundesminister für Atomenergie), Professor Th. Maunz (Bayerischer Staatsminister für Unterricht und Kultus), Professor J. Speer (Rektor der LMU), Professor R. Dehm (Dekan der Naturwissenschaftlichen Fakultät), Professor A. Butenandt (Präsident der Max-Planck-Gesellschaft), Professor K. Winnacker (Vizepräsident der GDCh), Professor R. Klement (Vorsitzender der Münchner Chemischen Gesellschaft), Professor H. J. Emeléus (F. R. S. Cambridge), Professor M. Schmeißer (Dekan TH Aachen), Privatdozent M. Schmidt (LMU), Dipl.-Chem. J. Buchler (Doktorand), U. Seebach (Studentin). Auf der Festveranstaltung wurde auch der 60. Geburtstag von Egon Wiberg gefeiert, der mit einem seiner berühmten „Märchen" dankte.

Abb. 2.5. 1956: Modelle der neuen Institute für Physikalische Chemie (1), Anorganische Chemie (4), für Organische Chemie (5), Biochemie (6), Pharmazie (3).

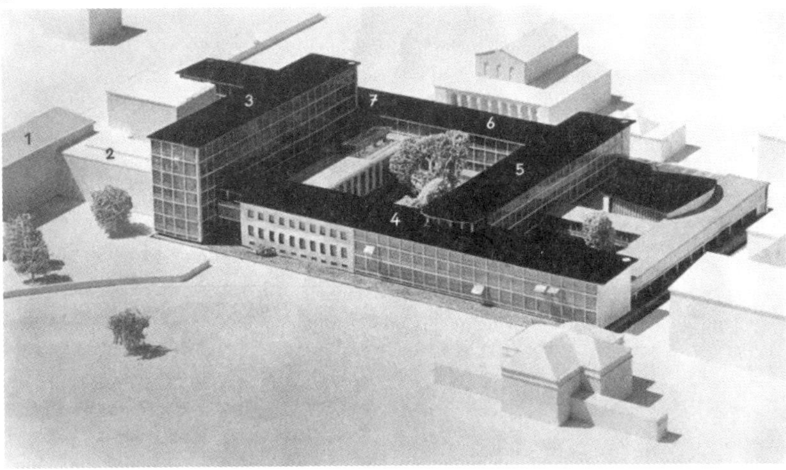

18 *Jahreschronik der LMU 1960/61*, Sonderdruck Universitätsarchiv München, **1961**, 83–117.

Dank-Ansprache von Rolf Huisgen

„Ich will Ihre Aufmerksamkeit nicht ermüden, indem ich der Nützlichkeit des chemischen Studiums eine weitläufige Lobrede halte. Unser Hauptzweck ist nicht die Nützlichkeit, sondern die Wissenschaft; die Wissenschaft ist immer nützlich, denn jede Art von Kenntnissen erhöht unsere Kräfte, die geistigen oder die physischen." Das waren einige Sätze aus der akademischen Antrittsvorlesung, mit der Justus v. Liebig am 18.11.1852 seine Tätigkeit in München aufnahm in einem Hörsaal, nur etwa 100 m von dieser Stelle entfernt. Die Chemie des vorigen Jahrhunderts war ein mageres Bächlein, das unter Justus v. Liebigs Initiative zu einem mächtigen Strom anschwoll. Dazu trugen nicht nur seine Pioniervorstöße in wissenschaftliches Neuland bei, sondern auch die Gründung des ersten Unterrichtslaboratoriums in Gießen und Liebigs Rolle als Kämpfer und Protagonist. Heute ist die einsichtige Staatsführung von der Notwendigkeit, Forschung und Unterricht in den Naturwissenschaften zu finanzieren, überzeugt. Unsere schönen neuen Institute sind eine Tat, die dieser Überzeugung entspringt. Dem glücklichen Nutznießer – ich spreche dabei auch im Namen meiner Kollegen Feodor Lynen und Egon Wiberg und aller Dozenten und der mehr als 700 Studenten der Chemie – seien einige Worte des Dankes verstattet.

Das alte Chemische Institut der Universität München, die Wirkungsstätte von Justus v. Liebig, Adolf v. Baeyer, Richard Willstätter, Heinrich Wieland und vieler anderer namhafter Chemiker, fiel dem Bombenkrieg zum Opfer. Die schweren Nachkriegsjahre standen im Zeichen der Improvisation von Unterrichts-und Forschungslaboratorien, zum großen Teil vom Idealismus studentischer Bautrupps getragen. Eine frühere Arbeitsdienstbaracke in Weilheim bildete die erste Etappe; die Einrichtung von Notlaboratorien im Zoologischen Institut und im Willstätter-Trakt, einem nur teilzerstörten Reststück des alten Instituts, wurde schon als Fortschritt begrüßt. Als die Neubauten vieler chemischer Hochschulinstitute in anderen Ländern des Bundesgebiets bereits aus dem

Boden wuchsen, ließ die Notlage des Freistaates Bayern nur den Gedanken an einen Wiederaufbau des Chemischen Unterrichtslaboratoriums zu. Rückblickend erscheint der späte Beginn der Bauplanung geradezu als glückhafte Schicksalsfügung. Das nach 1948 einsetzende stürmische Wachstum des deutschen Wirtschaftspotentials, an dem die Chemische Industrie bedeutenden Anteil hatte, erlaubte im Jahr 1952 die weit großzügigere Planung einer Stätte der Chemikerausbildung und Chemieforschung in München. Die vom Wachstum der Chemie und der Zahl ihrer Jünger erzwungene Teilung des Chemielehrstuhls in Ordinariate für Anorganische, Organische und Biochemie wurde im Jahr 1952 nach der Emeritierung von Professor Heinrich Wieland – in ihm verehren wir einen der größten deutschen Chemiker – vollzogen. Die in München erzielte Lösung hat ihre Feuerprobe bestanden. Als ich 1952 nach München berufen wurde, empfand ich es als freudige Überraschung, daß mir Herr Dr. Josef Schwalber als Staatsminister für Unterricht und Kultus versicherte, er betrachte es als ein wesentliches Anliegen, der traditionsreichen Münchner Chemie wieder zu einem würdigen Laboratorium zu verhelfen. Wie unrecht hatten doch pessimistische Kollegen, die da meinten, ein Schwalber allein mache noch keinen Sommer! Zusammen mit Herrn Staatssekretär Dr. Hans Meinzolt stellte Minister Schwalber in kurzer Zeit alle Signale auf „Freie Fahrt" für unser Bauvorhaben. Wer sich erinnert, von wie viel Seiten damals am schmalen bayerisches Kultusetat gezerrt und gezehrt wurde, wird mein Gefühl aufrichtiger Dankbarkeit gegenüber den beiden genannten Herren verstehen. Wenn das Bauprojekt nicht nur in Angriff genommen, sondern zügig weitergeführt wurde, ist das nicht minder dem Wohlwollen der Herren Staatsminister Professor August Rucker und Professor Theodor Maunz zu verdanken, die über Jahre hinaus die nicht unerheblichen Baumittel im Kultusetat bereitstellen. Auch die Herren Staatssekretäre des Ministeriums für Unterricht und Kultus sowie Herrn Ministerialdirektor Dr. Helmut Bachl beziehe ich freudig in die Danksagung ein.

„Das Laboratorium in München kostet bereits 9.000 Gulden mehr als veranschlagt war, und es wurde diese Summe ohne Schwierigkeit bewilligt" schrieb Liebig im Herbst 1852 an seinen Freund Wöhler. Ähnliche Kostenüberschreitungen im staatlichen Hochbau der Nachkriegszeit hatten schwergerüstete Barrikaden zur Folge, die den Weg der Baulustigen hemmten. Aber wie viel hilfreiche Hände fanden sich doch, die uns die zahlreichen Hürden überwinden halfen! Allen voran unser Hochschulreferent, Herr Ministerialdirigent Johannes v. Elmenau. Beginnend mit den Detailfragen der Sonderfinanzierung, die er zusammen mit Herrn Oberregierungsrat Michael Wanninger rasch und umsichtig löste, erfreuten wir uns ständig seines Rats und seiner aktiven Hilfe. Des Weiteren sei ein Wort besonderen Dankes an Herrn Ministerialrat Otto Strössenreuther gerichtet, dem als Referenten für die Universitätsbauten die Begutachtung und Prüfung der Baupläne oblag; auch Herrn Regierungsdirektor Walter Krafft sei in diesem Zusammenhang gedankt.

1833 schrieb Justus v. Liebig an den Kanzler v. Linde: „Für die Einrichtungen und Anstalten einer Universität dürfen mit der verschwenderischsten Hand und ohne Furcht, je viel zu tun, die größten Summen bewilligt werden, denn alles dieses überlebt die Personen. Aber die stengste Kontrolle muss über die Zweckmäßigkeit der Verwendung dieser Summe geführt werden".

Ich komme damit zum Bayerischen Finanzministerium, in welchem meine Kollegen und ich seinerzeit die am schwersten zu nehmende Barrikade vermuteten. Schon die erste Aussprache mit Herrn Ministerialdirektor Dr. Otto Barberino lehrte, daß wir im Begriff waren, offene Türen einzurennen. Wir fanden Herrn Staatsminister Friedrich Zietsch ebenso wie Herrn Dr. Barberino so überzeugt von der wirtschaftlichen Bedeutung der Chemieforschung und der Ausbildung des Chemikernachwuchses, dass uns nur der Dank übrig blieb für die Bereitschaft, den staatlichen Geldbeutel für den Chemieneubau zu öffnen; ein Dank, den ich an dieser Stelle von ganzem Herzen bekräftige. Die gleiche Förderung erfuhr unser Bauprojekt später seitens Herrn Staatsminister Dr. Rudolf Eberhard, sowie der Herren Staatssekretäre des Finanzministeriums. Meinen Dank möchte ich aber auch an die Hochbaureferenten des Finanzministeriums richten, Herrn Präsidenten Dr. Max Wunschel und später Herrn Ministerialrat Dr. Emil Knöringer sowie Herrn Amtsrat Georg Fischer; diese Herren schufen die haushaltsrechtlichen Voraussetzungen für die Annahme der Sonderfinanzierung und taten ihr Bestes unseren Bauetat von generellen Kürzungen freizuhalten. Die Sonderfinanzierung haben wir der Münchner Bauinnung unter Herrn Präsidenten Ernst Liebergesell und Dr. Theodor Brannekämper zu verdanken. Dass der Bayerische Landtag dankenswerterweise sein Placet zu unserem Bauvorhaben gab, zeugt von der Aufgeschlossenheit der Volksvertretung für die Belange der Münchner Universität. Im Zusammenhang mit der Finanzierung spreche ich der Landeszentralbank und ihrem Präsidenten, Herrn Dr. Max Grasmann, für eine großherzige Spende aufrichtigen Dank aus.

In dem damaligen Wachlokal einer Kaserne richtete der 22 jährige Gießener Professor Justus v. Liebig seinerzeit das erste chemische Unterrichtslaboratorium ein. Hören wir ihn selbst über diesen Fortschritt: „Das Laboratorium des Chemikers ist heutzutage nicht mehr die mit Destillierapparaten überladene Bude des Pharmaceuten, es ist ein helles, freundliches Zimmer; statt der Schmelzöfen und Kohlen dienen ihm vortrefflich konstruierte Lampen".

Oder in einem Brief an den Freund Wöhler: „Gegen Chlor und andere bösartige Dämpfe solltest Du Dir eine Einrichtung machen lassen, wie ich sie im Laboratorium habe; es ist ein Glaskasten mit einem Abzugsrohr, unter den die Apparate gestellt werden".

So einfach sind heute die Fragen des Baues und der Einrichtung eines chemischen Laboratoriums, das den subtilen Methoden moderner Forschung, den gestiegenen Bedürfnissen des Unterrichts und den Forderungen der Arbeitshygiene Rechnung trägt, nicht mehr zu lösen. Im Frühjahr 1952 beteiligten sich namhafte deutsche Architekten an einem Wettbewerb. Der erste Preis wurde einem ästhetisch und funktionell vortrefflichen Plan des Chemie- und Pharmazieneubaus zuerkannt, der das Werk von Herrn Regierungsbaurat Albin Steininger in Gemeinschaft mit den Baumeistern Fräulein Löv und Herrn Feldner war. Der zweite und dritte Preis ging an die Herren Professor Egon Eiermann und Professor Sep Ruf.

Der Obersten Baubehörde unter der Leitung von Herrn Ministerialdirektor Ludwig Wambsganz schulden wir für rasche und gute Arbeit hohen Dank. Herr Ministerialrat Julius Schneider schuf seinerzeit nicht nur die Voraussetzungen für die Ausschreibung des Wettbewerbs; er förderte anlässlich der Prüfung der Baupläne unser Bauprojekt mit wertvollen Ratschlägen. Auch der Könnerschaft seiner Nachfolger, den Herren Ministerialräten Clemens Weber und in letzter Zeit, Christoph v. Petz, verdanken wir architektonische und technische Anregungen. Herr Amtsrat Heinrich Wendel und Herr Amtsrat Josef Steininger seien in die Danksagung einbezogen. Unter den Rektoren der Universität, die unser Bauvorhaben nach Kräften förderten, möchte ich nur den ersten namentlich erwähnen: Der energischen Befürwortung durch Magnifizenz Michael Schmaus war die Bevorzugung des Hochschulbauten des Chemieneubaus in der Dringlichkeitsstaffel der Hochschulbauten zuzuschreiben. Unser besonderer Dank gilt darüber hinaus den Baureferenten des Verwaltungsausschusses, den Herren Professoren Albert Maucher, Michael Schmaus, Klaus Mörsdorf, Melchior Westhues und Walter Rollwagen. Herr Regierungsbaudirektor Walter Haug hat als Leiter des Universitätsbauamts mit väterlichem Wohlwollen die Arbeitsgruppe um Herrn Oberregierungsbaurat Albin Steininger bedacht, der mit der Planung und Bauleitung beauftragt wurde. Der Wettbewerbsentwurf gab die große Linie, noch nicht aber das Detail der Ausführung. Da das Institut für Organische Chemie den ersten Bauabschnitt bildete, hatte ich mich als erster mit Herrn Steininger „zusammenzuraufen". Als ich seinerzeit die neuen chemischen Hochschulbauten Deutschlands und der Schweiz sowie moderne Forschungslaboratorien der Industrie besuchte und studierte, hörte ich oft Klagen meiner Fachkollegen über das mangelnde Verständnis der Architekten für die funktionellen Gesichtspunkte des Laboratoriums. Wie sehr haben doch die Münchner Chemiker einem gütigen Schicksal für einen hochbegabten jungen Architekten zu danken, dessen Einfühlungsvermögen es gelang, künstlerische und ästhetische Motive mit funktionellem Denken zu verbinden! Lieber Herr Steininger! Ihr Werk wird als vortreffliche Lösung die Jahre überdauern; die neuen konstruktiven Ideen, die Sie in unsrem Laboratorium verwirklichten, sind beispielhaft und haben ein starkes Echo gefunden.

Unter den Mitarbeitern des Baubüros Chemie möchte ich Herrn Bauingenieur Rudolf Wieder nennen, dem die Geschäftführung, die Ausschreibungen und die komplizierte Koordination der Handwerker oblag. Herr Diplomingenieur Alfred Hafner war an der Entwicklung der Labordetails maßgeblich beteiligt; als Bauleiter des Hörsaaltrakts hat er sich, zusammen mit Herrn Bauingenieur Josef Raab, seit 1959 – das Wort Vollbeschäftigung kennzeichnet zur Genüge die auftretenden Schwierigkeiten – nahezu aufgerieben. Auch Herr Bauingenieur Georg Baumgartner, der sich als Baukontrolleur den Beinamen eines „Schreckens der Firmen“ erwarb, hat unserem Bauvorhaben über viele Jahre die Treue bewahrt. Des Weiteren haben sich Herr Architekt Josef Beer und in der letzten Phase des Baues, Herr Regierungsbauassessor Peter Grosz beachtliche Verdienste erworben. Herr Bauingenieur Mally hat als Verantwortlicher für den Bauunterhalt für die rasche Beseitigung von Teilzerstörungen gesorgt, die von den Studenten zuweilen mit Explosionen und Bränden unfreiwillig ausgelöst wurden. Die statischen Berechnungen der Institutsgebäude, die schon manchen Stürmen getrotzt haben, gehen auf Herrn Diplomingenieur Rudolf Gerhart zurück. All diesen und den zahlreichen ungenannten Mitarbeitern des Baubüros rufe ich ein herzliches „Habt Dank“ zu. Schließlich habe ich den zahlreichen, an der Ausführung beteiligten Firmen zu danken, die die teilweise ungewohnten Aufträge mit großer Sorgfalt und zumindest im Rahmen der ersten Bauabschnitte, auch fristgerecht erledigten.

Schon Liebig betonte, dass es „zu Lavoisiers Zeiten nur wenigen und zwar nur sehr reichen Leuten, der Kostspieligkeit der Apparate wegen, gestattet war, chemische Untersuchungen zu machen“. 1835 empfing der überglückliche Liebig ein Schreiben des hessischen Ministers du Thil: „Bei dem Stand, auf welchen sich das chemische Laboratorium zu Gießen, hauptsächlich durch den Eifer des Prof. Dr. Liebig befindet, hat sich derselbe seit mehreren Jahren zur Annahme eines Assistenten auf eigene Kosten genötigt gesehen. Die widerrufliche Anstellung eines solchen mit einer jährlichen Remuneration von 300 Gulden wird infolge allerhöchster Ermächtigung genehmigt".

Apparative Erstausstattung, Sachetat, Assistenten, Werkstätten- und Verwaltungspersonal – für großes Entgegenkommen in all diesen Punkten stehen die Chemischen Institute der Universität München zusätzlich in der Dankesschuld des Staates. Unter Beschränkung auf wenige Namen möchte ich hier im Rahmen des Ministeriums für Unterricht und Kultus nochmals Herrn Ministerialdirigenten Johannes v. Elmenau als Freund und Förderer unserer Institute erwähnen; innerhalb seines Referats sagen wir Herrn Amtsrat Alfred Saur für seine Hilfe herzlichen Dank. Herrn Ministerialrat Dr. Karl Groll als Vertreter des Finanzministeriums rufen wir ebenfalls ein aufrichtiges „Dankeschön" für seine Hilfsbereitschaft zu.

Angesichts der Größe des Bauprojekts kann es nicht wundernehmen, daß die Laboratorien des ersten Bauabschnitts bereits eine Gebrauchspatina ansetzen, bevor der letzte Trakt, dieses Hörsaalgebäude, überhaupt fertiggestellt ist. Die Organische Chemie zog im Januar 1956 in das neue Institutsgebäude ein, die Anorganische Chemie folgte im Frühjahr 1967, die Biochemie im Januar 1958.

Es ist das Bemühen der Münchner Chemieprofessoren und -dozenten, sich dieses großen Geschenks des Landes Bayern an die Wissenschaft würdig zu erweisen und es gut zu verwalten. Die Unterrichts- und Forschungslaboratorien sind bis auf den letzten Platz belegt. Die große Zahl der studentischen Bewerber erzwingt immer noch den zwar unpopulären, nichtsdestoweniger aber eine Qualitätsauslese ermöglichenden numerus clausus. Seit Einzug in die neuen Gebäude zeugen 205 wissenschaftliche Veröffentlichungen in den Fachzeitschriften von der Aktivität der Forschungslaboratorien der Organischen Chemie; die Anorganische und Biochemie sind mit 188 bzw. 55 Publikationen vertreten.

Lassen Sie mich ein Wort des Dankes auch an meine lieben Kollegen Karl v. Frisch und Hansjochem Autrum, die Direktoren des Zoologischen Instituts, richten. Ein Wort des Dankes für die gastliche Aufnahme der total ausgebombten Chemiker im Zoologischen Institutsgebäude. Sie haben während der vielen Jahre vonseiten der „chemischen Besatzungsarmee", wenn ich mich so ausdrücken darf, manche Unbill ertragen müssen. Das Wissen um den gemeinsamen Notstand ließ jedoch nie eine Trübung des freundschaftlichen Verhältnisses aufkommen.

Auf den Mienen der Herren Minister und Behördenvertreter glaube ich die Frage lesen zu können: Sind die Chemiker des Universitätslaboratoriums nun zufrieden? Den Fachvertretern ist wie einem Geburtstagskind – wir haben ja heute eines unter uns – zumute, dass sich mit einem großen Stück Torte abmüht, aber verstohlen schon nach dem nächsten schielt. Der Wissenschaftsrat hat sich zum Sprecher der ganzen deutschen Chemie gemacht und in einem umfassenden Programm die wünschenswerte Ausstattung auch unserer Institute mit Personal und Etat skizziert. Die Hoffnung, daß dieser Wunschtraum Wirklichkeit werde, mischt sich daher heute mit unseren Gefühlen aufrichtiger, tiefempfundener Dankbarkeit.

Angesichts der glücklichen Kopplung der Ereignisse bitte ich, schon jetzt mit einem Grußwort zum Geburtstagsfest beisteuern zu dürfen. Lieber Herr Wiberg! Als Student erfuhr ich in Ihren Vorlesungen eine vortreffliche Einführung in die anorganische Chemie. Als Kollege der organischen Fachrichtung darf ich jetzt schon auf ein Jahrzehnt vertrauensvoller Zusammenarbeit mit Ihnen zurückblicken. Auch für Sie habe ich noch ein Liebig-Wort reserviert. Der Altmeister ermahnte einst den jungen August Kekulé in seinem Laboratorium: „Wenn Sie Chemiker werden wollen, so müssen Sie sich Ihre Gesundheit ruinieren; wer sich nicht durch Studieren seine Gesundheit verdirbt, bringt es heutzutage in der Chemie zu nichts".

Wenn ich Sie so vor mir sehe, braungebrannt, wie ein Bild blühender Gesundheit, dann muss man wohl annehmen, dass Sie über ein Geheimrezept verfügen. Vielleicht haben Sie den „Stein der Weisen" gefunden! Eine kleine Gabe der Dozenten des organischen Instituts gilt einem organischen Naturstoff, dessen Totalsynthese allerdings unerwünscht ist: Dem Wein, der die Wahrheit bergen soll! Ad multos annos und auf weiteres freundnachbarliches Zusammenwirken!

Baubericht von Oberegierungsbaurat Albin Steininger

Als letzten Abschnitt des großen Neubaukomplexes für die Chemischen Institute weihen wir heute deren Hörsaalbau ein. Es ist dies zugleich ein Nachholen der offiziellen Einweihung für die bereits seit einigen Jahren bezogenen Institute. Von einem Einzug konnte man damals eigentlich nicht sprechen, es war eher ein Einsickern. Den Bauleuten wurde in Anbetracht der großen Raumnot Raum für Raum geradezu abgerungen. Nun haben wir Architekten uns vorgenommen, beim letzten Abschnitt ein fertiges Gebäude zu repräsentieren in das wirklich festlich eingezogen werden konnte. Leider war diesmal die Hochkonjunktur im Bauwesen mächtiger als unser guter Wille, In den letzten Wochen vor der geplanten Fertigstellung traf uns Rückschlag auf Rückschlag: dem Schreiner kündigten seine Gesellen und gründeten ein eigenes Unternehmen, die Herren Maurer verließen uns, da wir wagten, an ihnen Kritik zu üben, der Verdunkelungsmotor brannte durch, usw. usw., und um das Unglück voll zu machen, fielen die Sitze, die das Preßholzwerk lieferte so schlecht aus, daß sie wieder zurückgehen mußten und Sie heute mit behelfsmäßigen Sitzgelegenheiten vorlieb nehmen müssen. Ich bitte Sie also um Ihre Nachsicht, wenn manches noch nicht so ist, wie es sein sollte.

Ich möchte Ihnen nun in Form einer kurzgefassten Baugeschichte einen Bildbericht bringen über das, was früher einmal hier stand und was nach der Zerstörung in den letzten Jahren geschaffen wurde.

Im Jahr 1815 wurde für die neu gegründete Sektion Chemie bei der Bayerischen Akademie der Wissenschaften der Bau eines Chemischen Laboratoriums begonnen. Der Bauplatz befand sich nördlich des der Akademie gehörenden Botanischen Gartens an der Ecke Arcis- / Sophienstraße. Die Pläne stammten von dem königl. Hofbau-Intendanten Gärtner, dem Erbauer der Universität an der Ludwigstraße. Bei Entwurf und Bau des Hauses wurde von der Regierung in Anbetracht der schlechten Zeiten größtmögliche Sparsamkeit gefordert. Es wurde nur auf das Notdürftigste, sowohl was die wissenschaftlichen Erfordernisse als auch was die Dienstwohnung betraf, Bedacht genommen. Der ursprüngliche Plan ging dahin, daß das gewölbte Erdgeschoß ausschließlich das Chemische Laboratorium nebst Hörsaal, das erste und zweite Stockwerk Wohnungen für die Konservatoren des Chemischen Laboratoriums und des Botanischen Garten aufnehmen sollte. Als aber das Gebäude bis zum Beginn des zweiten Stockwerks gediehen war, entstand eine Unterbrechung des Baues, sei es durch Geldmangel, sei es durch eine Änderung des ursprünglichen Planes; man verzichtete auf das zweite Stockwerk und setzte das Dach unmittelbar auf den ersten Stock. An der Vorderseite des Hauses an der Arcisstraße waren zwei dorische Säulen aufgerichtet, welche, nach dem ursprünglichen Plan für ein höheres Gebäude berechnet, nun bei dem fehlenden zweiten Stockwerk, etwas zu umfangreich erschienen. Sie veranlassten König Ludwig I. zu folgendem Distichon an die Säulen des Münchner Chemischen Laboratoriums:

> „Säulen seyd so gut und verlasset doch euere Stellen;
> Wer nichts zu thun dabey, enge den Raum nicht des Bau's."

Wann die Säulen dieser königlicher Aufforderung Folge geleistet haben, ist mir nicht bekannt, vielleicht erst beim Umbau des Hauses bei Liebigs Berufung. Es ist auch kein Bild von dem säulengeschmückten Hause zu finden, erst von dem Zustand, in dem es sich nach dem Umbau zu Liebigs Wohnhaus befand, kann ich Ihnen ein Bild zeigen. An der gegenüberliegenden Ecke der Karl- / Arcisstraße, an der jetzt dieser Hörsaal steht, befand sich um dieselbe Zeit das Wohnhaus des Münchner Philosophen Friedrich Thiersch. Um die für die Ausstattung des Laboratoriums notwendigen Gelder zu beschaffen, wurde später ein Teil des dazugehörigen Grundstückes wieder verkauft.

Mit der Berufung von Liebig kam es im Jahre 1852 zur Errichtung eines neuen Labors. Die Pläne und die Ausführung des Baues wurden dem Königlichen Oberbaurat von Voit (dem Vater des Physiologen Carl Voit) übertragen. Liebig legte besonderen Wert auf helle, gut ventilierte Räumlichkeiten und auf die Einrichtungen, welche die Reinhaltung der Arbeitsräume erleichtern und vor Staub und Schmutz schützen. Der Neubau wurde, westlich des alten Hauses, an der Sophienstraße errichtet und so gefördert, dass Liebig seine Vorlesungen im neuen Hörsaal schon im November 1852 mit einem Vortrag „Über das Studium der Naturwissenschaften" eröffnen konnte. Da sich Liebig der besonderen Gunst des Königs Maximilian II. erfreute, wurden alle für das Laboratorium notwendigen Mittel ohne Schwierigkeiten bewilligt, obwohl sie den Vorschlag erheblich überschritten. Liebig war mit der Einrichtung des Laboratoriums zufrieden; besonders rühmt er die gute Akustik des mit Gasbeleuchtung und Wasserleitung versehenen Hörsaals: „Jedes Wort des Sprechenden in gewöhnlicher Rede wird an allen Punkten des Raumes deutlich vernommen, was offenbar der durch Balken gebrochenen Holzdecke sowie den mit Holz bekleideten Seitenwänden und dem unter den treppenartig aufsteigenden Bänken befindlichen hohlen Raum, welcher als Resonanzboden wirkt, zuzuschreiben ist." Das Haus, in welchem sich das alte chemische Labor befand, wurde zu Liebigs Dienstwohnung umgebaut. 1854 wurde auf dem Gelände des Botanischen Gartens gegenüber dem Chemischen Laboratoriums für eine Industrie-Ausstellung der Glaspalast errichtet. Er wurde am 6. Juni 1931 durch einen Brand zerstört. Mit der Berufung Adolf von Baeyers wurde von dem Architekten und Professor an der Technischen Hochschule Albert Geul ein neues chemisches Laboratorium geplant. Der Neubau sollte auf dem Grundstück des Liebigschen Institutes errichtet werden. Von den alten Räumlichkeiten sollte nur der in akustischer Hinsicht ausgezeichnete Hörsaal und der größte Teil des anstoßenden Laboratoriums erhalten bleiben, während Liebigs Wohnhaus abgebrochen wurde. Das Innere des Laboratoriums zeigte schon den jetzt üblichen Typ des zweiseitig belichteten Labor-Saales mit Innenstützen. Das neue Wohnhaus des Direktors wurde freistehend an der Ecke der Arcis- und Sophienstraße errichtet.

Bei seiner Berufung im Jahre 1915 hatte sich Willstätter eine Erweiterung des Laboratoriums und vor allem den Bau eines neuen großen Hörsaales ausbedungen. Der von Baeyer benutzte Hörsaal reichte schon lange nicht mehr aus, die dauernd ansteigende Zahl der Hörer zu fassen. Jedes Semester mußten zahlreiche Studierende wegen Platzmangel abgewiesen werden. Platz für die Vergrößerung des Laboratoriums war jetzt reichlich vorhanden. In den Jahren 1911 bis 1913 wurde in Nymphenburg ein neuer Botanischer Garten angelegt und ein neues Botanisches Institut errichtet. Dadurch wurde nicht nur der den Glaspalast umgebende Hauptteil des alten Botanischen Gartens frei, sondern auch der sogenannte kleine Botanische Garten mit den Gewächshäusern, der auf der einst zum Laboratorium gehörenden Wiese entstanden war, die abgegeben worden war, um Mittel für die Errichtung des Laboratoriums zu erhalten. Westlich des Baeyerischen Laboratoriums wurde in den Kriegsjahren 1916–1918 durch den Bauamtmann Gablonsky der Neubau errichtet. Er bestand aus dem Laboratoriumsgebäude und einem Hörsaalbau. Der große Hörsaal enthielt in einem ansteigenden Gestühl und einer tiefen, gleichfalls ansteigenden Galerie 560 Sitzplätze und war durch gute Akustik ausgezeichnet.

Die bauliche Entwicklung des Chemischen Laboratoriums hatte mit der Errichtung des Physikalisch-Chemischen Instituts von Fajans in den Jahren 1932 bis 1933 ihren Abschluss gefunden. Im letzten Krieg ist mit den meisten wissenschaftlichen Instituten Münchens auch das Chemische Staatslaboratorium der Zerstörung zum Opfer gefallen. Das Gelände zwischen Karl- / Arcis- / Sophien- / Luisenstraße, die Stätte traditionsreicher naturwissenschaftlicher Institute, war zu Kriegsende ein

Trümmerfeld (**Abb. 2.4.**). Um den Lehrbetrieb auf primitivste Art wieder aufnehmen zu können, wurden mit unzulänglichen Mitteln zunächst die Ruinen zusammengeflickt, Baracken errichtet und Institute zusammengelegt. Um das jetzt etwas übel beleumundete Kellerlabor war man damals sehr froh. Bis 1952 waren die damals noch einigermaßen brauchbaren Ruinenteile wieder instandgesetzt. Erst im Jahre 1952 konnte für die gesamte Neugestaltung der Institute für Organische Chemie, Anorganische Chemie, Biochemie, Pharmazie und Lebensmittelchemie und Pharmazeutische Arzneimittellehre ein Architekten-Wettbewerb ausgeschrieben werden. Der Entwurf einer Arbeitsgruppe des Universitätsbauamtes erhielt dabei den ersten Preis und wurde zur Ausführung bestimmt. Er sieht die Gruppierung von 5 Instituten mit ihren Hörsälen unter Einbeziehung der vorhandenen Altbauten in langgestreckten, T-förmig zueinanderstehenden Baukörpern vor. Die erste Bauetappe begann 1953 mit dem Rohbau der Institute für Organische und Anorganische Chemie. Ersteres wurde zu Beginn des Jahres 1956 bezogen, das Institut für Anorganische Chemie ein Jahr später; 1958 folgte das Institut für Biochemie. Der die gesamte Bauanlage abrundende Abschnitt ist der Hörsaalbau für alle Chemische Institute, dessen Einweihung mit ein Anlaß dieser Festsitzung ist (1959 – 1961). Die Schwierigkeit beim Entwurf eines solch umfangreichen naturwissenschaftlichen Gebäudekomplexes besteht – neben vielen anderen Problemen – in der komplizierten Berechnung und Koordination aller Bedürfnisse. Die Bauten sollten in erster Linie ihren Zweck erfüllen. Über den reinen Zweck – wie ihn auch der dem technischen Charakter der Institute entsprechende Industriebau darstellt – hinaus sollte jedoch auch das Universitätsinstitut in der Architektur seinen Ausdruck finden. Hier durch Raumfolgen, Verhältnissen und Materialwahl eine glückliche Architektur-Lösung zu finden, darin bestand die große Aufgabe dieses Entwurfs.

Die Bauten sind als Stahlbetonskelettkonstruktion ausgeführt. Die Gebäudemaße waren durch den Betrieb bestimmt. Das Achsmaß von 3,40 m ergab sich aus der Breite des Labortisches mit 1,55 m und dazwischenliegenden Arbeitsräumen von

1,85 m. Ersteres Maß errechnete sich aus der Fliesengröße von 15 × 15 cm mit Fugen. Die Raumtiefe von 5,70 m ergab sich aus 3,82 m Labor-Tischlänge, 1,18 m Arbeitsgang und 0,70 m Tiefe des Säureabzugs. Die Raumhöhe ist 3,50 m. Bestimmend für die Konstruktion war die Unterbringung der zahlreichen Installationen und ihre Führung (ca. 200.000 m Leitungen) Die Versorgungsleitungen für Frischwasser, Abwasser, Warmwasser, Gas, Heizung, Dampf, Strom, Druckluft, dest. Wasser, und Abluftkanäle wurden in Schächten an den geteilten Mittelstützen untergebracht. So entstand rechts und links der Gänge ein regelmäßiger Wechsel von 2,00 m breiten Schächten und 1,40 m Zwischenraum für Türen und Wandschränke. Die Schächte sind durch Türen immer zugänglich. Die Leitungen an den Labortischen sind in Kanälen zwischen 2 Unterzügen im Boden geführt. Die Grundleitungen werden in einem Leitungskeller horizontal verteilt und in jeder Achse senkrecht in den erwähnten Schächten nach oben geführt. Jeder Verteilungsstrang kann für sich abgesperrt werden. Außerdem ist jeweils in den Stockwerken für jede Labor-Achse eine Absperrvorrichtung vom Flur vorgesehen. Die Belüftungsanlage befindet sich im Keller. Dort wird Frischluft, wenn nötig erwärmt und über Kanäle aus Asbestzement, die an den Flurdecken aufgehängt sind, in die Räume verteilt. Die Abluft wird über die Säureabzüge mit ca. 300-fachen Luftwechsel abgesaugt. Die Abluftkanäle, die an beiden Seiten der Doppelstützen befestigt sind, und die Ventilatoren bestehen aus PVC-Material. Auf den Baukörpern aufgesetzt sind die sog. Entlüftungsgeschosse, die die zahlreichen Abluftventilatoren, die Aufzugsmaschinen, Ausdehungsgefäße und sonstige Anlagen aufnehmen. Als Heizungssystem wurde eine Deckenheizung gewählt. Sie hat hier folgende Vorteile: 1. Die Rohrregister sind in einer untergehängten Decke untergebracht und durch die vollständige Putzumhüllung gegen aggressive Dämpfe geschützt. – 2. Die Steigleitungen liegen zentral mit den übrigen Laborversorgungsleitungen in den Schächten, werden vom Flur aus geregelt und sind nicht durch Säuredämpfe gefährdet. – 3. Der freibleibende Platz an der Fensterbrüstung wurde für Regale und Schreibplatten ausgenutzt.

Die Fenster sind in Holz ausgeführt und wurden mit Abdeckprofilen aus Aluminium versehen, um sie vor den Witterungseinflüssen besser zu schützen. Sie haben zwei seitliche Drehflügel und einen mittleren Schwingflügel. Die Türen und Wandschränke bestehen ebenfalls aus Holz, die Türblätter sind mit Buche furniert. Die feuergefährlichen Räume sind mit Metalltüren abgeschlossen. Die Fußböden in den Labors wurden mit Steinzeugplatten auf einer Sandbettung belegt. Die Labor-Arbeitstische bestehen aus einer Tragkonstruktion aus Rechteckrohren und sind mit Steinzeug- bzw. Glasplatten belegt. Die herausziehbaren Unterbauschränke wurden aus Holzpressplatten gefertigt. Die mit Buche furnierten Türen und Schubladen wurden statt vorstehender Handgriffe mit eingelassenen Griffschlitzen und Grifflöchern versehen. Das Aufsatzgestell für Flaschen und Stativträger besteht aus Rundrohr mit Drahtglaseinlage und ruht auf je 4 Winkelstützen, in denen zugleich die Leitungen nach oben geführt werden. Darüber sind kurze Rohrstücke aus Asbestzement gestülpt, an denen die Armaturen und Steckdosen befestigt sind. Die Säureabzüge haben dieselbe Unterkonstruktion wie die Tische. Der Aufsatz besteht aus Holz, innen an den Seiten sind Abstellregale. Das Schiebefenster ist mit Mehrschichten-Sicherheitsdrahtglas verglast, unten mit Gummipuffern abgefedert und mit seitlichen Fiberschienen versehen. Die Seile bestehen aus V2A-Stahl, die Seilrollen aus Kunststoff-Material. An der Rückseite wurde eine sog. „Stauplatte" aus Drahtglas mit ca. 3 cm Abstand vor der Wand angebracht. Diese schützt im Falle eines Brandes im Abzug den hinter der Platte beginnenden PVC-Kanal vor der offenen Flamme und ersetzt die Steinzeug-Schieber, die zwei Schlitze oben und unten für obere und untere Entlüftung sorgen.

Nach einer Demonstration mehrerer Lichtbilder möchte ich meinen Bericht nicht beenden, ohne unseren Bauherren und deren Mitarbeitern für das reichlich bewiesene Verständnis und die – ich darf wohl sagen – ausgezeichnete Zusammenarbeit herzlichst zu danken und viel Erfolg in den neuen Räumen zu wünschen.

Dankesworte von Professor Dr. Dr. h. c. Egon Wiberg

Meine Damen und Herren! Sie haben mir mit Ihrer Teilnahme an der heutigen Feier und mit Ihren Geburtstagsreden und Geburtstagsgeschenken so große Freude gemacht, dass ich mich fast außerstande sehe, meinen Dank mit den rechten Worten auszudrücken.

Wenn der dänische Märchendichter und Schuhmachersohn Hans Christian Andersen Freud oder Leid erfahren hatte und sich scheute, seine Empfindungen den Freunden preiszugeben, dann goss er sein Herz und seine Gefühle oft in die Form eines Kindermärchens. Lassen Sie auch mich meine Empfindungen am heutigen Tage, wie schon früher einmal, in das schützende Gewand eines solchen Märchens kleiden und lassen Sie mich versuchen, auch das Geschehen des heutigen Vormittags in dieses Märchen mit einzuweben.

Es war einmal – nun, es war einmal ein kleiner Junge. Der war wie andere kleine Jungen auch. Er streifte durch Wald und Wiesen seines Heimatstädtchens, und jeder Baum wurde ihm zum verwunschenen Prinzen und jeder Nebelstreif zum Reiche der Elfen. Ein besonderes Erlebnis aber war ihm alljährlich der ländliche Jahrmarkt des Städtchens. Stundenlang stand er mit großen Augen vor den Schaubuden der Aussteller und lauschte, bewaffnet mit einer Eiswaffel, den preisenden Worten der Ausrufer, die ihn in fremde Länder verzauberten. Und wenn er gar auf einem Karussellpferd seine Kreise zog, dann war er der Kreuzritter, der auszog zum Kampf gegen die Ungläubigen, oder der Cowboy, der ausritt in den Wilden Westen, um Freundschaft zuschließen mit Old Shatterhand und Winnetou.

Aber das Leben ist leider nicht nur Kindheit und Jugend. So wuchs auch der kleine Junge unseres Märchens heran und schrieb sich nach Abschluss der Schule in einer kleinen Hochschulstadt als Student der Chemie ein, absolvierte seine Praktika, diplomierte und doktorierte auf organisch-chemischem Gebiet und beabsichtigte Organiker zu bleiben. Doch als er einmal davon hörte, dass in einer großen Universitätsstadt, die eine Hochburg der organischen Chemie war, der dortige Anorganiker im Mitarbeiterkreise den Ausspruch geprägt hatte, daß die organische Chemie den Charakter verderbe, wechselte er zur anorganischen Chemie über.

Und er hatte das Glück, bald danach als Anorganiker in eben diese Hochburg der organischen Chemie berufen zu werden, wo er sich redlich bemühte, die anorganische Chemie aus ihrer dortigen Rolle der mehr helfenden Dienerin zu erlösen und zu einer gleichberechtigten Schwester der reizvolleren organischen Chemie zu machen. Bei diesem Bemühen kam ihm u. a. auch das Glück insofern zu Hilfe, als ein feindlicher Angriff in den letzten Tagen eines inzwischen ausgebrochenen Weltkrieges sein altehrwürdiges Institut bis auf die Grundmauern zerstörte, so daß das zuständige Ministerium gezwungen war, ihm ein neues und modernes Institut zu bauen. So sah er sich jetzt in der Lage, mit zahlreichen Schülern vielfältige Experimentalarbeiten durchzuführen, und er wurde in der Folgezeit vielfach geehrt für wissenschaftliche Leistungen, die seine tüchtigen Mitarbeiter vollbracht hatten. Natürlich fielen ihm solche Erfolge nicht von selbst in den Schoß, denn auch für den Wissenschaftler gilt Gottes weise Einrichtung dass erst auf sechs Werktage einmal ein Sonntag entfällt, und eine Weihnachtsbescherung wird auch dem Wissenschaftler nur alle Jahre einmal zuteil. Dafür nahm die Zahl der Ehrenämter zu, und da er den großen Fehler besaß, nicht nein sagen zu können, war er so töricht, solche Ehrenämter nicht nur an-, sondern sogar ernst zu nehmen. Denn er war der naiven Meinung, er nutze dadurch seiner chemischen Wissenschaft, aber in Wirklichkeit schadete er damit nur seinem vegetativen Nervensystem. So verging seine Zeit mit Experimentieren, Organisieren, Dozieren und Publizieren, und eines Tages kamen seine Schüler und Mitarbeiter voller Tatendrang zu ihm und teilten ihm mit, dass sie anlässlich der Einweihung der neuen Hörsäle auch seinen 60. Geburtstag feiern wollten. Da – erschrak er bis in sein Herz hinein! Denn aufs Altwerden hatte er bis dahin rein vergessen. Doch konnte er sich dem Wunsche nicht entziehen, und so kam denn eine Feier zustande, die ihn zutiefst berührte und bei der er zahlreiche Freunde und Schüler begrüßen konnte.

Ein Bundesminister … Ein Staatsminister … Der Rektor. Der Dekan … Ein Universtätskollege … Der Vizepräsident einer Gesellschaft … Kollegen, Mitarbeiter und Schüler …

Und in allen Geburtstagsreden vernahm er mit interessierter Verwunderung von seinen Leistungen und Verdiensten. Und vieles davon war selbst ihm neu, wenn auch darum nicht weniger wohltuend. Ganz besonders aber freute er sich darüber, dass seine Frau und seine drei Kinder der Feier beiwohnten. Denn auf diese Weise erfuhren sie endlich einmal, was für ein Kerl er war. Ihm selbst hatten sie das ja nie glauben wollen.

Als dann aber die Feier des Tages zu Ende war, da schlich sich das also geehrte 60-jährige Geburtstagskind unseres Märchens heimlich aus der großen Stadt. Hier wusste er am Stadtrand einen kleinen, von Musik und Kindheitserinnerungen erfüllten Jahrmarkt. Und wieder stand er, mit einer Eiswaffel in der Hand, vor den Schaubuden, vor denen die Ausrufer mit denselben Worten dieselben Wunder anpriesen wie 50 Jahre zuvor. Und auf dem Rücken eines Karussellpferdes ritt er nachdenklich dahin, zurück in das Land seiner Kindheit. Die Welt um ihn versank. Er vergaß seine 60 Jahre und alle Ehrungen, die ihm zuteil geworden, wurde wieder der kleine Junge von ehedem und war sehr glücklich! – Und da er nicht gestorben ist, lebt er heute noch!

Als letzter Bauabschnitt konnte 1962 auf Antrag von Egon Wiberg die Planung für einen Neubau des über ein halbes Jahrhundert alten (Willstätter-)Teils des Instituts für Anorganische Chemie in Angriff genommen werden. Wiberg wandte sich 1965 direkt an Kultusminister Ludwig Huber und beklagte die Verschleppung des bereits vor zwei Jahren beschlossenen Neubaus und den schlechten Zustand des provisorischen Altbaus. Huisgen brachte als interessante Variante einen „Forschungsturm“ zum Vorschlag.

Während der Bauarbeiten für diesen Neubau (etwa ⅓ des Instituts für Anorganische Chemie) kam es zu großen Engpässen für die Aufnahme der Naturwissenschaftler in das chemische Praktikum, die z. B. die notwendige Aufnahmeklausur im Liebig-Hörsaal durch Abwerfen von Lösungsblättern in den Hörsaal boykottierten. Diese Zeit fiel zusammen mit den allgemeinen Studentenunruhen und Protesten wie z. B. dem bekannten „Teach in", worunter besonders Prof. Huisgen durch seine standhafte und aufrechte Haltung zu leiden hatte.

Nach Vollendung des vorerst letzten Bauabschnittes im Jahr 1970 und nach der Berufung der neuen Lehrstuhlinhaber A. Weiß (1965), W. Beck (1968), H. Nöth (1969), H.-P. Boehm (1970), R. Gompper (1968), H. Binsch (1972), G. Ertl (1973) und J. Voitländer (1973) wurden vom Bayerischen Staatsministerium für Unterricht und Kultus (auf Antrag von A. Weiß und W. Beck und teilweise wohl auch auf Druck durch die Studenten) zahlreiche neue Stellen für wissenschaftliches Personal geschaffen. So verfügten im Jahr 1998 die chemischen Institute insgesamt über die stattliche Zahl von 134 Stellen für wissenschaftliches Personal (Professoren, Akad. Räte, Assistenten).

2.3 Umzug der Fakultät für Chemie und Pharmazie in die Neubauten in Großhadern 1998 / 1999

Schon gab es wieder Pläne für eine Erweiterung der Chemie, da aus Platzgründen eine Beschränkung der Zahl der Chemie-Studenten, der Studenten mit Chemie als Nebenfach Chemie und der Lehramtsstudenten notwendig war und da z. B. in Anorganischer Chemie während der gesamten vorlesungsfreien Zeit (mit Ausnahme des Monats August) Praktika durchgeführt werden mussten. Die vor allem von A. Weiß ausgearbeiteten Pläne und vom Architektenbüro Ottow ausgeführten Pläne für einen Erweiterungsbau der Anorganischen Chemie auf dem Gelände der Türkenkaserne (jetzt Pinakothek der Moderne und Brandhorst-Museum) waren bis ins letzte Detail festgelegt. Der Autor dieser Zeilen erinnert sich noch genau, als am 23. März 1982 die Lehrstuhlinhaber für Anorganische Chemie feierlich diese Pläne im Universitätsbauamt unterschrieben. Für die Organische Chemie war eine Erweiterung in dem „alten" Anorg. Chem. Institut vorgesehen. Nach der Fertigstellung der Chemischen Institute der TU München in Garching wurde die mögliche Erweiterung der Chemie an der LMU durch den Bayerischen Rechnungshof angehalten. Die Laboratorien in den Instituten für Organische und Anorganische Chemie wurden teilweise – als Sicherheitsmaßnahmen – erneuert durch Einbau von zusätzlichen Türen, durch Asbest-Sanierung und durch effektivere Entlüftungsanlagen. Im Jahr 1990 fasste die Bayerische Staatsregierung den weisen Entschluss, das Gelände der ehemaligen Türkenkaserne für Museen zu nutzen und die gesamte Fakultät für Chemie und Pharmazie nach Großhadern zu verlegen. Mit der Planung und Bauleitung wurde das Architekturbüro Ottow mit dem hervorragenden Architekten Georg Brechensbauer (der insbesondere die Wünsche der künftigen Nutzer zu erfüllen suchte), ohne Ausschreibung beauftragt, nachdem dieses Büro die Ausschreibung für die nicht zustande gekommenen Institute auf dem Türkenkaserne-Gelände gewonnen hatte.

Mit dem Bau konnte 1994 begonnen werden. Im Frühjahr 1999 konnten alle neuen Gebäude mit 30.000 m^2 Nutzfläche (davon ca. 15.000 m^2 für die Chemie, 10.500 m^2 für die Pharmazie und 5700 m^2 als zentrale Fläche mit 6 Hörsälen, Seminar-Räumen mit Mensa, Bibliothek und Werkstätten) bezogen werden. Es war ein Glücksfall für die Fakultät, dass in schwieriger Zeit Herbert Mayr als Dekan in souverän-sympathischer Weise den Umzug leiten konnte. Rund 400 Millionen DM kostete der Neubau der

Abb. 2.6. und 2.7. Die neuen Gebäude der Fakultät für Chemie und Pharmazie in Großhadern im Bau.

Abb. 2.8. Die Neubauten der Fakultät für Chemie und Pharmazie der LMU in Großhadern.

Fakultät, wobei im Zuge der Neubauten auch eine großzügige Ausstattung mit modernen Geräten möglich war. Der Standort Großhadern, in unmittelbarer Nähe zum Max-Planck-Institut für Biochemie, zum Klinikum, zu den Gebäuden der Fakultät Biologie und zu den Gründungsfirmen für Biotechnologie, bietet hervorragende Möglichkeiten zur Kooperation. Bereits 1994 konnte das Institut für Biochemie fertiggestellt werden.

Am 21.6.1999 konnte die Einweihung der chemischen Neubauten gefeiert werden mit Ansprachen von Rektor Andreas Heldrich und dem Bayerischen Staatsminister für Wissenschaft, Forschung und Kunst Hans Zehetmair und Grußworten vom Vorstandsvorsitzenden der VIAG AG, Wilhelm Simson und dem Dekan der Fakultät für Chemie und Pharmazie Herbert Mayr. Der Präsident der Bayerischen Akademie der Wissenschaften, Heinrich Nöth, hielt den Festvortrag über „Forschung und Lehre in Bayern: Der Tradition verbunden, der Zukunft verpflichtet". Minister Zehetmair betonte, dass der Neubau der Chemie die größte Baumaßnahme der Universität München war seit ihrer Verlagerung von Landshut nach München durch Ludwig I. im Jahre 1826.

Der Rektor der
Ludwig-Maximilians-Universität München
beehrt sich zur

Einweihung

der

Neubauten der
Ludwig-Maximilians-Universität
München
für die
Fakultät für Chemie und
Pharmazie

in München – Großhadern
Butenandtstraße 5 – 13

am Montag, dem 21. Juni 1999
um 11.00 Uhr (s.t.)
Justus-von-Liebig-Hörsaal
Bauteil F, Erdgeschoß

einzuladen.

Um Antwort mit beiliegender Karte
bis 14.6.1999 an das Rektorat der
Ludwig-Maximilians-Universität München
wird gebeten.

Parkmöglichkeiten stehen leider nur beschränkt in der
Tiefgarage des Neubaus oder auf dem Parkplatz des
Klinikums Großhadern, Einfahrt Marchioninistraße
(Beschilderung Klinikum), zur Verfügung.
Bitte benutzen Sie deshalb öffentliche Verkehrsmittel:
U 6 bis Großhadern, dann zu Fuß (ca. 10 Min.)
oder mit Bus Linie 67 oder 266
(Haltestelle Waldhüterstraße).

Programm

Begrüßung
Prof. Dr. Andreas Heldrich
Rektor der Ludwig-Maximilians-Universität
München

Festansprache
Hans Zehetmair
Bayerischer Staatsminister für Wissenschaft,
Forschung und Kunst

Schlüsselübergabe

Grußworte

Einweihung

Festvortrag
Prof. Dr. Dr. h.c. mult. Heinrich Nöth
Präsident der Bayerischen Akademie der
Wissenschaften
„Forschung und Lehre in Bayern:
Der Tradition verbunden,
der Zukunft verpflichtet"

Musikalische Umrahmung:
Blinde Musiker München
Leitung: Franz Schachtner

Anschließend sind Sie zu einer
Besichtigung der Gebäude
und zu einem Imbiß,
den das Studentenwerk München
für Sie vorbereitet hat,
herzlich eingeladen.

Abb. 2.9. Programm der Festveranstaltung am 21. Juni 1999.

Die Gebäude der sog. „Alten Chemie" an der Karl- / Meiser- / Sophienstraße standen lange Zeit leer und verfielen. Ein Brand zerstörte im Jahr 2007 den sehr schönen holzgetäfelten Liebig-Hörsaal. In diesem Liebig-Hörsaal hatte Egon Wiberg als besondere und einmalige Attraktion an der Stirnseite ein großes Periodensystem anbringen lassen, bei dem

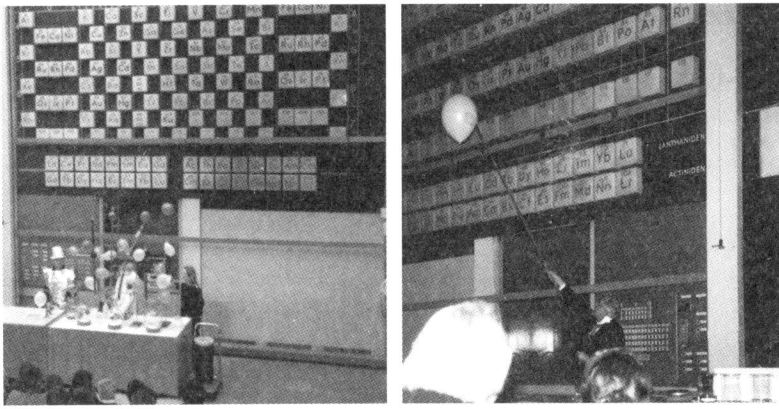

Abb. 2.10. und 2.11. Das Kurz- und Langperiodensystem der Elemente an der Frontwand des großen Liebig-Hörsaals.

jedes Elementsymbol, oder auch Elementgruppen oder Perioden extra beleuchtet werden konnten und das von den Professoren sehr gerne in der Vorlesung, besonders in der Vorlesung „Anorganische Experimentalchemie“ eingesetzt wurde.

Hierzu die folgende Anekdote: Als Professor Wiberg seinem Kollegen Walter Hieber von der TH München die Vorzüge dieses PS vorstellte, soll Hieber geantwortet haben: „Ihre Studenten haben das PS an der Wand, die meinen im Kopf“. Im alten Liebig-Hörsaal waren an der holzgetäfelten Wand die Einschläge von gefrorenen Gummibällen aus der Vorlesung über flüssige Luft zu sehen.

Nach dem Abriss der Chemie- und Pharmazie-Bauten wurden in den sog. „Lenbach-Gärten“ Luxus-Wohnungen als „Münchner Quartiere“ für vermögende Leute, ein Fünf-Sterne-Hotel und Büros errichtet, die u. a. von dem angesehenen Architekten Otto Steidle geplant waren und 2008 bezogen wurden. An die „Alte Chemie“ erinnert heute nur noch ein schmales Fassadenband im Obergeschoss an der Meiserstraße (heute Katharina-von-Bora-Str.) sowie der erhalten gebliebene Aufgang zum Liebig-Hörsaal im Foyer einer Firma. Der von dem Architekten Albin Steininger konzipierte Hörsaalbereich an der Ecke Meiser-/Karlstraße gilt als herausragendes Beispiel für Nachkriegsarchitektur in München.

3 *Aus der „Alten Chemie" werden die „Lenbach Gärten": Zur Zeit laufen noch die Abbrucharbeiten. In zwei Jahren soll das neue Wohnquartier in der Maxvorstadt fertig sein.*

Steinwüste vor St. Bonifaz

Völlig neue Perspektiven bieten sich zur Zeit an der Karlstraße, in der Nähe des Alten Botanischen Gartens. Wo früher die etwas heruntergekommenen Gebäude der ehemaligen Uni-Institute für Chemie und Pharmazie standen, ist mittlerweile fast alles platt gemacht – und so ergibt sich der freie Blick auf das Kloster St. Bonifaz. Alt und Neu werden in einen ziemlich starken Kontrast treten, denn auf dem Gelände zwischen dem Alten Botanischen Garten, der Luisen-, Sophien-Karl- und Meiserstraße wächst mit den so genannten Lenbach Gärten bald ein moderner und exklusiver Stadtteil heran. Geplant haben die Münchner Architektenbüros Hilmer und Sattler sowie Steidle und Partner ein Innenstadt-Quartier mit Wohnungen, Bürogebäuden und einem Luxushotel. Direkt gegenüber von St. Bonifaz ist ein begrünter Platz vorgesehen. Außerdem gibt es einen Weg durch das neue Gebiet, der den Alten Botanischen Garten mit der Abtei verbindet. *dü./Foto: Andreas Heddergott*

Abb. 2.12. und 2.13 (l.),
Abb. 2.14. (o.)
Der Abbruch der Chemie- und Pharmaziegebäude (unten das Institut für Anorganische Chemie).

Im Jahr 2021 konnte das von Thomas Carell initiierte und bis in Details geplante neue „Institut für Chemische Epigenetik" – neben dem BiophysM-Gebäude – bezogen werden. In diesem mit Mitteln (40 Millionen Euro) des Freistaates und des Bundes finanzierten und mit modernsten Geräten und sicheren Laboratorien ausgestattenen Institut werden u. a. Forschungsarbeiten über die Vorgänge im Innern von Zellen und auch über den Ursprung des Lebens durchgeführt. Die Mitarbeiter an den Lehrstühlen Thomas Carell und Ivan Huc und die Nachwuchsgruppen finden hier hervorragende Arbeitsbedingungen.

Abb. 2.15. Die Front beim Eingang zum alten großen Liebig-Hörsaal an der Meiserstraße – jetzt umbenannt in Katharina-von-Bora-Straße – ist nach dem Abriss der Gebäude der Chemie und mit dem Neubau der Lenbach-Gärten im Wesentlichen erhalten geblieben.

Abb. 3.1. (rechte Seite) Der wissenschaftliche Stammbaum Justus von Liebigs. Zusammenstellung von Fritz Kröhnke 1973, in Klammer Jahr der Verleihung des Nobelpreises.

3 Die „Chemischen Schulen“ am Staatslabor und an der LMU

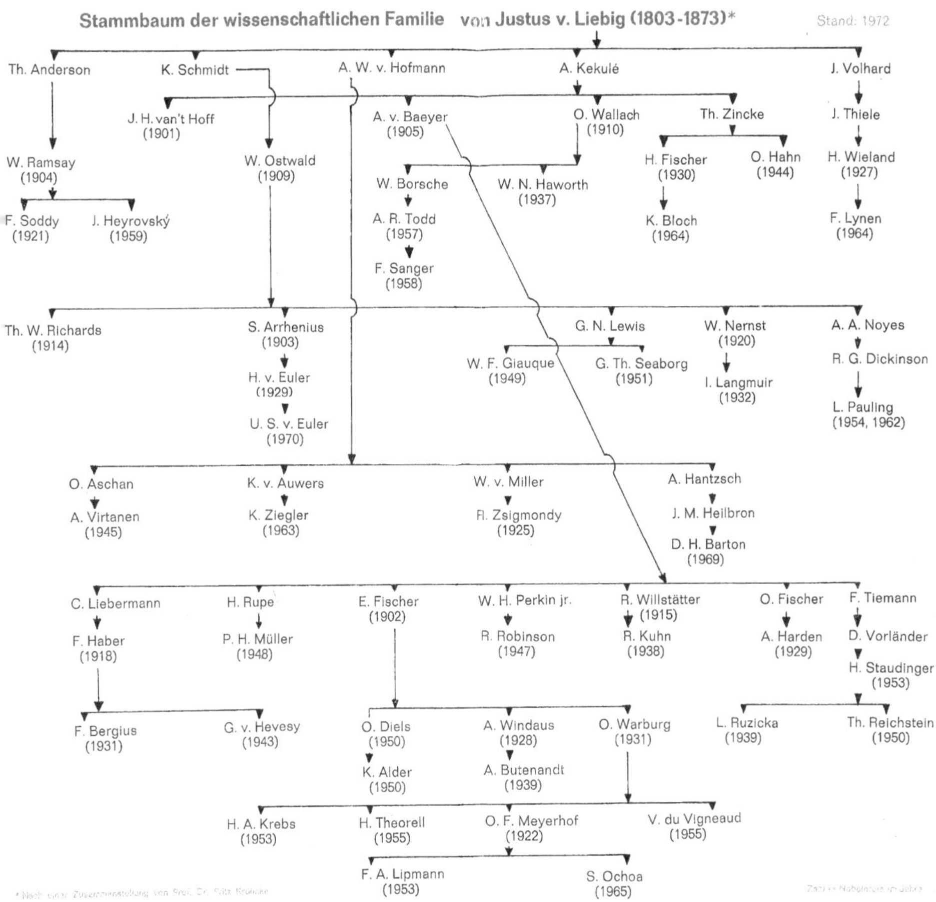

 DOI: › <https://doi.org/10.47261/1552>.

Berühmt ist der wissenschaftliche Stammbaum mit Justus von Liebig als „Wurzel" (**Abb. 3.1.**).[19]

Ungewöhnlich viele hervorragende Chemiker des späten 19. Jahrhunderts sind aus der Liebigschen Schule während seiner Zeit in Gießen hervorgegangen. Adolf von Baeyer war als Doktorand von Kekulé ein wissenschaftlicher Enkel von Liebig und auch sein Nachfolger in München. In der Münchener Zeit (1852 – 1873) hatte Liebig keine Schüler mehr betreut. Mehr als 50 Schüler von A. von Baeyer und seinen Dozenten haben die akademische Laufbahn eingeschlagen und 27 davon haben sich in München habilitiert, u. a. Emil Fischer, Eduard Buchner, Richard Willstätter und Heinrich Wieland (die alle wie Baeyer den Nobelpreis erhielten), ferner Stefan Goldschmidt (Nachfolger von Hans Fischer an der Technischen Hochschule München), Wilhelm Manchot (später Professor an der TH München), Rudolf Pummerer (später Professor in Erlangen).

Heinrich Wieland und sein Schüler Rolf Huisgen setzten die große Tradition von Liebig und Baeyer als erfolgreiche akademische Lehrer fort. Ebenso erfolgreich war Egon Wiberg als väterlicher Betreuer seiner Schüler (siehe **Tabelle 3.1.**). Otto Hönigschmid hatte u. a. die hervorragenden Schüler Eduard Zintl, Lothar Birckenbach (später in Clausthal-Zellerfeld) und den „Gentleman" in der Chemie Josef Goubeau (später Professor in Stuttgart). In neuerer Zeit haben aus den Arbeitskreisen von Feodor Lynen, Heinrich Nöth, Wolfgang Beck, Wolfgang Steglich, Georg Bräuchle und Wolfgang Schnick viele Absolventen die akademische Laufbahn eingeschlagen. Schließlich haben ehemalige LMU-Doktoranden hohe Positionen in der chemischen Industrie erreicht, z. B. Walter Reppe (BASF), Rudolf Staudigl (Wacker-Chemie), Wilhelm Simson (SKW, VIAG, Eon).

19 *Gießener Universitätsblätter* **1973**, 6, H. 1, 109 – 110.
Online verfügbar: › <http://geb.uni-giessen.de/geb/volltexte/2013/9300/>.

Tabelle 3.1. Akademische Schüler. Jahreszahlen geben das Jahr der Habilitation an, in Klammern ist die spätere Position angegeben.

Johannes Thiele		*Richard Willstätter*	
Heinrich Wieland	1901	Hans Lecher	1920
Fritz Straus	1901	Hans Heinrich Schlubach	1924
Otto Dimroth	1895	Ernst Waldschmidt- Leitz	1924
Jakob Meisenheimer	1898	Richard Kuhn	1925
Wilhelm Manchot	1895	Heinrich Kraut	1925

Otto Hönigschmid	
Lothar Birckenbach	(Clausthal-Zellerfeld)
Eduard Zintl	(Darmstadt)
Martin Linhard	(Clausthal-Zellerfeld)
Alwin Meuwsen	(Erlangen)
Josef Goubeau	(Stuttgart)

Heinrich Wieland	
Clemens Schöpf	1927
Gottwalt Fischer	1929
Elisabeth Dane	1934
Wilhelm Franke	1934
Friedrich Klages	1935
Karl Meinel	1935
Günther Endres	1936
Franz Wille	1942
Feodor Lynen	1942
Rudolf Hüttel	1943
Robert Purrmann	1944
Werner Schmitt	1944
Bernhard Witkop	1946
Rolf Huisgen	1947
Hans Behringer	1951

Rolf Huisgen		
Ivar Ugi	1954	(TU München)
Christoph Rüchardt	1956	(Freiburg)
Horst König	1957	(Heidelberg)
Reiner Sustmann	1963	(Essen)
Jürgen Sauer	1963	(Regensburg)
Gerhard Binsch	1963	(München)
Gernot Boche	1965	(Marburg)
Rudolf Grashey	1966	(München)
Günter Szeimies	1964	(Berlin)
Hans Gotthardt	1968	(Wuppertal)
Manfred Christl	1967	(Würzburg)
Bernd Giese	1969	(Basel)
Rudolf Knorr		(München)
Johann Gasteiger	1972	(Erlangen)
Herbert Mayr	1974	(Lübeck, Darmstadt, München)
Johann Mulzer	1974	(Berlin, Wien)
Hans-Ulrich Reißig	1978	(Dresden, Berlin)
Reinhard Brückner	1984	(Göttingen, Freiburg)
Grzegorz Mlostoń	1985/93	(Łódź)

Feodor Lynen		
Karl Decker	1955	(Freiburg)
Hermann Eggerer	1961	(Regensburg, TU München)
Bernd Hamprecht	1968	(Würzburg, Tübingen)
Guido Hartmann	1955	(Würzburg, LMU)
Helmut Holzer	1953	(Hamburg, Freiburg)
Georg-Burkhard Kreße	1976	(apl. Prof. LMU)

Dieter Oesterhelt	1967	(Würzburg, Direktor MPI für Biochemie, Martinsried)
Peter Overath	1961	(Direktor MPI Biologie, Tübingen)
Manfred Sumper	1970	(Regensburg)
Felix Wieland	1978	(Heidelberg)

Egon Wiberg	
Max Schmidt	(Marburg, Würzburg)
Heinrich Nöth	(Marburg, Nachfolger von E. Wiberg an der LMU)
Eberhard Amberger	(München)
Fritz Weigel	(München)
Alfred Schmidpeter	(München)
Hans Bock	(Frankfurt)
Peter Paetzold	(Aachen)
Gerhard Schrauzer	(University of San Diego)
Johann Buchler	(Darmstadt)
Julius Nickl	(München)

Armin Weiß	
Günter Nagorsen	
Kurt Hartl	(München)
Herbert Schäfer	(Darmstadt)
Klaus-Jürgen Range	(Regensburg)
Gerhard Lagaly	(Kiel)
Robert Schöllhorn	(Berlin)
Brigitte Eisenmann	(Darmstadt)

Heinrich Nöth	
Heinrich Vahrenkamp	(Freiburg)
Günter Schmid	(Essen)
Bernd Wrackmeyer	(Bayreuth)
Gerald W. Linti	(Heidelberg)
G. W. Wagner	(Frankfurt)
Ingo Krossing	(Freiburg)
Nils Metzler-Nolte	(Bochum)

Wolfgang Beck	
Wolf Peter Fehlhammer	(Erlangen, FU Berlin, Generaldirektor Deutsches Museum)
Ulrich Nagel	(Tübingen)
Johann Weis	(Honorarprof. Würzburg)
Wolfgang Weigand	(Jena)
Florian Holsboer	(Freiburg, MPI für Psychiatrie München)
Karlheinz Sünkel	(LMU)
Bernhard Olgemöller	(LMU)
Bernhard Rieger	(Ulm, TU München)
Roland Krämer	(Heidelberg)
Kai Severin	(ETH Lausanne)
Karlheinz Lottes	(Hochschule München)
Karl Stetter	(FH Rosenheim)
Rostislav Lampeka	(Kiew)

Wolfgang Steglich	
Markus Heinrich	(Erlangen)
Gerhard Höfle	(Braunschweig)
Michael Müller	(Freiburg)
Thomas Schrader	(Duisburg/Essen)
Peter Spiteller	(Bremen)
Edda Töpfer-Petersen	(Hannover)
Kirsten Zeitler	(Leipzig)
Jürgen Backhaus	(FH Mannheim)
Veronika Hellwig	(FH Lübeck)
Elisabeth Jägers	(FH Köln)
Stefan Jendrzejewski	(FH Lübeck)
Christoph Krekel	(Akademie der Bildenden Künste, Stuttgart)
Michael Lindemann	(FH Krefeld)

Georg Bräuchle	
Thomas Basché	(Mainz)
Norbert Hampp	(Marburg)
Klaus Meerholz	(Köln)
Andreas Zumbusch	(Konstanz)
Jens Michaelis	(Ulm)
Gregor Jund	(Saarbrücken)
Don Lamb	(München)
Irmgard Frank	(Hannover)
Alper Kiraz	(Koc, Türkei)
Sebastian Mackouski	(Torun, Polen)

Wolfgang Schnick	
Oliver Oeckler	(Universität Leipzig)
Jörn Günne	(Universität Siegen)
Bettina Lotsch	(Stuttgart, München)
Klaus Müller-Buschbaum	(Würzburg)
Ulrich Baisch	(Newcastle University)
Jürgen Senker	(Bayreuth)
Hubert Huppertz	(Leopold-Franzens-Universität Innsbruck)
Henning Höppe	(Augsburg)
Kai Landskron	(Lehigh University, USA)
Norbert Stock	(Universität Kiel)

4 Die Forschung in der Chemie an der LMU seit dem Rücktritt von Richard Willstätter

In diesem Kapitel wird versucht, in Kürze die Forschung in der Chemie an der LMU zu skizzieren. Für die Forschung in den verschiedenen Arbeitskreisen kann auf die Kurzbiographien der Professoren (Kapitel 9) verwiesen werden. In den Jahren 1989 – 2017 wurde auf Anregung des damaligen Dekans Fritz Eiden alle zwei Jahre der Forschungsbericht der Fakultät für Chemie und Pharmazie der LMU erstellt mit Angabe der Forschungsprojekte und der Publikationen aller aktiven Mitglieder.

4.1 Forschungsrichtungen in der Chemie an der LMU

Die Forschungsrichtungen in der Chemie an der LMU waren und sind weitgespannt und vielfältig, siehe Tabelle 4.1. (nächste Doppelseite).

4.2 Die Forschung an den Lehrstühlen

Die folgenden Jahreszahlen in Klammern geben die aktive Zeit der Professoren an der LMU an.

Organische Chemie

Richard Willstätter (1916 – 1924) war der Pionier der Naturstoffchemie in München mit den Nobelpreis-würdigen Arbeiten über „Farbstoffe im Pflanzenreich, vor allem des Chlorophylls“ und über die Strukturaufklärung der Tropan-Alkaloide wie Cocain. Herausragend waren auch die

Wolfgang Beck: Die Geschichte der Chemie an der LMU München.
© 2023 GNT-Verlag GmbH, Berlin, Germany. DOI: ➤ <https://doi.org/10.47261/1552>.

Tabelle 4.1. Forschungsrichtungen in der Chemie an der LMU und deren Vertreter.

Anorganische Chemie	
Chemie der Hauptgruppenelemente, besonders von H, B, Si, P, S, Se, F	Egon Wiberg, Schmeißer, Max Schmidt, Klement, Amberger, Johrendt, Westerhausen, Nöth, Weiß, Nils Wiberg, Klapötke, Schnick, Kornath, Karaghiosoff, Schmidpeter
Koordinationschemie	Beck, Klüfers, Lorenz, Sünkel, Robl, Böttcher, Weigand, Evers
Bioanorganische Chemie	Beck, Klüfers, Ivanović-Burmazović, Daumann, Böttcher, Weigand
Metallorganische Chemie der Übergangsmetalle	Fischer, Beck, Nöth, Lorenz, Böttcher, Sünkel, Langhals, Mayr
Festkörperchemie und Strukturchemie	Weiß, Schnick, Johrendt, Klüfers, Robl, Evers, Boehm, Amberger, Behrens, Nagorsen, Hartl
Neue Materalien	Schnöckel, Schnick, Klapötke, Johrendt, Lotsch, Langhals, Kornath, Evers
Oberflächenchemie und Katalyse	Boehm, Evers
Synthese-Methoden	Schnick, Kornath, Evers
Untersuchungsmethoden	Evers, Nöth, Klüfers, Karaghiosoff, Bräuniger

Organische Chemie	
Naturstoffchemie	Willstätter, Wieland, Steglich, Carell, Hoffmann-Röder, Lynen, Winnacker, Knochel, Cramer
Biosynthese	Steglich, Carell
Synthese-Methoden	Winnacker, Huisgen, Gompper, Steglich, Knochel, Mayr, Pfaendler, Heuschmann
Asymmetrische Katalyse	Knochel, Trapp
Neue Reagentien	Steglich, Knochel

Neuartige Verbindungen	Huisgen, Gompper
Neue Materialien	Gompper, Dube
Photochemie und Farbstoff-Chemie	Gollnick, Gompper, Bräuchle, Langhals
Reaktivitätsskala, Kinetik und Mechanismen organischer Reaktionen	Huisgen, Mayr, Zipse, Ofial
Chemie am Ursprung des Lebens, Chemische Biologie	Carell, Trapp, de Vivie-Riedle, Hoffmann-Röder
Physikalische Chemie	
Physikalisch-chemische Methoden	Hönigschmid, Clusius, Voitländer, Bräuchle, Trapp, Dickel, Hartschuh, Müller-Caspary
Biophysikalische Chemie	Bräuchle, Lamb, Stigler
Physikalische Eigenschaften und elektronische Struktur	Voitländer, Ebert, Zundel, Minar
Heterogene Katalyse und Oberflächenchemie	Schwab, Ertl, Knözinger, Bein, Wintterlin
Neue spektroskopische Methoden	Voitländer, Bräuchle, Hartschuh
Chemie im Hinblick auf Medizin	Bräuchle, Bein, Hartschuh, Lamb
Nanochemie	Bein, Tinnefeld, Bräuchle, Carell, Ochsenfeld, Wintterlin, Ebert, E. Wagner
Wasserstoffbrückensysteme und Protonentransfer	Zundel
Theoretische Chemie, Quantenchemie	Ochsenfeld, Binsch, Voitländer, Klüfers, Klapötke, Ebert, Zipse, Fingerhut, de Vivie-Riedle
Energiereiche Verbindungen	Klapötke
Energieumwandlung	Bein, Schnick, de Vivie-Riedle, Hartschuh, Langhals, Fingerhut
Radiochemie	Weigel, F. Lux

ersten Synthesen von Cyclooctatetraen, o-Chinon als bedeutende Beiträge zur Theorie der Organischen Chemie.[20]

Sein Nachfolger *Heinrich Wieland (1925 – 1952)* war der große „Universalist“[21] in der Chemie mit grundlegenden Arbeiten über organische Stickstoffverbindungen, darunter brisante neuartige Verbindungen wie Knallsäure sowie über Radikale,[22] Naturstoffe, Steroide,[23] Alkaloide und Pterine,[24] sowie über die biologische Oxidation.[25]

Der Nachfolger von Wieland, *Rolf Huisgen (1952 – 1988)*, ist der große Pionier der Physikalisch-Organischen Chemie mit einer großartigen Kombination von präparativen und mechanistischen Studien[26] über Diazo-, Azo-, Azomethin-Verbindungen, Azomethinylide (Münchnone), über Benzyne, Azide und das berühmte Pentazol, über 1,4- und 2,2-Cycloadditionen. Seine vielen grundlegenden Arbeiten führten zum allgemein gültigen Konzept der 1,3-dipolaren Cycloadditionen,[27] das weltweit hohe Anerkennung fand, durch die Entdeckung der „Click-Reaktion“ neue Impulse erhielt und Huisgen zum meist zitierten deutschen Chemiker machten.

20 Richard Willstätter: *Aus meinem Leben*. 2. Auflage. Verlag Chemie, Weinheim, **1958**. — D. Trauner: Richard Willstätter und der Chemie-Nobelpreis 1915. *Angew. Chem.* **2015**, *127*, 12078 – 12085.

21 R. Huisgen: Heinrich Wieland, ein wissenschaftlicher Universalist. *Nachr. Chem.* **2007**, *55*, November, 1083 – 1087. — Übersicht: B. Witkop, *Liebigs Ann. Chem.* **1992**, I – XXXII.

22 F. Klages: Die Stickstoffarbeiten von H. Wieland. *Naturwiss.* **1942**, *30*, 342.

23 E. Dane: Die Arbeiten Wielands auf dem Gebiet der Steroide. *Naturwiss.* **1942**, *30*, 333.

24 C. Schöpf: Die Arbeiten Wielands über stickstoffhaltige Naturstoffe (Alkaloide, Pterine). *Naturwiss.* **1942**, *30*, 359.

25 W. Franke, *Naturwiss.* **1942**, *30*, 342.

26 R. Huisgen: *The Adventure Playground of Mechanisms and Novel Reactions.* Profiles, Pathways, and Dreams (Ed.: J. I. Seeman). American Chemical Society, Washington, **1994**. — K. N. Houk: Rolf Huisgen's Profound Adventures in Chemistry. *Helv. Chim. Acta* **2010**, *93*, 1241 – 1260. — C. Rüchardt, J. Sauer, R. Sustmann: Rolf Huisgen. Some Highlights of his Contributions to Organic Chemistry. *Helv. Chim. Acta* **2005**, *88*, 1154 – 1184. — B. Giese, H. Mayr, H.-U. Reißig: Rolf Huisgen (1920 – 2020). *Angew. Chem., Int. Ed.* **2020**, *59*, 12228 – 12232.

27 R. Huisgen: 1,3-Dipolare Cyclodditionen, Rückschau und Ausblick. *Angew. Chem., Int. Ed.* **1963**, *2*, 556 – 598; *Angew. Chem.* **1963**, *75*, 604 – 637.

Rudolf Gompper (1965 – 1994) hat sich sehr erfolgreich mit Antiaromaten und Donor-Akzeptor-Effekten in π-Elektronen-Systemen befasst.[28] Aufsehen erregte die erste Synthese eines stabilen Cyclobutadiens.[29] Sein großes Interesse galt vor allem der Entwicklung neuer Materialien für die nichtlineare Optik,[30] für neuartige molekulare organische Metalle,[31] für Schalter, Supraleiter, Flüssigkristalle und Farbstoffe. Er hat sich um die Entwicklung neuartiger organischer Materialien besondere Verdienste erworben.

Als Nachfolger von Rolf Huisgen führte *Wolfgang Steglich (1991 – 2001)* die Tradition der Naturstoffchemie in München fort mit seinen hervorragenden Arbeiten über die Strukturaufklärung und Synthese der biologisch wirksamen Inhaltsstoffe und der Farbstoffe in Pilzen und Schleimpilzen.[32] In Zusammenarbeit mit Timm Anke gelang ihm die Strukturbestimmung und Synthese der Strobilurine, die als Leitstrukturen für eine neue Klasse von Fungiziden dienten und weltweit Anwendung fanden.[33] Ferner fand er neue Methoden zur Modifikation von Aminosäuren und Peptiden.[34] Das Steglich-Reagenz DMAP (4-Dimethylaminopyridin) ist nach wie vor ein außerordentlich nützlicher Katalysator für Acylierungen.[35]

Die vielen grundlegenden Arbeiten von *Herbert Mayr (seit 1996)* zur Kinetik organischer und metallorganischer Reaktionen (mit physikalischen Hintergrund) führten ihn zur Entwicklung einer umfassenden

28 R. Gompper, *Bull. Soc. Chim. Belg.* **1983**, *92*, 781.

29 R. Gompper, G. Seybold, *Angew. Chem., Int. Ed.* **1968**, *7*, 824.

30 R. Gompper, W. Elser, *Liebigs Ann. Chem.* **1969**, *725*, 64.

31 T. J. Zimmermann, O. Freundel, R. Gompper, T. J. J. Müller, *Eur. J. Org. Chem.* **2000**, 3305.

32 W. Steglich: Pilzfarbstoffe. *Chem. Unserer Zeit* **1975**, *9*, 117 – 123 — K. Roth: Es kochen Maitre Steglich und seine Küchenbrigade Pilzragout nach Chemiker Art. *Chem. Unserer Zeit* **2015**, *39*, 193 – 212.

33 H. Sauter, W. Steglich, T. Anke: Strobilurins: Evolution of a new class of active substances. *Angew. Chem., Int. Ed.* **1999**, *38*, 1328 – 1349; *Angew. Chem.* **1999**, *111*, 1416 – 1438.

34 W. Steglich, M. Jäger, S. Jaroch, P. Zistler: Application of a-chloroglycine residues for the modification of oligopeptides. *Pure Appl. Chem.* **1994**, *66*, 2167.

35 G. Höfle, W. Steglich, H. Vorbrüggen: 4-Dialkylaminopyridines as highly active acylation catalysts. *Angew. Chem., Int. Ed.* **1978**, *17*, 569 – 583; *Angew. Chem.* **1978**, *90*, 602 – 615.

Reaktivitätsskala für Elektrophile und Nucleophile,[36] die eine Voraussage von chemischen Reaktionen ermöglicht und die heute weltweit anerkannt ist. Sein Interesse gilt auch dem Mechanismus organischer Reaktionen, den reaktiven Zwischenstufen und der Organokatalyse.

Paul Knochel (seit 1999) ist ungewöhnlich erfolgreich und aktiv in der präparativen metallorganischen Chemie und entwickelt mit seinen Mitarbeitern eine Vielzahl neuartiger metallorganischer Reagenzien von Zink, Magnesium, Aluminium, Silizium, Zirkonium, Lanthan, Eisen, Mangan, Cobalt, Kupfer, Indium für die organische Synthese, die in außerordentlich zahlreichen Publikationen dokumentiert werden[37] (z. B. in den Jahren 2010/2011 73 Publikationen und 48 Vorträge!). So konnte er beispielsweise zeigen, dass sich mit Kobalt-, Nickel- und Palladium-Komplexen Kreuzkupplungsreaktionen katalysieren lassen.[38] Neue Liganden für die asymmetrische Katalyse werden hergestellt.

Thomas Carell (ab 2004) ist der große Pionier in der Bioorganischen Chemie mit grundlegenden Arbeiten zur Biosynthese und zur Synthetischen Biologie, über DNA und RNA und ihre Bestandteile, sowie über Aminosäuren. Reparaturmechanismen in DNA konnten mit biochemischen und strukturbiologischen Methoden geklärt werden.[39] Sein Interesse gilt heute vor allem der Synthese von modifizierten Nucleobasen

---

36 H. Mayr, A. R. Ofial, *Pure Appl. Chem.* **2005**, *77*, 1807 - 1821. — H. Mayr, A. R. Ofial, *Nachr. Chem.* **2008**, *56*, 871 - 877. — H. Mayr, M. Breugst, A. R. Ofial: Farewell to the HSAB Treatment of Ambident Reactivity. *Angew. Chem., Int. Ed.* **2011**, *50*, 6470 - 6505; *Angew. Chem.* **2011**, *123*, 6598 - 6634. — Database of Nucleophilicities and Electrophilicities: ➤<https://www.cup.uni-muenchen.de/oc/mayr/DBintro.html>; siehe auch Poster der Reaktivitätsskalen ➤<https://www.cup.lmu.de/oc/mayr/MayrPoster.html>.

37 Beispielsweise A. D. Benischke, M. Ellwart, M. R. Becker, P. Knochel: Polyfunctional Zinc and Magnesium Organometallics for Organic Synthesis: Some perspectives. *Synthesis* **2016**, *48*, 1101 - 1107. — T. Klatt, J. T. Markiewicz, C. Saemann, P. Knochel, Strategies to Prepare and Use Functionalized Organometallic Reagents, *J. Org. Chem.* **2014**, *79*, 4253 - 4269.

38 D. Haas, J. M. Hammann, R. Greiner, P. Knochel: Recent Developments in Negishi Cross Coupling Reactions. *ACS Catal.* **2016**, *6*, 1540 - 1552. — J. M. Hammann, M. S. Hofmayer, F. H. Lutter, L. Thomas, P. Knochel: Recent Advances in Cobalt-Catalyzed Csp^2 and Csp^3 Cross-Couplings. *Synthesis* **2017**, *49*, 3887 - 3894.

39 T. Carell, DNA Repair, *Angew. Chem., Int. Ed.* **2015**, *54*, 15330.

und Nucleosiden in der Natur und im Labor,[40] auch zum Aufbau neuer Nanostrukturen und Diagnostika und neuerdings auch der Synthese von Verbindungen am Ursprung des Lebens,[41] sowie der Synthese von Anti-Tumor-Verbindungen.

Oliver Trapp wurde 2016 als Nachfolger von Herbert Mayr an die LMU berufen. Er entwickelte chromatographische Methoden, die er für katalytische Reaktioen anwenden konnte. Die großen Themen seiner Forschung sind die Stereochemie und die Chiralität von Molekülen. Ihm gelang die Bestimmung der Absolutkonfiguration kleiner Moleküle durch direkte Methoden. Trapp wurde 2023 für seine wegweisenden Arbeiten zur Selbstverstärkung in der asymmetrischen Katalyse, zur enantioselektiven Autokatalyse mit dem Horst-Pracejus-Preis der GDCh ausgezeichnet. Mit der Entwicklung der ersten selbstverstärkenden asymmetrischen Reaktionen konnte Trapp zeigen, dass solche Reaktionen ein allgemeines Phänomen sind. Ein weiteres interessantes Forschungsgebiet von Oliver Trapp ist die präbiotische Chemie, die Synthese von biologisch wichtigen Verbindungen wie z.B. von Peptiden oder Nucleinsäuren unter präbiotischen Bedingungen am Ursprung des Lebens.

40 I. N. Michaelides, N. Targo, B. Viverge, T. Carell: Synthesis of RNA containing 5-Hydroxymethyl, 5-Formyl, and of 6-Carbocycytidine. *Chem. Eur. J.* **2017**, *23*, 15894–15898. — T. Carell et al., *J. Am. Chem. Soc.* **2013**, *135*, 14593–14599. — F. R. Traube, T. Carell: The chemistry and consequences of DNA and RNA methylation and demethylation. *RNA Biol.* **2017**, *25*, 1–9.

41 S. Becker, I. Thoma, A. Deutsch, T. Gehrke, P. Mayer, H. Zipse, T. Carell: A high shielding, strictly regioselective prebiotic purine nucleoside formation pathway. *Science* **2016**, *352*, 833–836. — S. Becker, C. Schneider, H. Okamura, A. Crisp, T. Amatov, M. Dejmek, T. Carell: Wet-dry cycles enable the parallel origin of canonical and non-canonical nucleosides by continous synthesis. *Nature Commun.* **2018**, *9*, 163.

Anorganische Chemie

Egon Wiberg (1940 – 1969) war der Pionier in der Chemie der Wasserstoffverbindungen von Elementen der Haupt- und Nebengruppen. International bekannt wurde er durch seine Arbeiten über Borazol, für das er den Namen „Anorganisches Benzol" einführte.[42] Ausgehend von den Stockschen Borwasserstoffen waren die Synthesen der Hydride von Gallium und Aluminium Meilensteine in seiner Forschung. Mit großer Experimentierkunst gelang die Synthese vieler Hydride von Be, Mg, In, Tl, Si, As, Sb, Bi, Cu, Ag, Au, Zn, Cd, Hg, Nb.[43] Die Chemie der Wasserstoffverbindungen wurde von seinem Sohn *Nils Wiberg* z. B. mit der Synthese von Diimin N_2H_2 und Tetrazen N_4H_4 weitergeführt.

Mit der Berufung von *Ernst Otto Fischer (1957 – 1964)* fand die Metallorganische Chemie der Übergangsmetalle Eingang in die Chemie an der LMU und diese Forschungsrichtung begeisterte viele besonders fähige Studenten an der LMU, die in der Huisgen-Schule hervorragend in Organischer Chemie ausgebildet waren und die als Doktoranden von E. O., wie er genannt wurde, wertvolle Ergebnisse erzielen konnten.[44] Viele Doktoranden von E. O., die an der LMU studierten, wurden später auf Lehrstühle berufen: Rainer Dieter Fischer (Hamburg), Henri Brunner (Regensburg), Gerhard Herberich (Aachen), Max Herberhold (Bayreuth), Cornelius G. Kreiter (Kaiserslautern), Christoph Elschenbroich (Marburg), Gottfried Huttner (Konstanz, Heidelberg). In seiner Zeit an der LMU hat E. O. mit seinen Mitarbeitern viele grundlegende Arbeiten über Cyclopentadienyl- und Aromaten-Komplexe herausgebracht, die auch zur Verleihung des Nobelpreises (1973) beitrugen.

Mit der Berufung von *Armin Weiß (1965 – 1996)* wurde die Anorganische Festkörperchemie an der LMU begründet. Weiß ist immer durch besonders originelle Arbeiten hervorgetreten. Er befasste sich vor allem mit Tonmineralien und hier mit Schichtverbindungen und den Einlagerungen von organischen Verbindungen, wie Harnstoff, in diese Schich-

---

42 E. Wiberg, K. Hertwig, A. Bolz, Anorganisches Benzol, *Eur. J. Inorg. Chem.* **1948**, *256*, 177 – 216.

43 Übersicht: E. Wiberg, *Angew. Chem.* **1953**, *65*, 1633. — H. Nöth, E. Wiberg, *Fortschr. Chem. Forsch.* **1976**, *321*, 436.

44 E. O. Fischer, H. P. Fritz, *Angew. Chem.* **1961**, *73*, 353 – 364.

ten.[45] Diese Arbeiten führten z. B. zur Erklärung der Herstellung des chinesischen „Eierschalen-Porzellans.[46] Die Bildung von Peptiden und deren mögliche Replikation und Evolution in Schichtsilikaten war ein interessanter Beitrag von Weiß zur Theorie der Entstehung von Leben.[47] Zusammen mit Lagaly, Range und Evers führte er neue Methoden in die Chemie (Hochdruck-Verfahren, Kolloid-Chemie) ein. Eine Übersicht über die originellen Arbeiten von Armin Weiß findet sich im Nachruf von G. Lagaly und K. Beneke.[48]

Die Forschung von *Wolfgang Beck (1968 - 2000)* liegt auf dem Gebiet der Metallorganischen Chemie, der Koordinations- und der neuen Forschungsrichtung Biometallorganische Chemie. Er befasste sich mit Komplexen der Pseudohalogenide (Fulminat, Azid) und mit der IR-spektroskopisch aufgeklärten Struktur von Knallsäure und der röntgenographisch bestimmten Struktur von Knallquecksilber.[49] Weiterhin gilt sein Interesse den IR-Spektren der Metallcarbonyle und Nitrosyle, den Komplexen mit schwach gebundenen Anionen (Lewis-saure Komplexe),[50] mit Kohlenwasserstoff-Brücken,[51] mit Farbstoffen (Indigo) und besonders mit biologisch wichtigen Liganden (Aminosäuren, Peptide, Nucleobasen, Chinin, Zuckern)[52] Platin-Komplexe wurden im Hinblick auf ihre cytotoxischen Eigenschaften untersucht.

---

45 A. Weiß, *Angew. Chem.* **1963**, *75*, 113 - 123,

46 A. Weiß, *Angew. Chem.* **1963**, *75*, 755 - 762.

47 A. Weiß, *Angew. Chem.* **1981**, *93*, 843 - 854.

48 G. Lagaly, K. Beneke, *Nachr. Chem.* **2011**, *59*, 365.

49 W. Beck: The First Chemical Achievements and Publications of Justus von Liebig (1803 - 1873) and some Further Developments in Metal Fulminates and Related Areas of Chemistry. *Eur. J. Inorg. Chem.* **2003**, 4275 - 4288. — W. P. Fehlhammer, W. Beck: Metal Azide Complexes. *Eur. J. Inorg. Chem.* **2013**, *639*, 1053 - 1082. — W. P. Fehlhammer, W. Beck: [2+3] Cycloaddition Reactions of Metal Azides and Related Systems. *Eur. J. Inorg. Chem.* **2015**, *641*, 1599 - 1678.

50 W. Beck, K. Sünkel: Metal Complexes of Weakly Coordinating Anions, Precursors of Strong Cationic Lewis Acids. *Chem. Rev.* **1988**, *88*, 1405 - 1421.

51 W. Beck, B. Niemer, M. Wieser: Hydrocarbon Bridged Metal Complexes. *Angew. Chem., Int. Ed.* **1993**, *32*, 923 - 949.

52 W. Beck, K. Severin: Biometallorganische Chemie. *Chem. Unserer Zeit* **2002**, *36*, 356 - 365. — W. Beck: Metal Complexes of Amino Acids and Peptides. *Z. Naturforsch.* **2009**, *64*, 1221 - 1245. — W. Beck, *Eur. J. Inorg. Chem.* **2011**, *637*, 1647 - 1472.

Heinrich Nöth (1969 – 1996), Nachfolger von Egon Wiberg, gilt als der „Meister" der Bor-Chemie mit vielen Aspekten der Borchemie und einer Palette von erstmalig dargestellten Verbindungen von zweifach koordiniertem Bor, über Boranate,[53] Polyborane, über Borazine, Bor-Kationen,[54] Amino- und Iminoborane, Phosphinoborane,[55] Borcluster und Metall-Boryl-Komplexe.[56] Starke Beachtung fand die in seinem Arbeitskreis entdeckte Rhodium-katalysierte Hydroborierung von Alkenen und Alkinen. Ferner hat sich Nöth der Anwendung physikalischer Methoden (Multikern-NMR, X-Ray) verschrieben. Die Röntgenstrukturanalyse entwickelte sich zu seinem „Hobby" mit ca. 2.000 Beispielen.[57]

Hanns-Peter Boehm (1970 – 1994) ist der große Pionier in der Chemie des Kohlenstoffs (Graphit, Diamant) und des Titandioxids. Er war besonders erfolgreich mit dem erstmaligen Nachweis von funktionellen Gruppen an der Oberfläche von Graphit und Diamant sowie von Metalloxiden (TiO_2) und mit der Katalyse an aktivierten Kohlenstoffen.[58] Ganz aktuell sind sein Nachweis von Carbon Nanotubes. Boehm ist der Entdecker von Graphen, das er 1962 erstmals herstellen und richtig charakterisieren konnte. Graphen war 50 Jahre lang eine Laborkuriosität[59] und ist heute ein extrem interessanter Stoff mit kaum fassbar unzähligen Veröffentlichungen.

Thomas Klapötke (seit 1997) hat sich als Forschungsgebiet zunächst die Halogen-, besonders die Fluor-Chemie gewählt. In den letzten Jahren befasst er sich zunehmend und sehr erfolgreich an Hand von ungemein vielen neuartigen Beispielen mit der Chemie und den Eigenschaften von

53 H. Nöth: Boranate. *Angew. Chem.* **1961**, *73*, 371 – 383.

54 P. Kölle, H. Nöth: Bor-Kationen. *Chem. Rev.* **1985**, *85*, 399 – 418.

55 H. Nöth, *Angew. Chem.* **1988**, *100*, 1664 – 1684. — R. T. Paine, H. Nöth, *Chem. Rev.* **1995**, *95*, 343 – 379.

56 M. Driess, H. Nöth: *Molecular Clusters of the Main Group Elements.* Wiley-VCH, Weinheim, **2004**, 34 – 94.

57 Nachruf auf H. Nöth: G. Linti, *Angew. Chem.* **2015**, *127*, 10210.

58 H.-P. Boehm, *Carbon* **1994**, *32*, 759. — H.-P. Boehm, *Carbon* **2002**, *40*, 145. — B. Stöhr, H.-P. Boehm, R. Schlögl, *Carbon* **1991**, *29*, 707.

59 H.-P. Boehm: Graphene-How a Laboratory Curiosity Suddenly Became Extremely Interesting. *Angew. Chem, Int. Ed.* **2010**, *49*, 9332.

energiereichen Verbindungen,[60] wobei stickstoffreiche Verbindungen, wie z. B. Azidotetrazol, Tetrazolypentazol und Bitetrazol-Verbindungen den Schwerpunkt bilden.[61] Ferner gilt sein Interesse der theoretischen Chemie, der Valence Bond-Theorie und der Anwendung von *ab initio-* und DFT-Methoden.

Wolfgang Schnick (seit 1997) ist Nachfolger von Armin Weiß auf dem Gebiet der Festkörperchemie, die auch zu neuen Materialien führt unter Anwendung von Hochtemperatur- und Hochdruck-Synthesemethoden. Als Substanzklassen studiert er besonders die Eigenschaften und Strukturen der Nitride der Hauptgruppenelemente Kohlenstoff, Silicium, Phosphor[62] und Bor, sowie Nitridosilikate, Nitridophosphate, Nitridoaluminate, Nitidogallate, Nitridozeolithe, wobei die erstmals entdeckten nitridischen Silikate besonders hervorstechen.[63] Ein weltweit höchst beachtetes Ergebnis und Höhepunkt seiner Forschung ist die Entdeckung und die Entwicklung von Eu^{3+}-dotierten effizienten, nitridischen Leuchtstoffen, die als LEDs bereits weite industrielle Anwendung finden.[64]

Peter Klüfers (seit 1999) ist in der Forschung der Nachfolger von Wolfgang Beck in der Bioanorganischen Chemie und in gewissem Sinn auch Nachfolger von Karl A. Hofmann, der bereits um 1900 in München Nitrosyl-Eisen-Komplexe beschrieben hat und der Entdecker der interessanten Platin-Blau-Komplexe ist.[65] Klüfers ist der Pionier in der Koordinations-

---

60 T. M. Klapötke: *Chemistry of High-Energy Materials.* 4th ed. De Gruyter, Berlin, Boston 2017.

61 T. M. Klapötke, F. Martin, *Angew. Chem., Int. Ed.* **2011**, *50*, 4227. — A. Hammerl, T. M. Klapötke, *Inorg. Chem.* **2002**, *41*, 906. — N. Fischer, D. Fischer, T. M. Klapötke, D. G. Piercey, J. Stierstorfer, *J. Mat. Chem.* **2012**, *22*, 20418 - 20422.

62 Beispielsweise K. Landskron, H. Huppertz, J. Senker, W. Schnick, Hochdrucksynthese von P_3N_5, *Angew. Chem.* **2001**, *113*, 2713 - 2716.

63 M. Zeuner, S. Pagano, W. Schnick: Nitridosilicates and Oxonitridosilicates: From Ceramic Materials to Structural and Functional Diversity. *Angew. Chem., Int. Ed.* **2011**, *50*, 7754; *Angew. Chem.* **2011**, *123*, 7898.

64 H. Huppertz, W. Schnick: The first Nitridosilcate with a Divalent Rare Earth Metal. *Acta Cryst* **1997**, *C53*, 1751. — P. Pust, P. J. Schmidt, W. Schnick: A revolution in lighting. *Nat. Mater.* **2015**, *14*, 454 - 458.

65 K. A. Hofmann, G. Bugge, *Ber. Dtsch. Chem. Ges.* **1908**, *41*, 312.

chemie der Kohlenhydrate,[66] die vor seinen grundlegenden Arbeiten über die Struktur dieser Komplexe wenig untersucht wurde. Sein Forschungsinteresse gilt ferner den Nitrosyl-Metallkomplexen. Letztere werden vor allem im Hinblick auf die Natur der Metall-NO-Bindung,[67] auch in biochemischen Prozessen, studiert. Als Methode wird mit großem Erfolg vor allem die Röntgen-Strukturanalyse eingesetzt So wurden kürzlich die Bindungsverhältnisse in dem „Braunen-Ring-Komplex" sowie in dem „Lehrbuch-Tartrat-Komplex" der Fehlingschen Lösung geklärt.[68]

Ivana Ivanović-Burmazović ist seit 2020 die Nachfolgerin von Peter Klüfers auf dem Lehrstuhl für Bioanorganische Chemie und Koodinationschemie. Ihre Forschung umfasst die Aufklärung metallgesteuerter biologischer Prozesse und die Synthese bioaktiver Komplexe, auch im Hinblick auf Anwendung in der Pharmazie, in der Katalyse und Biotechnologie. Im Mittelpunkt stehen z. B. das Radikalanion Superoxid und seine Reaktionen mit Metallzentren.[69]

---

66 Beispielsweise K. Benner, J. Burger, O. Kettenbach, P. Klüfers, P. Mayer, J. Schuhmacher: Polyol Metal Complexes XXXI – On the Metal Binding Sites of the Carbohydrates. In: *Carbohydrates as Organic Raw Materials IV* (Eds. W. Praznik, A. Huber). WUV Universitätsverlag, Vienna **1998**, 64 – 73. — L. Lindner, P. Klüfers: Cobalt(III) Complexes of D-Galactosylamine. *Eur. J. Inorg. Chem.* **2015**, *641*, 1869 – 1873. — T. Allscher, P. Klüfers: Carbohydrate Chelation in Neutral Aqueous Solution: The threo-Tetriolato-Pd_4 Butterfly Motif. *Chem. Eur. J.* **2012**, *18*, 10571 – 10584.

67 M. Wolf, P. Klüfers, Structure and Bonding of High Spin Nitrosyl-Iron(II) Compounds, *Eur. J. Inorg. Chem.* **2017**, 2303 – 2312. — G. Monsch, P. Klüfers, $[Fe(H_2O)_5(NO)]^{2+}$, the "Brown Ring" Chromophor. *Angew. Chem., Int. Ed.* **2019**, *58*, 8566 – 8571. — D. Schaniel, N. Casaretto, E.-E. Bendeif, T. Wioke, A. K. E. Gallien, P. Klüfers, S. E. Kutniewska, R. Kaminski, G. Bouchez, K. Boukheddaden, S. Pillet: Evidence for a photoinduced isonitrosyl isomer in ruthenium dinitrosyl compounds. *CrystEngComm* **2019**, *21*, 5804 – 5810.

68 T. G. Hörner, P. Klüfers: The Species of Fehling's Solution. *Eur. J. Inorg. Chem.* **2016**, 1798 – 1807.

69 M. B. Ward, A. Scheitler, M. Yu, L. Senft, A. Zillmann, J. Gorden, D. D. Schwartz, I. Ivanovic-Burmazovic, C. R. Goldsmith: Superoxide dismutase activity enabled ba a redox-active ligand rather than metal. *Nat. Chem.* **2018**, 10, issue 12, 1207 – 1212. I. Kenkel, A. Franke, M. Duerr, A. Zahl. C. Duecker, J. Langer, M. R. Filipovic, M. Yu, R. Puchta, S. R. Fiedler et al.: Switching between Inner- and Outer-Sphere PCET Mechanisms of Small-Molecule Reactivity Deriving from the Same Manganese Complex. *J. Am. Chem.* **2017**, *139*, issue 4, 1472 – 1484.

Physikalische Chemie

Georg Maria Schwab (1950 – 1967) ist der „Meister“ der heterogenen Katalyse und der Reaktionskinetik, auch mit dem von ihm herausgegebenen „Handbuch der Katalyse“, das die Forschung auf diesem Gebiet hoch gefördert und geprägt hat und später von Gerhard Ertl fortgeführt wurde. Schwab erkannte früh den elektronischen Einfluss auf den Katalysator. Seine grundlegenden Arbeiten und seine großartige Persönlichkeit wurden in bewegenden Nachrufen von seinen Schülern Block und Voitländer gewürdigt.[70]

Gerhard Ertl (1973 – 1986) ist der große Meister für die Aufklärung von „Elementarprozessen an Gast / Metall-Oberflächen“. Berühmt sind seine klassischen Arbeiten über den Mechanismus der Haber-Bosch-Ammoniak-Synthese, die er wohl vor allem in seiner Münchner Zeit durchgeführt hat und die auch zur Verleihung des Nobelpreises beigetragen haben. Aufsehen erregte seine Entdeckung von oszillierenden Reaktionen.[71]

Jürgen Voitländer (1973 – 1998) befasste sich zunächst mit der elektronischen Struktur von metallorganischen Verbindungen wie Ferrocen anhand magnetischer und spektroskopischer Messungen. Seine Forschungsarbeiten sind sehr breit und vielschichtig angelegt mit experimentellen wie theoretischen Untersuchungen, wobei magnetische Resonanzmethoden und die Metalle im Vordergrund stehen, so zum Magnetismus, der elektrischen Leitfähigkeit und den NMR-Parametern metallischer Systeme, zur Theorie der schwachen Wechselwirkungen oder zur Spinfluktuation in paramagnetischen Übergangsmetallen. Häufig wurden in seinem Arbeitskreis neuartige Spektrometer entwickelt.

Das Forschungsgebiet von *Christoph Bräuchle* ist die „Angewandte Physikalische Chemie“ mit Arbeiten über die Spektroskopie in allen Varianten, wie die nicht-lineare Optik (NLO). Sein Hauptinteresse gilt der Spektroskopie, der Mikroskopie und der Manipulation von Einzelmole-

70 J. H. Block: Georg-Maria Schwab – Early Endeavours in the Science of Catalysis. In: *Chemistry and Physics of Solid Surfaces VI* (Eds.: R. Vanselow, R. Howe). Springer Series in Surface Sciences, Vol. 5. Springer, Berlin / Heidelberg, **1986**, 1 – 8. — J. Voitländer, *Jahrbuch der Bayerischen Akademie der Wissenschaften* **1985**, 233.

71 G. Ertl, Nobel-Vortrag: Reaktionen an Oberflächen. Vom Atomaren zum Komplexen. *Angew. Chem.* **2008**, *120*, 3578 – 3590.

külen,[72] das weit in Bereiche der Biochemie und der Medizin reicht. So wurde der Weg von Viren in lebenden Zellen verfolgt. Die Untersuchung der Dynamik von Einzelmolekülen in porösen Systemen führte – zusammen mit T. Bein – zu einer Anwendung in der Medizin, der Freisetzung von Arzneimitteln aus porösem Material.

Thomas Bein (seit 1999) forscht mit seinen Mitarbeitern sehr aktiv auf dem Gebiet der Nanochemie. Neue funktionelle Nanostrukturen werden synthetisiert und charakterisiert [M. S. Lohse, T. Bein, *Advanced Functional Materials* **2018**, *28*, 170553], wobei poröse Materialien im Vordergrund stehen, die Anwendung für die Photovoltaik, für die photochemische Wasserzersetzung oder für die Freisetzung von Arzneistoffen finden können.

Chemische Biologie

Christian Ochsenfeld wurde im Jahr 2010 auf den ersten Lehrstuhl für theoretische Chemie berufen. Er befasst sich mit linear skalierenden *ab-initio*-Methoden für große Systeme, mit der Quantenchemie für Moleküle mit 1000 und mehr Atomen,[73] sowie mit der Berechnung von molekularen Eigenschaften, z. B. von NMR-Spektren.[74] Quantenchemische Berechnungen werden in der Molekularbiologie (z. B. DNA-Reparatur) eingesetzt.

Philip Tinnefeld (2017 berufen) wendet moderne physikalisch-chemische Methoden wie die Einzelmolekül-Spektroskopie (Fluoreszenz) sowie die superhochauflösende Mikroskopie an, um biomolekulare Prozesse aufzuklären. Ein weiteres Forschungsgebiet von Tinnefeld ist der Einsatz von DNA als Nanomaterial (DNA-Technologie).

Biochemie

Feodor Lynen (1947 – 1979) entdeckte 1951 die Natur der „aktivierten Essigsäure“ als Thioester im Coenzym A. Diesem Paukenschlag in der Biochemie folgten seine bedeutenden Arbeiten über die Fettsäureoxi-

72 T. Bein, D. C. Lamb, J. Michaelis: A Man for Single Molecules. *ChemPhysChem* **2012**, *13*, 883.

73 C. Ochsenfeld, *Nachr. Chem.* **2010**, *58*, 331.

74 C. Ochsenfeld, J. Kussmann, *Angew. Chem., Int. Ed.* **2004**, *42*, 4485.

dation, Vitamin B_{12}, Biotin und Terpene, die u. a. zur Verleihung des Nobelpreises (1964) führten.[75]

Guido Hartmann (1973 – 1992) konzentrierte sich in der Forschung auf molekular-biologische Themen und ist der Pionier und Mitentdecker der DNA-abhängigen RNA-Polymerase.[76] Er konnte die reaktiven Zentren der RNA-Polymerase charakterisieren. Ebenso bedeutend sind seine Arbeiten über die Wirkungsweise von Antibiotika.[77]

Ernst-Ludwig Winnacker (seit 1980) ist der große und erfolgreiche Wissenschaftsmanager in vielen deutschen und internationalen Organisationen und Gremien. Er ist der Gründer des Genzentrums an der LMU. Er war Präsident der Deutschen Forschungsgemeinschaft (1987 – 1993), Vorsitzender der Gesellschaft Deutscher Naturforscher und Ärzte (1999 – 2000), erster Generalsekretär des Europäischen Forschungsrats (2007 – 2009). Er hat sich insbesondere um die Entwicklung der Gen-Forschung hoch verdient gemacht.

Karl-Peter Hopfner (seit 2007) befasst sich mit DNA-Schäden, ausgelöst durch UV-Licht oder toxische Chemikalien, besonders mit Doppelstrangbrüchen und deren Reparatur. Dabei kommen die Röntgenkristallographie und die cryo-Elektronenmikroskopie als Methoden zum Einsatz. Diese Arbeiten werden u. a. im Hinblick auf die Krebs-Therapie durchgeführt.[78]

Roland Beckmann (seit 2006) beschäftigt sich mit der Entwicklung der Elektronen-Mikroskopie (cryo-EM), um damit die Aufklärung der dreidimensionalen Struktur von biologischen Systemen zu ermöglichen. So werden die Struktur von Ribosomen und der Mechanismus der Translation der Nucleosidsequenz in die Aminosäuresequenz der Peptide in Ribosomen untersucht.[79]

75 H. Will: *Feodor Lynen, Biographie des Münchner Biochemikers und Nobelpreisträgers.* Wiley-VCH, Weinheim **2011**. — F. Lynen: Nobel-Vortrag. Der Weg von der aktivierten Essigsäure zu den Terpenen und Fettsäuren. *Angew. Chem.* **1965**, *77*, 929.

76 G. R. Hartmann, P. Heinrich, M. C. Collenda, B. Skobranek, M. Topschug, W. Weiss, *Angew. Chem.* **1985**, *97*, 1011.

77 M. C. Collenda, D. Kamp, G. R. Hartmann, *Mol. Gen. Genet.* **1986**, *2014*, 192.

78 ➤ <https://www.genzentrum.uni-muenchen.de/research-groups/hopfner/>.

79 ➤ <https://www.genzentrum.uni-muenchen.de/research-groups/beckmann/>.

Veit Hornung (seit 2015) hat in seinen Forschungsarbeiten die Immunabwehr als Thema. d.h. den Nachweis von Erkennungsrezeptoren für pathogene Bakterien und Viren. Diese Arbeiten sind für die Entwicklung von Impfstoffen und für die Behandlung von Autoimmunkrankheiten von Bedeutung.[80]

Ivan Huc wurde 2017 auf einen Lehrstuhl im Department Pharmazie berufen. Er forscht mit seinen Mitarbeitern über den Aufbau, die Synthese und die Strukturen von gefalteter molekularer Architektur, auch im Hinblick auf neue biologische Arzneistoffe.

80 › <https://www.genzentrum.uni-muenchen.de/research-groups/hornung/>.

5 An der LMU tätige und forschende Nobelpreisträger für Chemie

Abb. 5.1. *Adolf von Baeyer*, Professor 1875 – 1915, Nachfolger von Justus von Liebig, Arbeiten über organische Farbstoffe und hydroaromatische Verbindungen, Nobelpreis 1905.

Abb. 5.2. *Richard Willstätter*, Professor 1915 – 1925, Untersuchungen über Pflanzenfarbstoffe, besonders das Chlorophyll, Nobelpreis 1915.

Wolfgang Beck: Die Geschichte der Chemie an der LMU München.
© 2023 GNT-Verlag GmbH, Berlin, Germany. DOI: ‣ <https://doi.org/10.47261/1552>.

Abb. 5.3. *Heinrich Otto Wieland*, Professor 1925 – 1957, Forschungen über die Konstitution der Gallensäuren und verwandter Substanzen, Nobelpreis 1927.

Abb. 5.4. *Feodor Lynen*, Professor für Biochemie 1946 – 1979, Arbeiten über Mechanismus und Regulation des Cholesterol- und Fettsäurestoffwechsels, Nobelpreis für Physiologie / Medizin 1964.

Abb. 5.5. *Ernst Otto Fischer*, Professor für Anorganische Chemie 1957 – 1964, Pionierarbeiten auf dem Gebiet der metallorganischen „Sandwich"-Verbindungen, Nobelpreis 1973.

Abb. 5.6. *Gerhard Ertl*, Professor für Physikalische Chemie 1973 – 1986, Studien von chemischen Prozessen auf Festkörperoberflächen, Nobelpreis 2007.

6 Das Chemie-Studium an der LMU

1897 wurde vom Verband der Laboratoriumsvorstände an deutschen Hochschulen das Verbandsexamen für Chemie-Studenten eingeführt.[81] Dieser Verband war von Adolf von Baeyer mitgegründet worden und besteht auch heute noch als die ADUC (Arbeitsgemeinschaft Deutscher Universitätsprofessoren und Universitätsprofessorinnen für Chemie, jetzt von der GDCh verwaltet). Das Verbandsexamen war eine Zwischenprüfung, in der gründliche theoretische und praktische Kenntnisse in anorganischer, analytischer und organischer Chemie nachzuweisen waren. Später mussten die Chemie-Studenten als Voraussetzung für die Zulassung zur Doktorarbeit das zweite Verbandsexamen ablegen.

1939 trat an die Stelle der Verbandsexamen die Diplomprüfung mit Vordiplom (nach 4 – 5 Semestern) und Hauptdiplom (nach 8 – 10 Semestern) mit Prüfungen in Anorganischer, Organischer und Physikalischer Chemie und (später) in einem Wahlfach und mit anschließender Doktorarbeit, die etwa drei Jahre in Anspruch nahm.

Abb. 6.1. Y-Modell des Chemiestudiums seit 2002.

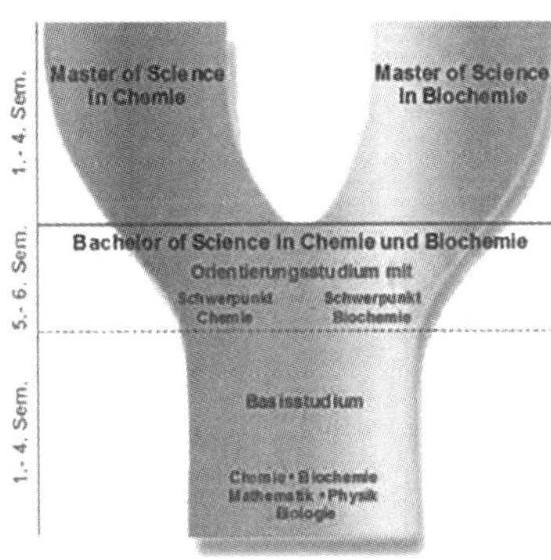

Im Zuge des „Bologna-Abkommens“ (1999) wurde 2002 auch an der LMU das Vor- und Hauptdiplom durch einen Studiengang Chemie und Biochemie mit Abschluss Bachelor of Science (B. Sc.) und Master of Science (M. Sc.) ersetzt. In einem sogenann-

81 E. Schmauderer: *Der Chemiker im Wandel der Zeiten*. Verlag Chemie, Weinheim, **1973**.

ten Y-Modell erfolgt eine viersemestrige gemeinsame Basis-Ausbildung für Chemie und Biochemie Studierende. Im fünften und sechsten Semester folgt das Orientierungsstudium, in dem die Studierenden fachliche Schwerpunkte wählen und die Bachelor-Arbeit anfertigen. Anschließend folgt das Vertiefungsstudium in Chemie, Biochemie oder in Advanced Material Science mit dem Abschluss Master of Science in Chemie, in Biochemie oder in Advanced Material Science. Als größte Änderung gegenüber dem Diplom-Studiengang sind nun Leistungspunkte (Credit Points) in allen Vorlesungen und Praktika mit Prüfungen nach jedem Semester zu erwerben (European Credit Transfer System), wobei die studienbegleitenden Prüfungen wesentlich in die Abschluss-Noten eingehen. Die mündliche Bachelor-Prüfung wurde sogar abgeschafft. Nach der mündlichen Master-Prüfung schließt sich die Master-Arbeit (6 Monate) an, dann folgt in der Regel die Doktorarbeit.

Den Chemie-Studierenden an der LMU wird heute eine Vielfalt von Vorlesungen – auch entsprechend der Forschungsinteressen der Hochschullehrer – angeboten, z. B. über Anorganische Molekülchemie, Koordinationschemie, Metallorganische Chemie, Bioanorganische Chemie, Biometallorganische Chemie, Festkörperchemie, Organische Synthese, Bioorganische Chemie, Biophysikalische Chemie, Nano-Chemie, Katalyse, Makromolekulare Chemie, Elektrochemie, Theoretische Chemie, Physikalisch-chemische Methoden, Material-Wissenschaften, High-Energy Materials, Biochemie 1 – 7, Strukturbiologie, Genetik, Chemische Biologie.

7 Besondere Ereignisse in der Chemie an der LMU

1927 Nobelpreis für Chemie an Heinrich Wieland (nach den Nobelpreisen an Adolf von Baeyer (1905) und Richard Willstätter (1915).

1944 Zerstörung der Chemischen Institute.

1945 Ermordung von Hans Leipelt (29.1.1945) durch das NS-Regime. Leipelt wurde trotz seiner Auszeichnung mit dem Eisernen Kreuz 1940 als „Halbjude“ aus der Wehrmacht entlassen. Er kam 1941 nach München zu Geheimrat Heinrich Wieland, der gefährdeten Studenten das Chemiestudium an seinem Laboratorium ermöglichte. Er kopierte nach der Hinrichtung der Geschwister Scholl und Christoph Probst das von Professor Kurt Huber verfasste 6. Flugblatt der Weißen Rose und brachte es nach Hamburg zu einem Zweig der Weißen Rose und veranstaltete eine Geldsammlung für die Witwe des hingerichteten Kurt Huber. Er wurde 1944 trotz entlastender Aussagen von Heinrich Wieland zum Tode verurteilt.

Am 18. Juli 2000 wurde in einer feierlichen Stunde mit Vorträgen von Frau Marie-Luise Schultze-Jahn (der früheren Freundin von Hans Leipelt, die zu 12 Jahren Zuchthaus verurteilt worden war) und von Rolf Huisgen durch den Rektor Andreas Heldrich die Hans-Leipelt-Gedenktafel im Hans-Leipelt-Seminarraum des Departments Chemie enthüllt und durch den Dekan Herbert Mayr der Leipelt-Saal eingeweiht. Eine weitere Gedenkveranstaltung anlässlich des 80. Geburtstages von Hans Leipelt fand am 18. Juli 2001 im Leipelt-Seminarraum statt mit Worten von Rektor Andreas Heldrich, Dekan Klaus Wanner und Frau Dr. Inge Jens und mit einem Film über Leipelts Leben von Frau Dr. Marie-Luise Schultze-Jahn.

70 Jahre nach Leipelts Tod wurde am 29. Januar 2015 zu seinem Gedenken das Foyer des Hörsaalgebäudes (Haus F) von Dekan

Wolfgang Beck: Die Geschichte der Chemie an der LMU München.
 DOI: ‣ <https://doi.org/10.47261/1552>.

Karl-Peter Hopfner nach Hans Leipelt benannt und Frau Professor Ute Deichmann (Ben-Gurion-Universität, Israel) hielt einen Festvortrag „Deutsche Chemiker und individuelle Verantwortung während der NS-Zeit".

1957 Egon Wiberg wird zum Rektor der Ludwig-Maximilians-Universität gewählt.

Abb. 7.1. Egon Wiberg, portraitiert von Peter Hirsch (1889 – 1978).

1961 Einweihung der neu errichteten Chemischen Institute.

1963 Rolf Huisgen veröffentlicht seinen grundlegenden Aufsatz über die 1,3-Dipolaren Cycloadditionen in der Zeitschrift *Angewandte Chemie*, die durch die Entdeckung der sog. Click-Reaktionen heute wieder hochaktuell sind.

1964 Nobelpreis für Medizin an Feodor Lynen.

Um 1970 Studentenunruhen.

1973 Nobelpreis für Chemie an Ernst Otto Fischer (an der LMU 1957 – 1964).

1984 Gründung des Gen-Zentrums durch Ernst Ludwig Winnacker.

1999 Umzug nach Großhadern und Einweihung der neuen Bauten für Chemie und Pharmazie.

2000 Gründung des Departments Chemie.

2003 Heinrich Nöth wird zum dritten Mal zum Präsidenten der Bayerischen Akademie der Wissenschaften gewählt. Er ist nach Justus von Liebig der zweite Chemiker in diesem hohen Amt.

2005 Chemiedozenten-Tagung in München-Großhadern.

2007 Nobelpreis für Chemie an Gerhard Ertl (an der LMU 1973 – 1986). Daraufhin wurde 2008 in einer feierlichen Veranstaltung mit einem Vortrag von Ertl das Gebäude der Physikalischen Chemie auf den Namen Gerhard-Ertl-Gebäude „getauft". Ertl hat in den Jahren an der LMU viele grundlegende Arbeiten ausgeführt, wie über den Mechanismus der Haber-Bosch-Ammoniak-Synthese, die u. a. zum Nobelpreis beigetragen haben.

2010 90. Geburtstag von Rolf Huisgen. Aus diesem Anlass hielten seine Nachfolger Herbert Mayr, Paul Knochel, Thomas Carell und Dirk Trauner am 18. Juni 2000 Vorträge über ihre Forschungsarbeiten.

2020 Rolf Huisgen stirbt im Alter von fast 100 Jahren.

Höhepunkte im Semester und auch ein gesellschaftliches Ereignis waren lange Zeit die Wiberg-Vorlesung und die Feier zur Verleihung des Wieland-Preises.

Für die Chemie und Lehramt Studierenden im ersten Semester und auch für die vortragenden Professoren war die jährliche Faschingsvorlesung zu Ende der Vorlesung „Anorganische Experimentalchemie“ ein besonderes Ereignis. Die vielen Schauversuche, z. T. begründet von Justus von Liebig und Heinrich Wieland, wurden von Egon Wiberg, Armin Weiß, Wolfgang Beck und Hanns-Peter Boehm ausgebaut mit der überaus kompetenten Ausführung der Versuche durch die Vorlesungslaboranten Hans Unterreitmeier und Artur Gruber. Hans Unterreitmeier wurde bereits 1925 als Lehrling von Professor Heinrich Wieland eingestellt und war ebenso wie sein Nachfolger Artur Gruber (seit 1972) ungemein tüchtig und erfahren. Beispielsweise führten A. Gruber und W. Beck im WS 98 / 99 in der Faschingsvorlesung etwa 30 faszinierende Versuche vor, wie das Schießen einer Flamme von einer Kerze zur anderen mit Hilfe einer Pistole oder das Entzünden eines mit Wasserstoff gefüllten Ballons.

Viel Beifall fand in der Faschingsvorlesung die skurrile Erzählung „Nihilit“ aus Kurt Kusenberg, „Mal was andres!“.[82] Die Schauversuche wurden auch an anderen deutschen Universitäten (z. B. von Prof. Fritz Kreißl, TU München) gepflegt.[83]

82 Kurt Kusenberg: *Mal was andres! Eine Auswahl seltsamer Geschichten.* Rowohlt, Hamburg, **1954**.

83 F. R. Kreißl, O. Krätz: *Feuer und Flamme, Schall und Rauch. Schauexperimente und Chemiehistorisches.* Wiley-VCH, Weinheim, **1999**.

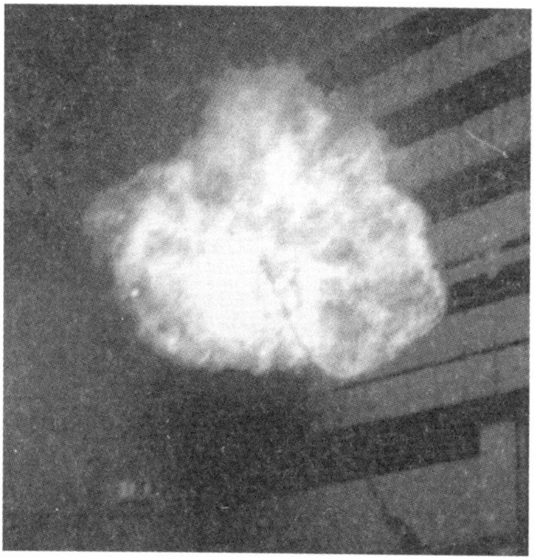

Abb. 7.2. (o.) und 7.3. Die Faschingsvorlesung im Rahmen der Vorlesung Anorganische Experimentalchemie.

8 Die Chemie an der LMU während des NS-Regimes mit Heinrich Wieland als Lichtgestalt

Abb. 8.1. Heinrich Wieland.

Im Jahr 1924 verkündete Richard Willstätter im Alter von nur 52 Jahren seinen Rücktritt vom berühmten Lehrstuhl an der LMU. Über die Gründe seines frühen Rücktritts wurde viel diskutiert.[84] Unmittelbarer Anlass war die Diskussion über die Nachfolge des Mineralogen Paul von Groth in der Fakultät. Auf Betreiben des damaligen Dekans und Physikers Wilhelm Wien, wie Willstätter Nobelpreisträger (1911) und ein Deutschnationaler, wurde die Berufung von Victor Moritz Goldschmidt (Oslo) nach langer Diskussion abgelehnt. In der Chemie wurde 1917 der jüdische Kasimir Fajans Vorstand der Physikalisch-Chemischen Abteilung am Staatslabor. Bedeutsame Beweggründe für Willstätters Rücktritt, der trotz vieler Bemühungen der Kollegen, insbesondere von Heinrich Wieland, der Universität, des Ministeriums und der Studenten

---

84 F. Litten: *Der Rücktritt Richard Willstätters und seine Hintergründe*. Ein Münchner Unversitätsskandal? Algorismus, Studien zur Geschichte der Mathematik und der Naturwissenschaften (Ed.: M. Folkerts), Heft 32, Institut für Geschichte der Naturwissenschaften, München, **1999**. — R. Huisgen, Hintergründe des Rücktritts von Richard Willstätter 1924/25. *Nachr. Chem.* **2001**, Januar, 49. — D. Trauner: Richard Willstätter und der Chemie-Nobelpreis 1915. *Angew. Chem., Int. Ed.* **2015**, *54*, 11910 - 11916; *Angew. Chem.* **2015**, *127*, 120078 - 12085.

Wolfgang Beck: Die Geschichte der Chemie an der LMU München.
 DOI: ‣ <https://doi.org/10.47261/1552>.

nicht verhindert werden konnte, waren neben dem beginnenden Antisemitismus in München wohl auch eine gewisse Erschöpfung Willstätters in der Forschung und sein zuletzt geringer Erfolg bei den Arbeiten über Enzyme. Hinweise hierfür sind seine Ablehnung von attraktiven Angeboten nach seinem Rücktritt, wie auf die Nachfolge von Emil Fischer in Berlin, nach Chicago, nach Heidelberg, Leipzig, Madrid, als Leiter von Industrielabors oder an das Kaiser-Wilhelm-Institut in Berlin. Hinzu kam seine große finanzielle und wirtschaftliche Unabhängigkeit. So konnte er sich kurz nach seinem Rücktritt eine Villa in dem noblen Viertel an der Möhlstraße in München erbauen lassen.

Nach Hitlers Machtübernahme wurden jüdische Professoren zunehmend verfolgt. 1938 musste Willstätter in die Schweiz emigrieren. Bereits 1935 wurde Kasimir Fajans in den Ruhestand versetzt; im Jahr 1937 wurde Wilhelm Prandtl wegen der jüdischen Abstammung seiner Frau seines Amts enthoben und 1938 wurde Georg Maria Schwab als „Mischling 1. Grades" die Lehrerlaubnis entzogen. Erich Schmidt musste seit 1933 wegen seiner jüdischen Frau viel erdulden. Seine Frau wollte nach England ausreisen. Damit Schmidt seine Frau finanziell im Ausland unterstützen konnte, wurde von ihm die Scheidung und der Eintritt in die NSDAP gefordert. Erich Schmidt war wie Franz Wille und Rudolf Hüttel ein entschiedener Gegner des Nationalsozialismus und hat wie diese Heinrich Wieland bei seinem Bestreben, jüdischen und halbjüdischen Studierenden das Chemie-Studium zu ermöglichen, nachhaltig unterstützt.

Heinrich Wieland[85] wurde 1925 Nachfolger von Richard Willstätter. Heinrich Wieland stand dem Nazi-Regime von Anfang an ablehnend gegenüber, wohl auch beeinflusst von Willstätters Rücktritt. Sichtbar wurde seine Ablehnung z. B. dadurch, dass er den „Deutschen Gruß", der zu Beginn der Vorlesung vorgeschrieben war, stets verweigerte und der Hitler-

85 Litten **1998**, s. Anm. 5 auf S. 9. — R. Huisgen: Heinrich Wieland. Ein wissenschaftlicher Universalist. *Nachr. Chem.* **2007**, *55*, 1083 – 1089. — Helga Pfoertner: *Mit der Geschichte leben*. Mahnmale, Gedenkstätten, Erinnerungsorte für die Opfer des Nationalsozialismus in München 1933 – 1945. Band 3, Q bis Z. Utz Verlag, München, **2014**: Richard Willstätter, Heinrich Wieland. — *Heinrich Wieland. Naturforscher, Nobelpreistträger und Willstätters Uhr*" (Eds.: S. Wieland, A.-B. Hertkorn, F. Dunkel). Wiley-VCH, Weinheim **2008**. — Will **2011**, s. Anm. 75 auf S. 83.

Gruß ähnlich wie im „Grüß-Gott"-Institut von Walter Hieber[86] an der Technischen Hochschule München nicht üblich war. Wieland unterzeichnete seine offiziellen Schreiben nie mit „Heil Hitler" sondern immer mit „Wieland" in seiner unverwechselbaren Handschrift. Gegenüber Gerda Freise, einer Doktorandin von Rudolf Hüttel, hat Wieland erklärt, er hätte sich am Anfang der Nazi-Zeit entschlossen, irgend etwas zu unternehmen. Etwas, dass er auch die ganze Zeit durchhalten könnte. Da sei ihm eben dies eingefallen: Den Antisemitismus und später die Nürnberger Gesetze zu ignorieren. Huisgen hat den liberalen und toleranten Geist im Wieland-Institut herausgestellt und Hildegard Hamm-Brücher hat mit großer Dankbarkeit die aufrechte Haltung ihres Doktorvaters gewürdigt.[87] Das Chemische Institut unter Leitung von Heinrich Wieland war ein Unterschlupf für viele von den Nürnberger Gesetzen betroffene Studierende. Zeitweise arbeiteten bis zu 25 halbjüdische Studierende und Laboranten unter Anleitung von verschiedenen Dozenten am Chemischen Institut. Die Studierenden konnten zunächst mit Genehmigung des Rektors Walther Wüst studieren. Ab 1943 setzten sich Wieland und Hüttel über die harschen Einwände des Rektors hinweg, dass Studenten ohne Zustimmung nicht zuzulassen seien. Die halbjüdischen Doktoranden wurden z. B. als Gäste von Professor Wieland geführt. Rektor Wüst, ein Mitglied der SS, und auch das Ministerium erwiesen sich hier als erstaunlich nachgiebig und bereiteten keine weiteren Schwierigkeiten. Für eine „spannungslose und freundliche Grundstimmung hat im Institut sein Kollege Otto Hönigschmid als guter Hausgeist beigetragen",[88] wohl auch während des Krieges.

Heinrich Wieland war kein aktiver Widerstandskämpfer, aber ein mutiger, tapferer, aufrechter, sehr geschickter und kluger, verehrungswürdiger Dissident und eine Lichtgestalt (so nach einem Artikel der *Süddeut-*

86 R. Huisgen: Jahre mit Heinrich Wieland. In: Vollmer **2008**, s. Anm. 16 auf S. 30.

87 Hildegard Hamm-Brücher, Gerda Freise: Erinnerungen an Heinrich Wieland. *Chem. Unserer Zeit* **1977**, *11*, 143 - 149. — Hildegard Hamm-Brücher in: *Erlebte und gelebte Universität*, die Universität München im 19. und 20. Jahrhundert (Eds.: R. vom Bruch, R. A. Müller). W. Ludwig Verlag, **1986**. — H. Hamm-Brücher: Wissenschaft und Zivilcourage. *Chem. Unserer Zeit* **2004**, *37*, 422.

88 H. Wieland, Hans Fischer und Otto Hönigschmid zum Gedächtnis. *Angew. Chem.* **1950**, *62*, 11.

schen Zeitung) in schwierigen Zeiten, der viel Gutes getan hat. So hat er, wie auch Walter Hieber an der TH München,[89] die Freistellung seiner Mitarbeiter vom Wehrdienst für deren „kriegswichtige" Arbeiten am Institut erwirkt. Sehr mutig war sein Auftreten als Entlastungszeuge bei der Gerichtsverhandlung in Donauwörth im Jahr 1944, als Hans Leipelt und weitere Studierende wegen Fortführung der Aktivitäten der „Weißen Rose" angeklagt wurden und schließlich Leipelt zum Tode (vollstreckt am 29. Januar 1945) und seine Freundin Marie-Luise Jahn zu 12 Jahren Zuchthaus verurteilt wurde. Litten hat die schwierige Zeit von 1933 – 1945 am Münchner Institut und insbesondere das mutige Eintreten und die guten Taten von Professor Rudolf Hüttel für die „Verfolgten" eindrucksvoll und sehr berührend gewürdigt.[90] Die im Bayerischen Hauptstaatsarchiv zugänglichen Akten des Bayerischen Staatsministeriums geben Zeugnis. Janina Altman hat sich in ihrem Buch über die Weiße Rose eingehend mit der Biographie von Richard Willstätter und Heinrich Wieland und deren Umfeld befasst.[91]

89 H. Behrens: *Wissenschaft in turbulenter Zeit.* Erinnerungen eines Chemikers an die Technische Hochschule München 1933 – 1953, mit einem Nachwort von F. Litten. Algorismus, Studien zur Geschichte der Mathematik und der Naturwissenschaften (Ed.: M. Folkerts), Heft 25, Institut für Geschichte der Naturwissenschaften, München, **1998**.

90 Litten **1998**, s. Anm. 5 auf S. 9.

91 Altman **2007**, s. Anm. 6 auf S. 10.

9 Kurze Biographien der Hochschullehrer der Chemie an der LMU

Dieses Kapitel enthält kurze Biographien von Professoren, die an der LMU tätig waren sowie von Professoren, die mit der LMU besonders verbunden waren und die dann später an anderen Universitäten wirkten. Die lebenden Kollegen wurden um Zustimmung zur Aufnahme ihres Lebenslaufs gebeten und haben einen Entwurf erhalten, den sie freundlicherweise korrigiert bzw. ergänzt haben. Weitere Biographien von Freddy Litten im Internet.

9.1 Janina Altman (geb. Hescheles, 1931–2022)

Abb. 9.1. Janina Altman.

Janina Altman (geb. Hescheles) wurde am 2. Januar 1931 in Lvov, Polen (deutsch Lemberg, heute Lwiw, Ukraine) geboren und 1941 aus dem Ghetto Lemberg im Zwangsarbeitslager Janowska inhaftiert. Ihr Vater wurde 1941 beim Einmarsch der Deutschen in Polen ermordet. Ihre Mutter wählte im Lager den Freitod. Janina ist im Lager dem Dichter und Schriftsteller Michal Borwicz durch ihre Gedichte[92] aufgefallen, die sie den Mitgefangenen vortrug. Borwicz, der fliehen konnte, organisierte im Oktober 1943 ihre Flucht. Janina Hescheles wurde bis zum Kriegsende in Krakau von drei wagemutigen polnischen Frauen versteckt, zuletzt war sie in einem Waisenhaus in Poronin nahe Zakopane. Nach Kriegsende konnte sie ein Gymnasium besuchen und 1949 das Abitur machen.

92 Diese Gedichte sind aufgeführt in Janina Hescheles: *Mit den Augen eines zwölfjährigen Mädchens.* Ghetto – Lager – Versteck (Ed.: Markus Roth). Metropol Verlag, Berlin, **2019**.

Wolfgang Beck: Die Geschichte der Chemie an der LMU München.
© 2023 GNT-Verlag GmbH, Berlin, Germany. DOI: › <https://doi.org/10.47261/1552>.

Kurz nach ihrer Flucht hatte sie begonnen, ihr Tagebuch über die Zeit als 10- bis 12-jähriges Mädchen im Ghetto und Lager 1941 – 1943 niederzuschreiben. In diesem, nun berühmten Tagebuch, inzwischen aus dem Polnischen in mehrere Sprachen übersetzt, berichtet Janina, als „polnische Anne Frank“, in z. T. erstaunlich nüchterner Sprache über die schreckliche Zeit im Lager mit schwersten Misshandlungen und Hinrichtungen.[93]

1950 konnte Janina nach Israel emigrieren und nach Militärdienst Chemie am Technion in Haifa studieren, wo sie 1962 promoviert wurde. Als Postdoktorandin arbeitete sie am Imperial College in London (mit ihrem Mann, dem Physiker Kalman Altman und ihren zwei Söhnen) bei dem späteren Nobelpreisträger Geoffrey Wilkinson über ein metallorganisches Thema.[94] Anschließend war sie bis 1971 im Arbeitskreis von David Ginsburg im Israel Institute of Technology in Haifa sehr erfolgreich. Während Ginsburgs Abwesenheit wurde die Arbeitsgruppe von ihr geführt. Darüber hinaus brachte sie in dieser Zeit eine Reihe von Publikationen über Propellane heraus.[95] Auch konnten Metallcarbonylderivate von Propellanen synthesiert werden.[96] Nach einem Forschungsaufenthalt im Paris an der Ecole Normale befasste sie sich bei Dov Ben-Ishai am Technion in Haifa 1975 – 1978 mit neuartigen Synthesen von Aminosäuren durch Amidoalkylieung von Olefinen und aktiven Methylen-Verbindungen.[97] 1979 hat sie einen interessanten Aufsatz über Gold in

93 Hescheles **2019**, s. Anm. 92 oben. Im Vorwort ergänzt Altman ihr Tagebuch. Markus Roth schreibt in einem Kapitel über den Holocaust in Lemberg, die Literatur im dortigen Lager Janowska, Janinas Flucht und Leben im Verborgenen und über das Buch und seine Rezeption. — *Im Feuer vergangen.* Chr. Kaiser, München, **1963**.sowie Rütten & Loening, Berlin, **1958** (mit einem Vorwort von Stefan Zweig).

94 J. Altman, G. Wilkinson: Interaction of fulvenes with octacarbonyldicobalt and dicarbonylchlororhodium. *J. Chem. Soc. Suppl.* **1964**, 5654 – 5658.

95 J. Altman, E. Babad, J. Itzchaki, D. Ginsburg: Propellanes I, Tricyclic compounds conjoined in a carbon-carbon single bond. *Tetrahedron Suppl.* **1966**, 279 – 204. — J. Altman E. Babab, M. B. Rubin, D. Ginsburg: Fluxional isomerism in the bicyclodeca-tetraene series. *Tetrahedron Lett.* **1969**, 1125 – 1128.

96 J. Altman, G. Ginsburg: Propellanes XIV, Thermal behavior of a bicyclo-decatetraene ether derivative and its reaction with iron pentacarbonyl. *Tetrahedron* **1971**, *27*, 93 – 100.

97 J. Altman, R. Moshberg, D. Ben-Ishai: Amino acid synthesis II, Amidoalkylation of olefins with glyoxylic acid derivatives. *Tetrahedron Lett.* **1975**, 3737 – 3740. —

Alten Palästina verfasst.[98] Mit Meir Wilchek am Weizmann-Institut in Rehovot (nahe Tel Aviv) hat Altman in den Jahren 1984 – 1990 viele wertvolle Ergebnisse erzielt, über Platin(II)-Komplexe von Diaminosäuren[99] oder über Derivate von Phenylalanin als Mittel gegen Blutkrebs.[100] Eine ganze Reihe von Arbeiten galt der Synthese von Diacylaminen durch Bamberger-Ringspaltung von substituierten Imidazolen[101] und der Synthese von neuen Chelatliganden,[102] wobei vor allem Derivate des 1,2,4-Triaminobutans im Vordergrund standen. Schließlich war Frau Altman für mehrere Jahre im Arbeitskreis von Wolfgang Beck am Institut für Anorganische Chemie der Ludwig-Maximilians-Universität München (1990 / 91 und 1995 – 2000) überaus erfolgreich tätig und hat ihre früheren Arbeiten und ihre Erfahrung in die Komplexchemie eingebracht, die zu 19 Publikationen in München geführt haben. In ihrem ersten Forschungsaufenthalt in München befasste sie sich mit Platinkomplexen der Quadratsäure[103] sowie mit Platinkomplexen von Aminoderivaten von Estrone und Estradiol als mögliche cytotoxische Verbindungen.[104] Ein von ihr bevorzugtes Thema war die Bamberger-Ringspaltung von Imidazolen[105]

D. Ben-Ishai, Z. Berler, J. Altman: New synthesis od amino acids. Amidoalkylation of active methylene compounds with glyoxylic acid derivatives. *J. Chem. Soc. Chem. Commun.* **1975**, 905 – 906.

98 J. Altman: Gold in ancient palestina. Methods of fabrication in successive cultures. *Gold Bulletin* **1979**, *12*, 75 – 82.

99 J. Altman, M. Wilchek, *Inorg. Chim. Acta* **1985**, *101*, 171 – 173. — J. Altman, M. Wilchek, A. Warshawsky, *Inorg. Chim. Acta* **1985**, *107*, 165 – 168.

100 J. Altman, M. Gorecki, M. Wilchek, J. R. Votano, A. Rich, *J. Med. Chem.* **1984**, *27*, 596 – 600.

101 J. Altman, D. Ben-Ishai, *J. Heterocylic Chem.* **1968**, *5*, 679-682. — J. Altman, N. Shoef, M. Wilchek, A., Warrshawsky, *J. Chem. Soc. Chem. Commun.* **1985**, 1133 – 1234. — J. Altman, N. Shoef, M. Wilchek, A. Warshawsky, *Israel J. Chem.* **1986**, *27*, 29 – 31.

102 J. Altman, M. Wilchek, *Liebigs Ann. Chem.* **1989**, 493 – 495. — J. Altman, M. Grinberg, M. Wilchek, *Liebigs Ann. Chem.* **1990**, 339 – 343.

103 J. Altman, W. Beck, *Inorg. Chim. Acta* **1986**, *119*, 203 – 205.

104 J. Altman, T. Castrillo, W. Beck, G. Bernhardt, H. Schönenberger, *Inorg. Chem.* **1991**, *30*, 4085 – 4088.

105 Siehe Anm. 101, 102 und 106 sowie J. Altman, N. Shoef, M. Wilchek, A. Warshawsky, *J. Chem. Soc. Perkin. Trans.* **1983**, 365 – 368; **1984**, 59 – 62.

und sie hat die Produkte dieser Reaktion als Liganden eingesetzt. So hatte sie eine frühe Beziehung zu München, da Eugen Bamberger von 1882 bis 1893 Privatdozent und Professor bei Adolf von Baeyer in München war. Derivate des von ihr mit Ben-Ishai beschriebenen 1,2,4-Triaminobutans[106] erwiesen sich als neue Liganden vor allem für zweikernige Platin-Komplexe.[107] Auch die Wirkung von Bis-Platin-Komplexen auf die DNA wurde geprüft.[108] Im Rahmen der Arbeiten im Arbeitskreis Beck über Metallkomplexe von biologisch wichtigen Liganden konnten Aminosaccaride über Amino- und Peptid-Reste an Platin(II) addiert werden.[109] Janina war eine hervorragende organische Chemikerin im Labor: Wenn sie eine neue Verbindung im Auge hatte, dann hat sie diese auch synthetisiert. Ihr Schriftenverzeichnis umfasst ca. 70 Beiträge.

Im Alter von 65 Jahren wandte sich Altman anderen Aufgaben zu. Sie befasste sich 10 Jahre lang eingehend mit der Weißen Rose, den tapferen Wiederstandkämpfern um Hans und Sophie Scholl, und verfasste hierüber die erste Monographie in Hebräisch, wobei das erste Kapitel dieses Buchs ins Deutsche übersetzt wurde.[110] In diesem Kapitel würdigt sie u. a. die tapfere Haltung von Heinrich Wieland während der Nazi-Zeit. In den letzten Jahren setzte sie sich für eine Unterstützung der Palästinenser in der West Bank und im Gaza-Streifen und gegen die unmenschliche Behandlung dieses Volks ein. Sie ist am 24. Juli 2022 in Haifa (Israel) gestorben.

---

106 J. Altman, D. Ben-Ishai, Synthesis of chiral 1,2,4-triaminobutanes, *Tetrahedron Asymmetry* **1993**, *4*, 91 – 100. — J. Altman, D. Ben-Ishai, W. Beck, *Tetrahedron Asymmetry* **1994**, *5*, 887 – 894. — J. Altman, W. Beck, *Tetrahedron* **1995**, *51*, 13309 – 13320.

107 B. Miller, J. Altman, W. Beck, *Inorg. Chim. Acta* **1997**, *264*, 101 – 108. — B. Miller, J. Altman, W. Beck, *Z. Naturforsch.* **2009**, *64 b*, 153 – 158. — E. Schuhmann, J. Altman, K. Karaghiosoff, W. Beck, *Inorg. Chem.* **1995**, *34*, 2316 – 2322. — J. Altman, E. Schuhmann, K. Karaghiosoff, E. Eichin-Karaghiosoff, W. Beck, *Z. Naturforsch.* **1991**, *46 b*, 1473 – 1488.

108 H. Büning, J. Altman, W. Beck, H. Zorbas, *Biochemistry* **1997**, *36*, 11408 – 11418. — H. Büning, J. Altman, H. Zorbas, W. Beck, *J. Inorg. Biochem.* **1999**, *75*, 269 – 279.

109 E.-M. Ehrenstorfer-Schäfers, J. Altman, W. Beck, *Z. Naturforsch.* **2008**, *63 b*, 1252 – 1256.

110 Altman **2007**, s. Anm. 6 auf S. 10.

9.2 Eberhard Amberger (1928–1986)

Amberger wurde am 14. Februar 1928 in Günzburg geboren. Er studierte von 1947–1949 Physik, dann ab 1949 Chemie an der LMU und wurde 1956 bei Egon Wiberg mit einer Arbeit „Über die Darstellung hochschmelzender, reinster Stoffe, insbesondere Halbleitern" (Gasphasen-Synthese von Si-Einkristallen) promoviert. Mit seiner Dissertation legte Amberger mit seinem Doktorvater E. Wiberg die Grundlagen für die so bedeutsame technische Herstellung von kristallinem Silizium. Im Jahr 1962 folgte die Habilitation in der Naturwissenschaftlichen Fakultät der LMU mit dem Thema „Hydride des Germaniums, Zinns, Bleis und Wismuts". Er wurde 1965 zum Universitätsdozenten und 1966 zum Wissenschaftlichen Rat ernannt, 1970 wurde ihm die Bezeichnung apl. Professor verliehen. Im gleichen Jahr wurde er zum Professor HS3 ernannt und schließlich 1978 zum Professor C3. Amberger hat in der Lehre über viele Jahre mit großem Erfolg die Vorlesungen für Lehramtsstudierende, sowie Spezialvorlesungen gehalten. In der Forschung ist er durch außerordentlich anspruchsvolle Arbeiten über die sehr empfindlichen Hydride der Elemente der 4. und 5. Hauptgruppe hervorgetreten. So konnte er z. B. erstmals BiH_3 darstellen.[111] In einer Reihe von Arbeiten befasste er sich mit den „Hydrylanionen" wie SiH_3^-, GeH_3^- und deren Reaktionen.[112] Ihm gelang die Synthese von Elementsilylen wie $E(SiH_3)_3$ (E = P, As, Sb)[113] oder der Ethan-analogen gemischten Hydride $H_3E–SiH_3$ (E = Ge, Sn).[114] Als weitere Erfolge seien Silyl- und Germyl-Bor-Verbindungen genannt.[115] Viel Zeit und Arbeit beanspruchte seine Monographie „Hydrides of the Elements of Main Groups I–IV", die 1971 mit Egon Wiberg erschien.[116]

111 E. Amberger, *Chem. Ber.* **1961**, *94*, 1447.

112 E. Amberger, E. Mühlhofer, *J. Organomet. Chem.* **1968**, *12*, 55. — E. Amberger, R. Römer, A. Layer, *J. Organomet. Chem.* **1968**, *12*, 417.

113 E. Amberger, H. Boeters, *Z. Naturforsch.* **1963**, *18 b*, 157. — E. Amberger, H. Boeters, *Angew. Chem.* **1962**, *74*, 32 und 293.

114 E. Wiberg, E. Amberger, H. Cambensi, *Z. Anorg. Allg. Chem.* **1967**, *351*, 164.

115 E. Amberger, R. Römer, *Z. Naturforsch.* **1968**, *23 b*, 560.

116 E. Egon, E. Amberger: *Hydrides of the Elements of Main Groups I–IV*. Elsevier, Amsterdam, **1971**.

Er glaubte dann, dass seine grundlegenden Arbeiten über molekulare Hydride nicht mehr genügend Interesse und Anerkennung fanden und wandte sich mehr der Festkörperchemie zu, wie z. B. den Borcarbiden[117] oder Phosphor-haltigem Bor[118], zusammen mit Kurt Polborn und mit Hilfe eines von der DFG bewilligten Diffraktometers. Die Zusammenarbeit mit Polborn erwies sich später für andere Arbeitskreise in den Instituten für Anorganische und Organische Chemie (insbesondere für den Beck-Arbeitskreis) als überaus erfolgreich.

In den letzten Jahren vor seinem frühen Tod beschäftigte sich Amberger mit großer Begeisterung mit organischen Supraleitern.[119] Seine letzte Publikation war eine Patentanmeldung über die damals hoch aktuellen oxidischen CuO- haltigen Supraleiter.[120] Privat war er ein ehemaliger ausgebildeter Tänzer, ein Junggeselle, ein Polospieler mit eigenen Pferden und ein hochgeschätzter und liebenswerter Kollege.

9.3 Wolfgang Beck (* 1932)

Abb. 9.2. Wolfgang Beck.

Im WS 1952/53 begann Wolfgang Beck (geb. 5.5.1932 in München mit seinem Zwillingsbruder Reinhard) das Chemiestudium an der Technischen Hochschule München, das er 1959 als Diplomchemiker mit der Promotion bei Professor Walter Hieber über das Thema „Zur Struktur einiger Metallcarbonyl- und Nitrosylverbindungen" abschloss. 1963 hat er sich an der TH München mit einer Arbeit „Zur Kenntnis der Fulminato-Komplexe der Übergangsmetalle" sowie über „Infrarotspektroskopische Untersuchungen an einigen Metallcarbonylverbindungen" habilitiert. Er wurde 1960 Wissenschaftlicher Assistent, dann Oberassistent und 1965 wurde er zum Wissenschaftlichen

117 K. Ploog, E. Amberger, J. Less, *Common Metals* **1971**, *23*, 33.

118 E. Amberger, P. A. Rauh, *J. Crystal Growth* **1972**, *16*, 259.

119 W. Reith, K. Polborn, E. Amberger, *Angew. Chem.* **1988**, *100*, 722. — E. Amberger, K. Polborn, H. Fuchs, *Angew. Chem.* **1986**, *98*, 749.

120 E. Amberger, *Neue supraleitende Mischoxyde*, Patent-Nr. DE 3707615 A1, **1988**. ‣ <https://patents.google.com/patent/DE3707615A1>.

Rat ernannt. Im Jahr 1968 folgte er dem Ruf als ordentlicher Professor und Vorstand des Instituts für Anorganische Chemie an der Ludwig-Maximilians-Universität München (Vorstand gemeinsam mit Professor Egon Wiberg und Professor Armin Weiß). 1973/75 war er Dekan der Fakultät für Chemie und Pharmazie, 1990/92 Mitglied des Senats und der Versammlung an der LMU. Im Jahr 1977 war er Gastprofessor an der University of Wisconsin, Madison. Er erhielt Rufe nach Marburg (1967) und Hamburg (1977). Seit 2000 ist er Emeritus an der LMU.

Wolfgang Beck war Mitherausgeber der *Chemischen Berichte* und viele Jahre Gutachter der Deutschen Forschungsgemeinschaft.

Eine Reihe von Doktoranden folgten ihrem Doktorvater und wählten die akademische Laufbahn: Wolf Peter Fehlhammer (FU Berlin und Generaldirektor des Deutschen Museums), Ulrich Nagel (Universität Tübingen), Karlheinz Sünkel (LMU), Wolfgang Weigand (Universität Jena), Bernhard Rieger (TU München), Roland Krämer (Universität Heidelberg), Florian Holsboer (Universität Freiburg und Max-Planck-Institut für Psychiatrie München), Bernhard Olgemöller (LMU), Kai Severin (ETH Lausanne).

Die Forschungsarbeiten von Wolfgang Beck liegen auf dem Gebiet der metallorganischen und der Koordinationschemie, in der letzten Jahren besonders auf dem der Bioanorganischen Chemie und wurden in 700 Publikationen niedergelegt.

Nach seiner Doktorarbeit hat er sich mit der Synthese und den IR- und Elektronen-Spektren von Fulminato-Metallkomplexen[121] befasst, da das Fulminat-Ion CNO^- als Ligand den CO- und Cyanid-Liganden an die Seite gestellt werden kann und Metall-Kohlenstoff-Bindungen ausbilden sollte, was später u.a. durch Röntgenstrukturanalysen bestätigt werden konnte. Im Zuge dieser Arbeiten konnte die Struktur der Knallsäure als H-CNO anhand des IR-Spektrums aufgeklärt werden.[122] Anschließend hat die Knallsäure viel Interesse bei den Physikern (vor allem durch

121 W. Beck: Komplexe Metallfulminate. *J. Organomet. Rev.* **1971**, *A 7*, 159–190. — W. Beck: The First Chemical Achievements and Publications by Justus von Liebig (1803–1873) on Metal Fulminates and Some Further Developments in Metal Fulminates and Related Areas of Chemistry. *Eur. J. Inorg. Chem.* **2003**, 4275–4288.

122 W. Beck, K. Feldl, Die Struktur der Knallsäure. *Angew. Chem., Int. Ed.* **1966**, *5*, 722; *Angew. Chem.* **1966**, *78*, 746.

Manfred Winnewisser) als „quasilineares" Molekül gefunden. Zusammen mit den Kollegen J. Evers und Th. Klapötke gelang später die Bestimmung der Struktur von Knallquecksilber als lineares Molekül ONC–Hg–CNO.[123]

In der Metallcarbonylchemie wurden die große Abhängigkeit der CO- und NO-Valenzfrequenzen in Metallcarbonylen und -nitrosylen vom Lösemittel[124] sowie mit die ersten Arbeiten über die Intensitäten der CO-Valenzschwingungen publiziert. Letztere führten auch zu einer einfachen Bestimmung des Bindungswinkels zwischen CO-Liganden in Metallcarbonylen[125] und konnten mit der durch Dipolmoment-Messungen ermittelten hohen Atompolarisation von symmetrischen Metallcarbonylen in Beziehung gesetzt werden.[126]

Nach Arbeiten mit dem Pseudohalogenid CNO^- folgten Arbeiten mit dem Tricyanomethanid- sowie vor allem mit dem Azid-Ion als Pseudohalogenid-Liganden, z. B. Komplexe von Gold, Palladium und Platin, auch Komplexe mit Azid-Brücken.[127] Insonders konnte gezeigt werden, dass sich Azido-Komplexe (wie auch Fulminato-Komplexe) durch großvolumige Kationen wie $AsPh_4^+$ oder Phosphan-Liganden stabilisieren lassen, d. h. durch diese werden die energiereichen Komplexe „verdünnt". Mit W. P. Fehlhammer wurde die Reaktivität von Azido-Komplexen, besonders die unter milden Bedingungen verlaufenden [3+2]-Cycloadditionen

123 W. Beck, J. Evers, M. Göbel, G. Oehlinger, Th. M. Klapötke: The Crystal and Molecular Structure of Mercury Fulminate (Knallquecksilber). *Z. Anorg. Allg. Chem.* **2007**, *633*, 1417 – 1422.

124 W. Beck, K. Lottes: Der Einfluß des Lösungsmittels auf die N-O und C-O Valenzschwingugen von Metallcarbonylen und –nitrosylen. *Z. Naturforsch.* **1964**, *19 b*, 987 – 994.

125 W. Beck, A. Melnikoff, R. Stahl: IR-Intensitäten von CO-und NO-Valenzschwingungen und Bindungswinkel in Metallcarbonylen und -nitrosylen. *Chem. Ber.* **1966**, *99*, 3721 – 3727.

126 W. Beck, A. Melnikoff: Absolute Infrared Intensities and Atomic Polarization of "Symmetric" (Dipole Moment Free) Metal Carbonyls. *Z. Anorg. Allg. Chem.* **2015**, *641*, 606 – 609.

127 W. P. Fehlhammer, W. Beck: Azide Chemistry – An Inorganic Perspective. Part I Metal Azides: Overview, General Trends and Recent Developments. *Z. Anorg. Allg. Chem.* **2013**, *639*, 1053 – 1082.

z.B mit Nitrilen und Isocyaniden[128] sowie die Umsetzung mit CO[129] studiert.

In der metallorganischen Chemie erwiesen sich Verbindungen mit Tetrafluoroborat, Hexafluorophosphat und anderen schwach koordinierten Liganden als starke metallorganische Lewis-Säuren und brachten viele neuartige Komplexe hervor, z. B. den ersten Komplex mit Dichlormethan als Ligand.[130]

Ein neues Gebiet eröffnete sich durch den Einsatz von metallorganischen Nukleophilen, den Carbonylmetallaten, anstelle von organischen Nukleophilen bei der Addition an π-koordierte Kohlenwasserstoffe, was – als gezielte Methode – zum Aufbau einer Vielzahl neuartiger Kohlenwasserstoff-verbrückter Komplexe, wie z. B. Ethylen-Brücken zwischen zwei $Re(CO)_5$-Gruppen, führte.[131]

In der neuen Forschungsrichtung Biometallorganische Chemie[132] wurden im Arbeitskreis Beck schon früh zahlreiche Varianten von metall-

128 W. P. Fehlhammer, W. Beck: Azide Chemistry – An Inorganic Perspective, Part II [3+2]-Cycloaddition Reactions of Metal Azides and Related Systems. *Z. Anorg. Allg. Chem.* **2015**, *641*, 1599 – 1678.

129 W. Beck, W. P. Fehlhammer: Reactions of Metal Carbonyls with the Azide Ion and vice versa – Reactions of Azido Complexes with CarbonMonoxide: Isocyanato Complexes. Analogous Reactions in NO^+ / N_3^- Chemistry. *Z. Anorg. Allg. Chem.* **2010**, *636*, 157 – 162. — W. Beck: Addition des Azid-Ions und anderer Nucleophile an koordinierte Kohlenmonoxid- und CO-ähnliche Liganden und verwandte Reaktionen. *J. Organomet. Chem.* **1990**, *383*, 143 – 160.

130 W. Beck, K. Schloter: Starke metallorganische Lewis-Säuren: Tricarbonyl-cyclopentadienylkationen von Moybdän und Wolfram. *Z. Naturforsch.* **1978**, *33 b*, 1214 – 1222. — W. Beck, K. Sünkel: Metal Complexes of Weakly Coordinating Anions. Precursors of Strong Organometallic Lewis Acids. *Chem. Rev.* **1988**, *88*, 1405 – 1421. — W. Beck: A Glance on Pentacarbonylrhenate(-I) and Pentacarbonylrhenium(+I) (as $Re(CO)_5FBF_3$) and their Reactions. *Z. Anorg. Allg. Chem.* **2013**, *639*, 2117 – 2124.

131 W. Beck, B. Niemer, M. Wieser,: Methoden zur Synthese von μ-Kohlenwasserstoff-Übergangsmetall-Komplexen ohne Metall-Metall-Bindung. *Angew. Chem., Int. Ed.* **1993**, *32*, 923 – 949; *Angew. Chem.* **1993**, *105*, 969 – 998.

132 W. Beck, K. Severin: Ein faszinierendes Forschungsgebiet. Biometallorganische Chemie. *Chem. Unserer Zeit* **2002**, *36*, 356 – 366.

organischen Komplexen mit Nucleobasen,[133] Zuckern, Chinin[134] und vor allem mit Aminosäuren und Peptiden[135] als Liganden synthetisiert und häufig durch Röntgenstrukturanalyse charakterisiert. Über die Platin-Aminosäure-Chemie kam das Interesse an antitumoraktiven Komplexen[136] und an Metallkomplexen als Schutzgruppen für Aminosäuren.[137] Es war ein Leitgedanke, dass Aminosäuren als Carrier in cytotoxischen Platin-Komplexen fungieren könnten.[138] Ein Highlight war die metallvermittelte Peptid- und Cyclopeptid-Synthese[139] in der Koordinationssphäre von Metallkomplexen. In einem Nickel(II)-Cyclopeptid-Komplex wurde eine selektive alpha-C-Hydroxylierung von Glycin durch Sauerstoff entdeckt.[140]

Für die Synthese einer Vielzahl neuer Komplexe waren Komplexe mit Chlorobrücken ideale und sehr häufig eingesetzte Ausgangsverbindungen.[141]

---

133 W. Beck, N. Kottmair: Neue Übergangsmetallkomplexe mit Nuclein-Basen und Nucleosiden. *Chem. Ber.* **1976**, *109*, 970 – 993.

134 R. Hubel, P. Polborn, W. Beck Chincona Alkaloids as Versatile Ligands – Coordination of Transition Metals to the four Potential Sites of Quinine. *Eur. J. Inorg. Chem.* **1999**, 471 – 482.

135 K. Severin, R. Bergs, W. Beck: Biometallorganische Chemie- Übergangsmetallkomplexe mit Aminosäuren und Peptiden. *Angew. Chem., Int. Ed.* **1998**, *37*, 1634 – 1654; *Angew. Chem.* **1998**, *110*, 1722 – 1743.

136 W. Beck: Synthesis and reactivity of platinum and palladium complexes with alpha- amino acids, peptides and derivatives thereof: Platinum(II) as protecting group. *Pure Appl. Chem.* **1988**, *60*, 1357 – 1362.

137 W. Beck: Metal Ions and Metal Complexes as Protective Groups of Amino Acids and Peptides – Reactions of Coordinated Amino Acids. *Z. Naturforsch.* **2009**, *64 b*, 1221 – 1245.

138 R. Gust, W. Beck, G. Jaouen, H. Schönenberger: Optimization of cisplatin for the treatment of hormone dependent tumoral diseases. *Coord. Chem. Rev.* **2009**, *253*, 2742 – 2779.

139 W. Beck: Metal Complexes of Biologically Important Ligands CLXXVI. Formation of Peptides in the Coordination Sphere of Metal Ions and of Classical and Organometallic Complexes and some Aspects of Prebiotic Chemistry. *Z. Anorg. Allg. Chem.* **2011**, *637*, 1647 – 1672.

140 K. Haas, H. Dialer, H. Piotrowsky, J. Schapp, W. Beck, *Angew. Chem., Int. Ed.* **2002**, *41*, 1879 – 1881; *Angew. Chem.* **2002**, *114*, 1969 – 1972.

141 Th. Hauck, K. Sünkel, W. Beck: Metallkomplexe mit biologisch wichtigen Liganden LXVI mit Übersicht über chloroverbrückte Komplexe als Ausgangsverbindungen. *Z. Anorg. Allg. Chem.* **2006**, *632*, 2305 – 2309.

Die Komplexchemie und metallorganische Chemie im Arbeitskreis Beck waren breit angelegt, so bei den ersten Komplexen von Indigo[142] und von Curcumin[143] mit stabilen Nitroxid-Radikalen (wohl das erste Beispiel in einem Kobalt-Komplex),[144] mit Tetrathioquadratat[145] oder Umsetzungen mit Heterodreiringen (Aziridin, Diazirin, Thiiran).[146] Viele neue Rhenium-[147] und Platin-Komplexe wurden beschrieben.[148]

Es war für Beck eine besondere Freude, dass die Ergebnisse seiner Diplomarbeit (1957) bei Professor Walter Hieber nach 50 Jahren durch die röntgenographische Bestimmung der Struktur der sehr instabilen Trinitrosyleisenhalogenide $Fe(NO)_3X$ (X = Br, I) bestätigt werden konnten.[149]

---

142 W. Beck, Ch. Schmidt, R. Wienold, M. Steimann, B. Wagner: Indigo-Metallkomplexe. Synthese und Struktur von Palladium(II) und Platin(II) Verbindungen mit den Anionen von Indigo und Octahydroindigo als Mono und Bischelat-Liganden. *Angew. Chem., Int. Ed.* **1989**, *28*, 1529 – 1531; *Angew. Chem.* **1989**, *101*, 1532 – 1534. — W. Beck, K. Sünkel, Review: Metal Complexes of Indigo and Related Ligands. *Z. Anorg. Allg. Chem.* **2020**, *646*, 248 – 255.

143 F. Kühlwein, K. Polborn, W. Beck: Übergangsmetallkomplexe des Curcumins und seiner Derivate. *Z. Anorg. Allg. Chem.* **1997**, *623*, 1211 – 1219.

144 W. Beck, K. Schmidtner: Kobalt(II)-halogenid –Komplexe mit dem Di-tert.-butylnitroxid-Radikal. *Chem. Ber.* **1967**, *100*, 503 – 511.

145 F. Götzfried, R. Grenz, G. Urban, W. Beck: Tetrathioquadratato-Metallkomplexe I, Carbonyl-haltige Verbindungen. *Chem. Ber.* **1985**, *118*, 4179 – 4185. — R. Grenz, F. Götzfried, U. Nagel, W. Beck: Tetrathioquadratat, ein vielseitiger Ligand in Metallkomplexen. *Chem. Ber.* **1986**, *119*, 1217 – 1231.

146 W. Danzer, R. Höfer, H. Menzel, B. Olgemöller, W. Beck: Reaktionen von Metallkomplexen mit kleinen Ringen XI, Ringöffnung von Aziridinen mit Metallcarbonylhydriden; Aminoacylchelatkomplexe. *Z. Naturforsch.* **1984**, *39b*, 167 – 179.

147 S. Mihan, K. Sünkel, W. Beck: Coordination Chemistry of Pentacarbonylrheniumacetylide Complexes. *Chem. Eur. J.* **1999**, *5*, 93 – 102; s. auch Anm. 130 auf S. 105.

148 W. Beck: *Classic and Modern Aspects of Palladium and Platinum Coordination Compounds, in Transition Metal Chemistry* (Eds.: A. Müller, E. Diemann). Verlag Chemie, Weinheim, **1981**, 307 – 338; s. auch Anm. 130 auf S. 105. — J. Evers, W. Beck et al., *Z. Anorg. Allg. Chem.* **2023**, *649*, e202300041.

149 W. Beck, A. Enzmann, P. Mayer: Formation and Structure of Iodotrinitrosyliron. *Z. Anorg. Allg. Chem.* **2005**, *631*, 105 – 109. — W. Beck, Th. Klapötke, P. Mayer: Structure of Bromotrinitrosyliron $Fe(NO)_3Br$. *Z. Allg. Chem.* **2006**, *632*, 417 – 420.

Die Arbeiten von Beck und seinen Mitarbeitern wurden in Reihen publiziert:

- 11 Publikationen über „Metallkomplexe mit kleinen Ringen“
- 12 Publikationen über „Metallkomplexe von Farbstoffen“
- 21 Publikationen über „Spektroskopische Untersuchungen an Metallkomplexen“
- 52 Publikationen über „Kohlenwasserstoff-verbrückte Metallkomplexe“
- 59 Publikationen über „Metallorganische Lewis-Säuren“
- 77 Publikationen über „Pseudohalogeno-Metallkomplexe“
- 176 Publikationen über „Metallkomplexe mit biologisch wichtigen Liganden“

Gemeinsam mit Gymnasiallehrern (Karl Häusler, Ludwig Kilian, Peter Mölle, Klaus Wichmann) hat Beck im Oldenbourg-Verlag Chemiebücher für Schüler an Gymnasien in Bayern verfasst.

Ehrungen

1966	Karl-Winnacker-Stipendium
1967	Chemiepreis der Akademie der Wissenschaften zu Göttingen
1994	Liebig-Denkmünze der Gesellschaft Deutscher Chemiker
2002	Lavoisier-Medaille für Biometallorganische Chemie (First International Symposium on Bioorganometallic Chemistry)
2011	Ehrendoktorwürde der Technischen Universität München.

Einzelnachweise

H. Nöth: Zum 65. Geburtstag von W. Beck. *Inorg. Chim. Acta* **1998**, *269*, XI–XII.

I.-P. Lorenz: Zum 80. Geburtstag von W. Beck. *Z. Anorg. Allg. Chem.* **2012**, *638*, 1069.

W. A. Herrmann: Zum 90. Geburtstag von W. Beck. In *Alumni der TUM, Band IV.* TUM University Press, München, **2023**.

9.4 Hans Behringer (1911–2000)

Hans Behringer wurde am 22. Mai 1911 in München geboren. Im Jahr 1931 begann er das Studium der Chemie an der Universität München, wo er 1939 bei Heinrich Wieland mit einer Arbeit „Über das Vorkommen von Pflanzensterinen in Kröten"[150] promoviert wurde. Er wurde 1940 zum Wissenschaftlichen Assistenten (mit einem sehr bescheidenen Gehalt!) ernannt. Eigenständige Arbeiten konnte er ab 1942 beginnen, wobei diese durch die Kriegs-und Nachkriegswirren stark beeinträchtigt wurden, u. a. durch Verlagerung des Instituts. Nach dem Krieg musste er – wie viele seiner Kollegen – die Universität verlassen und arbeitete zwei Jahre bei der Gefrierkonservenfabrik Josef Pankofer (JOPA). Im Juni 1948 wurde er auf Antrag von Geheimrat Wieland wieder als Wissenschaftlicher Assistent eingestellt und konnte sich Ende 1950 mit einer Arbeit „Untersuchungen über Thiosäuren" habilitieren. Er wurde Oberassistent, 1959 wurde ihm die Amtsbezeichnung „außerplanmäßiger Professor" verliehen. Er erhielt eine Diätendozentur (1961). Im Jahr 1966 wurde er in die Dienstbezüge HS2, vier Jahre später (1970) in die Dienstbezüge HS3 (wie ein Extraordinarius) eingewiesen. Im Jahr 1976 trat Behringer in den Ruhestand. Im Jahr 1989 wurde seine Doktorurkunde – nach 50 Jahren – von der Fakultät für Chemie und Pharmazie der LMU erneuert, „in Anerkennung seiner Arbeiten über Aminosäuren, Tetrazole und 1,2-Dithiolthione, die neue Synthesewege und Verbindungsklassen erschlossen und zum besseren Verständnis der no bond resonance beigetragen haben". Behringer gehört zur Generation der Hochschullehrer, deren Karriere durch die Kriegs- und Nachkriegsjahre besonders beeinträchtigt wurde (wie auch bei Elisabeth Dane, Rudolf Hüttel und Franz Wille).

Die Forschung von Hans Behringer zeichnet sich durch sehr originelle und eigenständige Arbeiten über organische Schwefelverbindungen aus, die seinen Namen rasch im In-und Ausland bekannt machten und die er in 80 Mitteilungen veröffentlicht hat. Am Anfang stand die Synthese von

150 H. Wieland, H. Behringer, G. Hesse, K. Gabelein, *Liebigs Ann. Chem.* **1941**, *549*, 209. — R. Hüttel, H. Behringer, *Z. Physiol. Chem.* **1937**, *245*, 175.

Cystin[151] und Merkaptursäuren.[152] Herauszustellen sind seine schönen Arbeiten über schwefelreiche Heterocyclen wie z. B. über Tetrathiofulvalene und Dithiol-thione.[153] Besondere Beachtung fanden die auch wegen ihrer Elektronenstruktur interessanten (no bond resonance) Thiathiophtene[154] und deren O- und N-Homologe.[155] Sein Interesse galt z. B. auch der Synthese und der Reaktivität von Aminosäuren,[156] von Tetrazolen[157] und anderen Cycoadditionsreaktionen.[158] Behringer war ein hoch geschätzter, liebenswürdiger Kollege und es war immer eine Freude, ihm zu begegnen. Er ist am 20. Januar 2000 im Alter von 88 Jahren in München gestorben.

9.5 Alfred Bertho (1899–1977)

Alfred Bertho wurde am 19. Mai 1899 in Gothen (Schweden) geboren. Nach Ablegung eines Notreifeexamens wurde er 1917 zum Militärdienst einberufen, verbrachte den Ersten Weltkrieg in Frankreich beim königlich-bayerischen Feldartillerie-Regiment und wurde zum Offizier qualifiziert. Bertho begann 1919 das Studium der Chemie in Heidelberg, das er bereits im WS 1922/23 mit der Promotion bei Theodor Curtius über die Reduktion aromatischer Aldazine[159] abschliessen konnte. Er war Privatassistent bei Curtius und arbeitete bei ihm über Azid-Chemie.[160] Er habilitierte sich an der Universität Heidelberg im WS 1924/25 mit einer Arbeit „Über den Zerfall von Carbonylazid $O{=}C(N_3)_2$ in aromatischen Kohlen-

151 H. Behringer, *Chem. Ber.* **1948**, *81*, 326.

152 H. Behringer, E. Fackler, *Liebigs Ann. Chem.* **1949**, *564*, 73.

153 H. Behringer, E. Meinetsberger, *Liebigs Ann. Chem.* **1982**, 315. — H. Behringer, E. Meinetsberger, *Phosphorus Sulfur Relat. Elem.* **1981**, *12*, 115.

154 H. Behringer, H. Reimann, M. Ruff, *Angew. Chem.* **1960**, *72*, 415. — R. Gleiter, D. Werthemann, H. Behringer, *J. Am. Chem. Soc.* **1972**, *94*, 651.

155 H. Behringer, J. Falkenberg, *Chem. Ber.* **1969**, *102*, 1580.

156 H. Behringer, P. Düsberg, *Chem. Ber.* **1966**, *377*, 381.

157 H. Behringer, M. Matner, *Tetrahedron Lett.* **1966**, 1663. — H. Behringer, H. J. Fischer, *Chem. Ber.* **1962**, *95*, 2546.

158 Beispielsweise H. Behringer, D. Bender, J. Falkenberg, R. Wiedenmann. *Chem. Ber.* **1968**, *101*, 1428.

159 Th. Curtius, A. Bertho, *J. Prakt. Chem.* **1930**, *125*, 23.

160 Übersicht: A. Bertho, *J. Prakt. Chem.* **1929**, *120*, 89.

wasserstoffen".[161] Trotz der extremen Explosivität dieses Azids ereignete sich dank der Geschicklichkeit Berthos niemals eine Explosion. Nach der Emeritierung von Curtius bot ihm Heinrich Wieland einen Arbeitsplatz in München an, wo er – auch mit Hilfe der Notgemeinschaft der Deutschen Wissenschaft – wissenschaftlich arbeiten konnte. 1929 habilitierte er sich an die Universität München um und wurde „planmäßiger Assistent". 1932 wurde ihm als Privatdozent die Amtsbezeichnung eines a. o. Professors verliehen (damals nicht besoldet bzw. nicht beamtet). Nach wirtschaftlich schwieriger Zeit infolge einer schweren aber vorübergehenden Erkrankung wurde er auf Empfehlung von Wieland 1939 unter Berufung in das Beamtenverhältnis zum apl. Professor ernannt. Er war bei den Kollegen und Schülern wegen seiner beispielhaften Korrektheit und Verlässlichkeit hochgeschätzt. Im Jahr 1964 trat er in den Ruhestand, doch war er bis 1970 eifrig im Labor tätig und nahm häufig an den Veranstaltungen der Münchner Chemie teil. Er ist am 18. Februar 1977 gestorben.

In der Forschung, deren Ergebnisse in 70 Publikationen niedergelegt sind, befasste sich Bertho zunächst mit der Curtiusschen Azid-Chemie, z. B. mit dem Carbonylazid und dem Sulfurylazid, sowie mit der Synthese von Triazolen.[162] 1930 begann er eine Serie von interessanten Arbeiten über stickstoffhaltige Zucker, wie Azidoderivate von Glucose.[163] über peptidähnliche Verbindungen aus Aminozucker und Aminosäuren.[164] Zahlreiche Arbeiten (18) galten der Isolierung von Alkaloiden aus Rinden, z. B. von Lycopodium aus dem Bärlapp des Starnberger Seegebiets, von Alkaloiden der Pereiro-Rinde oder der Kurchi-Rinde.[165]

Im Rahmen der Wielandschen Dehydrierungstheorie führte Bertho eingehende Studien über die bakterielle Essigsäure- und Milchsäure-

161 Th. Curtius, A. Bertho, *Ber. Dtsch. Chem. Ges.* **1926**, *598*, 589. — A. Bertho, Th. Curtius, F. Schmidt, *Ber. Dtsch. Chem. Ges.* **1927**, *60 B*, 1717.

162 A. Bertho, F. Holder, *J. Prakt. Chem.* **1928**, *119*, 189.

163 A. Bertho, H. Nussel, *Ber. Dtsch. Chem. Ges.* **1930**, *63 B*, 838. — A. Bertho, J. Maier, *Liebigs Ann. Chem.* **1932**, *498*, 231.

164 A. Bertho, I. Schmidt, E. Strecker, *Liebigs. Ann. Chem.* **1962**, *651*, 185.

165 A. Bertho, M. Koll, *Chem. Ber.* **1961**, *94*, 2737. — A. Bertho, M. Gotz, *Liebigs Ann. Chem.* **1958**, *619*, 96. — A. Bertho, *Chem. Ber.* **1952**, *85*, 663. — A. Bertho, G. von Schuckmann. — W. Schonberger, *Ber. Dtsch. Chem. Ges.* **1933**, *66 B*, 786.

Gärung und die dabei beteiligten Dehydrasen durch.[166] Diese Arbeiten lieferten die Grundlagen für verschiedene Übersichtsartikel über biologische Reduktions- / Oxidations-Vorgänge[167] und Dehydrogenasen[168]. Mit W. Grassmann hat Bertho das Buch „Biochemisches Praktikum" verfasst, das auch ins Englische übersetzt wurde.

9.6 Gerhard Binsch (1934–1993)

Gerhard Binsch wurde am 7. Oktober 1934 in Stuttgart geboren. Nach dem Abtitur besuchte er 1956 / 1957 die Chemotechnikerschule Flad in Stuttgart, arbeitete von 1956 – 1957 als Chemotechniker bei der BASF AG und begann das Chemiestudium 1957 an der Technischen Hochschule Stuttgart. Nach der Diplomchemiker-Vorprüfung wechselte er 1959 an die Universität München. Er wurde 1963 mit einer Arbeit bei Rolf Huisgen über 1,3-dipolare Cycloadditionen von Ketocarbenen promoviert. Anschließend war er als postdoctoral research associate am California Institute of Technology, Pasadena, und an der ETH Zürich bei Edgar Heilbronner tätig. Von 1966 - 1971 war er Assistant Professor und später Associate Professor an der University of Notre Dame und wurde – nach längeren Verhandlungen über die Beschaffung eines Prozessrechners - 1972 zum ordentlichen Professor der Theoretischen Organischen Chemie an der Universität München ernannt.

In der Forschung hat er zunächst mit Huisgen die (2+3)-Cycloadditionen von Ketocarbenen und Ketenen studiert,[169] mit Roberts[170] hat er über ^{15}N-NMR Spektroskopie und mit Heilbronner[171] über die Fixierung von Doppelbindungen in π-Systemen gearbeitet. Sein eigenes und originelles Thema ist die „Dynamische NMR-Spektroskopie". Diese Termino-

166 H. Wieland, A. Bertho, *Liebigs Ann. Chem.* **1928**, *467*, 95. — A. Bertho, B. v. Zychlinski, *Liebigs Ann. Chem.* **1934**, *512*, 81.

167 A. Bertho, *Chemiker Zeitung* **1935**, *59*, 953 . — A. Bertho, *Ann. Rev. Biochem.* **1934**, *3*, 23.

168 A. Bertho, *Angew. Chem.* **1934**, *47*, 497.

169 R. Huisgen, G. Binsch, H. König, *Chem. Ber.* **1964**, *97*, 2868 – 2902.

170 G. Binsch, J. B. Lambert, B. W. Roberts, J. D. Roberts, *J. Am. Chem. Soc.* **1964**, *86*, 5564. — G. Binsch, J. D. Roberts, *J. Phys. Chem.* **1968**, *72*, 4310.

171 G. Binsch, E. Heilbronner, *Tetrahedron* **1968**, *24*, 1215.

logie wurde von Binsch vorgeschlagen[172] und hat sich insbesondere für das Studium von Austauschphänomenen eingebürgert, d.h. dem Nachweis von intramolekularen und auch intermolekularen Platzwechselvorgängen von Atomkernen.[173] Hierzu wurden Rechenprogramme für die Analyse von NMR-Spektren,[174] d.h. für die Bandenformanalyse von durch Austausch verbreiteten ^{1}H- und ^{13}C-NMR Spektren entwickelt.[175] So wurde z.B. das dynamische Verhalten der Rotamere von fluorsubstituierten Arylphosphanen und -arsanen[176] untersucht. In seiner letzten Publikation berichteten Binsch und Mitarbeiter über die Dynamik von Spirohexadecan, Spirononadecan und Spiroheneicosan.[177] Sein Schriftenverzeichnis umfasst 62 Arbeiten.

Gerhard Binsch ist am 16. März 1993 nach längerer Krankheit gestorben.

9.7 Hans Bock (1928–2008)

Abb. 9.3. Hans Bock.

Hans Bock wurde am 5. Oktober 1928 in Hamburg geboren. Er begann 1949 das Chemiestudium an der Universität München, das er 1958 mit der Promotion bei Egon Wiberg über wasserfreies Hydrazin abschloss.[178] 1964 hat er sich an der LMU habilitiert mit einer Arbeit über anorganische phosphorhaltige Azoverbindungen.[179] Anschließend arbeitete er drei Jahre bei Edgar Heilbronner an der ETH Zürich über die praktische Anwendung des Hückel-Molekülorbital-Konzepts, was zu dem sehr erfolgreichen und benutzerfreundlichen Stan-

172 G. Binsch, *Topics in Stereochemistry* **1968**, *3*, 97.
173 G. Binsch, H. Kessler, *Angew. Chem.* **1980**, *92*, 445.
174 G. Binsch, *Nachr. Chem., Tech. Lab.* **1980**, *28*, 152, 156.
175 D. S. Stephenson, G. Binsch, *J. Magn. Res.* **1978**, *32*, 145; **1980**, *37*, 395, 409.
176 E. Wille, D. S. Stephenson, P. Capriel, G. Binsch, *J. Am. Chem. Soc.* **1982** *104*, 405.
177 L. Fitjer, U. Klages, D. Wehle, M. Giersig, N. Schormann, W. Cleg, D. S. Stephenson, G. Binsch, *Tetrahedron* **1988**, *44*, 405.
178 H. Bock, *Z. Anorg. Allg. Chem.* **1957**, *293*, 264.
179 H. Bock, E. Baltin, *Chem. Ber.* **1965**, *98*, 2273 und dort. zitierte Lit.

dardwerk „Das HMO-Modell und seine Anwendung“[180] führte. 1968 folgte er dem Ruf auf den Lehrstuhl für Anorganische Chemie an der Universität Frankfurt am Main, wo er bis zu seiner Emeritierung überaus erfolgreich wirkte. Hier soll auch seine exzellente Berufungspolitik für den zweiten Anorganischen Lehrstuhl mit der Berufung der hervorragenden Kollegen W. A. Herrmann, D. Fenske, R. Schlögl, F. Schüth und M. Wagner herausgestellt werden.

In der Forschung reicht sein wissenschaftliches Werk mit gut 500 Publikationen von der Synthese neuartiger, ungewöhnlicher Verbindungen der Hauptgruppenelemente N, B, Si P, S über moderne Messmethoden bis zu quantenchemischen Rechnungen.[181] Dabei galt sein Interesse besonders der Photoelektronen-Spektroskopie u. a. zum Nachweis kurzlebiger Moleküle. In der Münchner Zeit (bis 1968) fanden seine Arbeiten u. a. über Halogenamine[182] und Diazabutadien-Metallcarbonyle[183] großes Interesse. Für seine Arbeiten wurde er vielfach ausgezeichnet. Er erhielt die Ehrendoktorwürde der Universitäten Hamburg und Montpellier, den Wilhelm-Klemm-Preis der GDCh, den Frederic Stanley Kipping Award der American Chemical Society und er war Mitglied der Leopoldina und der Akademien in Mainz und Göttingen sowie Auswärtiges Mitglied der Max-Planck-Gesellschaft. In bleibender Erinnerung sind seine legendären Vorträge. Nachrufe wurden von W. A. Herrmann, H. Nöth und W. Kaim verfasst.

Hans Bock ist am 21. Januar 2008 in Königstein (Taunus) gestorben.

---

180 E. Heilbronner, H. Bock: *Das HMO-Modell und seine Anwendung*. Verlag Chemie, Weinheim, New York, **1968**.

181 Nachrufe auf Hans Bock von W. A. Herrmann, H. Nöth, zitiert in Wikipedia unter Hans Bock › <https://de.wikipedia.org/wiki/Hans_Bock_(Chemiker)>. — W. Kaim, *Angew. Chem.* **2008**, *120*, 2954.

182 H. Bock, K.-L. Kompa, *Chem. Ber.* **1966**, *99*, 1361.

183 H. Bock, H. tom Dieck, *Chem. Ber.* **1967**, *100*, 228.

9.8 Gernot Boche (1938–2011)

Abb. 9.4. Gernot Boche.

Gernot Boche wurde am 18. Mai 1938 in Stuttgart-Bad Cannstatt geboren. Er begann 1957 das Chemiestudium an der Technischen Hochschule Stuttgart. Nach dem Vordiplom studierte er 1959 / 60 Chemie an der Universität Wien und absolvierte 1962 das Diplomexamen wieder an der TH Stuttgart mit einer Diplomarbeit über „Absorptionsspektren substituierter Anthracenkation- und Anthracenanion-Radikale" bei Theodor Förster am Institut für Physikalische Chemie. Die Doktorarbeit fertigte er an in den Jahren 1963 – 1965 bei Rolf Huisgen am Institut für Organische Chemie der Universität München mit dem Thema „Untersuchungen des valenz-tautomeren Sytems Cycloocta-1.3.5-trien / Bicyclo[4.2.0]octa-2.4-dien".[184] Nach einer Assistentenzeit bei Prof. Huisgen verbrachte er 1967 / 68 einen Postdoc-Aufenthalt bei Professor E. E. van Tamelen[185] an der Stanford University, USA, und kehrte Ende 1968 wieder als Wissenschaftlicher Assistent nach München zurück und begann seine selbständige Forschung. Er wurde 1971 zum Akademischen Rat ernannt und im Jahr 1974 hat er sich an der LMU mit den Themen „Cyclopropyl-Allyl-Umlagerung; Cycloaddition von Allyl-Anionen; cis,cis.cis.trans-[9]Annulen-Anion, ein neues aromatisches-10-π-System; Bicycloaromatizität" habilitiert.[186] 1975 folgte die Ernennung zum Akademischen Oberrat und 1976 die zum Wissenschaftlichen Rat. 1978 wurde er Professor C2. Nach einer Gastprofessur an der University of Wisconsin, Madison, im Jahr 1979 folgte er einem Ruf auf die H4-Professur an der Philipps-Universität

184 R. Huisgen, F. Mietsch, G. Boche, S. Seidl: Organic Reaction Mechanisms. *Spec. Publ. Chem. Soc. London* **1965**, *19*, 3. — R. Huisgen, G. Boche, A. Dahmen, W. Hechtl, *Tetrahedron Lett.* **1968**, 5215.

185 E. E. van Tamelen, G. Boche, G. Greeley: An Inorganic-Organic System for Reaction with Nitrogen of the Air and Operation of a Facile Nitrogen Fixation-Reduction Cycle. *J. Am. Chem.* **1968**, *90*, 1677. — G. Boche: Konkurrenz für Haber-Bosch? *Nachr. Chem. Tech.* **1968**, *16*, 413.

186 G. Boche, D. Martens, W. Danzer. *Angew. Chem.* **1969**, *81*, 1003. — G. Boche, G. Szeimies. *Angew. Chem.* **1971**, *83*, 978. — G. Boche, D. Martens. *Angew. Chem.* **1972**, *84*, 768.

Marburg als Nachfolger von Karl Dimroth. Als international hoch geachteter Wissenschaftler hielt er Gastprofessuren in Russland, Japan, USA und Israel. In der Fakultät in Marburg war Boche ein hoch geschätzter Kollege. Er wurde 2001 emeritiert und kehrte dann wieder nach München zurück. Er ist dort am 10. März 2011 gestorben.

Die bedeutenden Forschungsergebnisse von Boche sind in 220 Publikationen niedergelegt. Zunächst befasste sich Boche mit Radikalen und Anionen von Allyl- und Cyclononatetraenyl-Derivaten.[187] Die Chemie der Carbanionen führte ihn zur Chemie der Organo-Lithium-Verbindungen und er hat auf diesem Gebiet als Pionier viele grundlegende Arbeiten herausgebracht, zum Reaktionsverhalten dieser Verbindungen und zu ihrer Struktur im Kristall und in Lösung. Viele heterosubstituierte Lithiumorganyle wie Lithium-Verbindungen von Sulfonen, Sulfoxiden, Thioethern und Nitrilen wurden studiert[188] und das carbenoide Verhalten von Li-Organylen wurde dem von Nitrenoiden und Oxenoiden an die Seite gestellt.[189] Im Jahr 2001 wurde ihm von der Gesellschaft Deutscher Chemiker der Arfvedson-Schlenk-Preis für seine herausragenden Leistungen auf dem Gebiet der Lithium-Chemie verliehen. Ein weiteres bedeutendes Forschungsthema von Boche war die Aufklärung der Struktur von Organocupraten und die Beziehung ihrer Struktur zur Reaktivität.[190] Boche interessierte sich viele Jahre für die Frage, wie Krebs durch aromatische Amine entstehen kann. Boche und Mitarbeiter fanden mit Umsetzungen von N-Aryl-(O-acyl)hydroxylaminen mit Nucleosiden Modellreaktionen für die Aktivierung von aromatischen Aminen zu ultimaten Carcinogenen.[191] Die elektrophilen N-Aryl-O-acylhydroxylamine erwiesen sich zudem als nützliche Reagentien für die Organische

187 Beispielsweise G. Boche, A. Bieberbach, *Chem. Ber.* **1978**, *111*, 2833.

188 G. Boche, *Angew. Chem.* **1989**, *101*, 286.

189 G. Boche, J. C. W. Lohrenz, *Chem. Rev.* **2001**, 697.

190 R. M. Gschwind, X. Xie, P. R. Rajamohanan, C. Auel, G. Boche, *J. Am. Chem.* **2001**, *123*, 7299.

191 G. Boche, F. Bosold, S. Schröder, *Angew. Chem.* **1988**, *100*, 965. — M. Famulok, F. Bosold, G. Boche, *Tetrahedron Lett.* **1989**, *39*, 321. — C. Meier, G. Boche, *Chem. Ber.* **1990**, *123*, 1699.

Synthese.[192] Boche konnte zeigen, dass durch Einführung von Alkylsubstituenten in aromatische Amine deren Mutagenität vermindert werden kann.[193] Über die Grenzen seines Fachgebiets hat Boche die Stellung der Chemie in unserer Gesellschaft diskutiert.[194]

Ein bewegender Nachruf auf das Werk und die Persönlichkeit von Gernot Boche wurde von seinen Kollegen Reinhard Hoffmann und Michael Famulok verfasst.[195]

9.9 Hanns-Peter Boehm (1928–2022)

Abb. 9.5. Hanns-Peter Boehm.

Hanns-Peter Boehm wurde am 9. Januar 1928 in Paris geboren. Er begann im WS 1946/47 das Chemiestudium an der erweiterten Phil.-Theolog. Hochschule in Regensburg. Die Diplomchemiker-Vorprüfung legte er im SS 1949 in Regensburg ab, die Diplomchemiker-Hauptprüfung im WS 1950/51 an der Universität München. Die Diplomarbeit hat er in Regensburg unter Leitung von Professor Ulrich Hofmann ausgeführt, dem er als Assistent an das Eduard-Zintl-Institut an der Technischen Hochschule Darmstadt folgte. Dort wurde er 1953 bei U. Hofmann mit einer Arbeit über „Die rhomboedrische Modifikation des Graphits“[196] promoviert. Im Jahr 1959 hat sich Boehm in Darmstadt mit einer Arbeit über „Oberflächenchemie und Adsorption an Kohlenstoff und SiO_2“ für das Fach Anorganische Chemie habilitiert und er wurde zum Oberassistenten ernannt. Er folgte 1960 seinem Lehrer Hofmann an

192 G. Boche: *Encyclopedia of Reagents for Organic Synthesis* (Ed.: L. A. Paquette), Vol. 3. John Wiley & Sons, Chichester, **1995**, 2066, 2240; Vol. 5, 3270, 3277.

193 C. Glende, M. Klein, H. Schmitt, L. Erdinger, G. Boche, *Mutation Res.* **2002**, *515*, 15.

194 G. Boche: *Chemie und Gesellschaft.* Herausforderung an eine Welt im Wandel. (Marburger Forum Philippinum). Wiss. Verlagsges., Stuttgart, **1984**. — Siehe auch: G. Boche, *Chem. Unserer Zeit* **1996**, *30*, 40.

195 R. W. Hoffmann, M. Famulok, *Angew. Chem.* **2011**, *123*, 5359. — Weitere Literatur über G. Boche im Internet: ‣ <https://de.wikipedia.org/wiki/Gernot_Boche>; ‣ <https://www.chemistryviews.org/details/ezine/1038093/Gernot_Boche_1938_2011/>.

196 H.-P. Boehm, U. Hofmann, *Z. Anorg. Allg. Chem.* **1955**, *278*, 58.

die Universität Heidelberg, hat sich dort habilitiert und erhielt die venia legendi für das Fach „Chemie". Er wurde zum Diätendozenten, 1963 zum Wissenschaftlichen Rat ernannt. 1966 erhielt er den Titel „außerplanmäßiger Professor" und 1970 folgte er einem Ruf als ordentlicher Professor für Anorganische Chemie und Mitvorstand des Instituts für Anorganische Chemie an der Universität München. Über seinen Doktorvater Ulrich Hofmann besteht schon eine lange Beziehung zu München, da dessen Vater K. A. Hofmann a. o. Professor unter Adolf von Baeyer in München war. 1987 / 89 war Boehm Dekan der Fakultät für Chemie und Pharmazie. 1994 wurde er emeritiert.

Hanns-Peter Boehm ist ein Pionier in der Chemie des Kohlenstoffs und des Titandioxids. Seine Chemie ist also schwarz (Graphit) und weiß (TiO_2 als Weißpigment). Er ist ein international hoch anerkannter Forscher für die Chemie an Oberflächen von Festkörpern,[197] nämlich von Graphit, verschiedenen Kohlenstoffen, Ruß, Aktivkohle, Diamant, SiO_2, Metalloxiden (Al_2O_3, Eisenoxide). Er hat sich weiter sehr erfolgreich mit der Struktur und den Eigenschaften von Graphitoxid[198] und von Graphit-Intercalationsverbindungen[199] sowie mit der Katalyse an (mit Edelmetallen oder Stickstoffverbindungen) aktivierten Kohlenstoffen[200] befasst. Schon frühzeitig (vor über 50 Jahren!) hat er mit chemischen Methoden die funktionellen Gruppen an Oberflächen von Graphit, Diamant, Siliziumdioxid und Metalloxiden nachgewiesen.[201] Er hat den amphoteren Charakter an Metalloxid-Oberflächen[202] erkannt und interessante Arbeiten über die Photochemie an TiO_2-Oberflächen herausgebracht.[203] Die überaus große Anerkennung seiner grundlegenden und bahnbrechenden Arbeiten und sein großes Ansehen bei den Kollegen kommt dadurch zum Ausdruck,

197 H.-P. Boehm: Functional groups on the surface of solids. *Angew. Chem., Int. Ed.* **1966**, *5*, 533.

198 W. Scholz, H.-P. Boehm, *Z. Anorg. Allg. Chem.* **1969**, *369*, 327.

199 Beispielsweise R. Schlögl, H.-P. Boehm, *Synthetic Metals* **1988**, *232*, 395.

200 Beispielsweise B. Stöhr, H.-P. Boehm, R. Schlögl, *Carbon* **1991**, *29*, 707. — K. H. Stadler, H.-P. Boehm, *Z. Physik. Chem.* **1985**, *144*, 9.

201 H.-P. Boehm, *Kolloid Z. Z. Polym.* **1968**, *227*, 17.

202 R. Flaig-Baumann, H. Neuwinger, H.-P. Boehm, *Fortschrittsberichte über Kolloide und Polymere* **1971**, *55*, 7.

203 R. P. Müller, J. Steinle, H.-P. Boehm, *Z. Naturforsch.* **1990**, *45 b*, 864.

dass seine Übersichtsartikel ganz ungewöhnlich oft und regelmäßig zitiert werden. So wurden seine Reviews über „Some aspects of the surface chemistry of carbon blacks“[204] und über „Surface oxides on carbon and their analysis a critical assessment“[205] bisher 1.460 bzw. 798 mal zitiert, was wohl einen Rekord darstellt.

Ganz aktuell sind heute folgende Entdeckungen: Hanns-Peter Boehm hat erstmals mit dem Elektronenmikroskop carbon nano tubes beobachtet, die viel Aufsehen erregt haben und viel Interesse für die Anwendung in der Katalyse gefunden haben.

H.-P. Boehm ist der Entdecker von Graphen, der zweidimensionalen monoatomaren Kohlenstoffschichten. Bereits Ende der 1950er Jahre konnte er dieses hochinteressante „Material“ durch Reduktion von mit NaOH behandeltem Graphitoxid mittels Hydrazin oder Hydroxylamin synthetisieren und sogar dessen Schichtdicke mit 0,46 nm bestimmen,[206] was mit dem heute bekannten Wert von Graphen gut übereinstimmt. Aus der H.-P. Boehmschen „Laborkuriosität“,[207] die über 50 Jahre „geruht“ hat, ist ein heute wegen seiner ungewöhnlichen elektronischen Eigenschaften extrem interessanter Stoff geworden (die elektrische Leitfähigkeit ist 6 mal größer als die von Kupfer). Für dessen rationelle Herstellung erhielten A. Geim und K. Novoselov 2010 den Nobelpreis. Bisher wurden mehr als 26.000 Patente über Graphen angemeldet![208] H.-P. Boehm bleibt die Ehre: Er hat Graphen entdeckt.

H.-P. Boehm wurde mit dem George Skakel Award der American Carbon Society und der Medaille 1ère classe de la société industrielle de Mulhouse ausgezeichnet. Er wurde zum (lifetime) Fellow of the American Carbon Society gewählt. Viele Jahre war er Herausgeber der Zeitschrift Carbon und Mitglied in internationalen Gremien. Das Institut für Anor-

204 H.-P. Boehm, *Carbon* **1994**, *32*, 759.

205 H.-P. Boehm, *Carbon* **2002**, *40*, 145.

206 H.-P. Boehm, A. Clauss, G. O. Fischer, U. Hofmann: Dünnste Kohlenstoff-Folien. *Z. Naturforsch.* **1962**, *17b*, 150. — H.-P. Boehm, A. Clauss, G. O. Fischer, U. Hofmann: Das Adsorptionsverhalten sehr dünner Kohlenstoff-Folien. *Z. Anorg. Allg. Chem.* **1962**, *316*, 119.

207 H.-P. Boehm: Graphene – How a Laboratory Curiosity Suddenly Became Extremely Interesting. *Angew. Chem., Int. Ed.* **2010**, *49*, 9332.

208 A. Scott: Graphene's global race to market. *Chem. & Eng. News* **2016**, April 11, 28.

ganische Chemie der LMU war immer in besonderer Obhut und hervorragender Verfassung, wenn Hanns-Peter Boehm der geschäftsführende Vorstand war. Die harmonische Atmosphäre im Institut für Anorganische Chemie sorgte für eine erfolgreiche Zusammenarbeit der Lehrstuhlinhaber H.-P. Boehm, Beck, Nöth und Weiß. Ein besonders erfolgreicher akademischer Schüler von H.-P. Boehm ist Robert Schlögl (Univ. Frankfurt, Max-Plack-Institute Berlin und Mülheim).

Hanns-Peter Boehm starb am 10. Mai 2022. Ein Nachruf von W. Beck erschien im November-Heft der *Nachrichten aus der Chemie*.

9.10 Christoph Bräuchle (*1947)

Abb. 9.6. Christoph Bräuchle.

Christoph Bräuchle wurde am 12. März 1947 in Metzingen (Württemberg) geboren. Er studierte Chemie und Physik an der TU Berlin und an der Universität Tübingen und wurde 1978 bei Jürgen Voitländer an der LMU promoviert. 1979/1980 war er Postdoc am IBM Laboratorium in San José/Silicon Valley (USA) und hat sich 1982 an der LMU habilitiert mit einer Arbeit „Photophysik und Photochemie von organischen Molekülen – Untersuchungen mit optischen, ODMR-spektroskopischen und halographischen Methoden". 1984 wurde er zum C2-Professor an der LMU ernannt. Im Jahr 1986 verbrachte er einen weiteren Forschungsaufenthalt bei IBM in San José. Im gleichen Jahr erhielt er einen Ruf auf eine C3-Professur an der Universität Mainz und einen Ruf auf eine C4-Professur an der TU Berlin. Schließlich folgte er 1988 einem Ruf auf eine C4-Professur an der LMU. Zeichen seiner internationalen Anerkennung sind u.a. seine Gastprofessuren an den Universitäten in Los Angeles (1992), Paris (1994), Santa Barbara (2011), San Diego (2012) und San Francisco (2014). 1994 erfolgte die Ablehnung eines Rufs auf eine C4-Professur für Angewandte Physikalische Chemie an die Universität Tübingen. 1993–1997 war er stellv. Dekan und Dekan der Fakultät für Chemie und Pharmazie der LMU, 1998–2000 Mitglied des Senats, 1993–1997 Vorsitzender der GDCh-Fachgruppe Photochemie, 2000–2006 Mitbegründer und Board–Member des Center for

Nanoscience (CeNS) an der LMU, 2004/2005 Chairman des Departments Chemie, 2006–2012 Speaker und Vice Speaker der International Elite Graduate School „Nano-Bio-Technology", 2006–2012 Koordinator und Board-Member bei den Exzellenz-Clustern „Nanosystens Initiative Munich" (NIM) und „Center for Integrated Protein Science" (CIPSM), Mitglied in fünf Sonderforschungsbereichen der LMU, 2008–2012 Mitglied des DFG Review Board for Science (Physical Chemistry) und Mitherausgeber der Zeitschrift *ChemPhysChem*. 2014 wurde er von seinen Pflichten entbunden.

Für seine zahlreichen grundlegenden Arbeiten wurde Bräuchle vielfach ausgezeichnet: 1993 erhielt er den Philip Morris Research Award „New Ways in Material Science", 2002 den Karl-Heinz-Beckurts-Preis, 2015 die Walther-Nernst-Denkmünze der Deutschen Bunsen-Gesellschaft. Er ist Mitglied der Bayerischen Akademie der Wissenschaften und der Academia Europea.

Bräuchle sind viele hervorragende Beiträge zur Physikalischen Chemie zu verdanken. Sie wurden u.a. von seinen Münchner Kollegen herausgestellt.[209] Seine Forschungsbeiträge umfassen 360 peer-review Publikationen und ergeben in einer kurzen Zusammenfassung folgendes Bild.

Das Forschungsgebiet von Bräuchle reicht von der Materialwissenschaft über die Nanowissenschaft bis in die Biophysikalische Chemie. In allen diesen Bereichen spielen hochempfindliche Optische Spektroskopiemethoden eine wichtige Rolle. So wurden in Kooperation mit Chemikern (u.a. mit R. Gompper/LMU) Stoffe mit hohen nichtlinear-optischen Eigenschaften[210] entwickelt, sowie optisch schaltbare Farbstoffe und Flüssigkristalle.[211] Optische Speicherung und halographisch-optische Metho-

---

209 Deutsche Bunsengesellschaft: Christoph Bräuchle zum 65. Geburtstag. *Nachrichten Bunsen Magazin* **2012**, 14. — T. Bein, D. C. Lamb, J. Michaelis: A Man for Single Molecules. *ChemPhysChem* **2012**, *13*, 883.

210 S. Stadler, C. Bräuchle, S. Brandl, R. Gompper: Experimental determination of the first hyperpolarizability of new chiral and achiral octupolar tertiary amines by hyper-Raleigh-scattering. *Chem Mat.* **1996**, *8*, 414.

211 R. Ortler, C. Bräuchle, A. Miller, G. Riepl, Reversible Halographic-Optical Data Storage in Cholersteric Liquid-Crystalline Siloxanes, Makromol. *Chem. Rapid. Commun.* **1989**, *10*, 189.

den und Materialien,[212] darunter auch rein refraktive Materialien,[213] sowie Lochbrennspektroskopie[214] und Kurzzeitspektroskopie[215] waren ebenfalls Themen dieser frühen Zeit. Von besonderem Interesse war Bacteriorhodopsin (Kooperation mit D. Oesterhelt / MPI Martinsried), das als neuartiges Speicher- und Prozessormaterial[216] eingesetzt und durch Genetic Engineering weiter optimiert wurde. Damit wurde erstmals ein durch die Natur bereits hoch optimiertes System in die Materialwissenschaft eingeführt und durch Genetic Engineering weitere Mutanten für jeweils spezifische opto-technische Anwendungen erzeugt – ein völlig neuer Ansatz in der Materialwissenschaft im Sinne der späteren Bionik. Großen Raum nahm auch die Optische Einzelmolekülspektroskopie und -mikroskopie ein, zu der Bräuchle wesentliche Beiträge lieferte, beginnend mit der Beobachtung von „quantum jumps“[217] und dem kontrollierten und reversiblen Schalten eines einzelnen Moleküls – einem echten, wenige qnm großen Einzelmolekülschalter.[218] Durch Untersuchung der Diffusion einzelner Moleküle in nanoporösen Materialsystemen, wie den techno-

212 C. Bräuchle, D. M. Burland, Halographische Methoden zur Untersuchung photochemischer und photophysikalischer Eigenschaften von Molekülen. *Angew. Chem.* **1983**, *95*, 612.

213 F. Würthner, R. Wortmann, R. Matschiner, K. Lukaszuk, K. Meerholz, R. Bittner, Y. De Nardin, C. Bräuchle, R. Sens: Merocyaninfarbstoffe im Cyaninlimit – Eine neue Chromophorklasse für photorefractive Materialien. *Angew. Chem., Int. Ed. Eng.* **1997**, *36*, 2765.

214 B. Sauter, C. Bräuchle: Efficient Persistent Spectral Hole – Burning of Freebase Octaethylporphine Adsorbed on Alumina between 1.6 and 90 K. *Chem. Phys. Lett.* **1992**, *192*, 321.

215 F. W. Deeg, K. Diercksen, G. Schwalb, C. Bräuchle, H. Reinecke: Ultrasonic Measurements oft the Anisotropic Viscoelastic Properties of a Nematic Elastomer, *Phys. Rev.* **1991**, *B 44*, 2830.

216 C. Bräuchle, H. Hampp, D. Oesterhelt: Optical Appication of Bacteriorhodopsin and its Mutated Variants. *Adv. Mater.* **1991**, *3*, 420. — C. Bräuchle, N. Hampp, D. Oesterhelt: Bacteriorhodopsin – optical processor molecule from nature. *Mol. Electron.* **1996**, 359.

217 T. Basché, S. Kummer, C. Bräuchle: Direct spectroscopic observation of quantum jumps of a single molecdule. *Nature* **1995**, *373*, 132.

218 F. Kulzer, S. Kummer, R. Matzke, C. Bräuchle, T. Basché: Single-molecule optical switching of terylene in p-terphenyl. *Nature* **1997**, *387*, 688.

logisch wichtigen Zeolithen und mesoporösen Silikatsystemen (Kooperation mit T. Bein / LMU), konnte Bräuchle erstmals ein lokales mikroskopisches Bild von der Diffusion einzelner Moleküle[219] durch die nanostrukturierten Kanäle entwickeln, das viele Heterogenitäten aufzeigte, die in konventionellen Ensemblemethoden durch Mittelung verloren gingen. Auch konnten neue Strategien zur Synthese hochgeordneter Nanokanalstrukturen entwickelt werden.[220] An der Diffusion von einzelnen Molekülen konnte Bräuchle (gemeinsam mit J. Kärger / Leipzig) das grundlegende Theorem der Ergodizität bestätigen, das Einzelmolekül- und Ensemblebeobachtung verknüpft.[221]

Mit der Beobachtung des Infektionsweges eines einzelnen Virus in eine lebende Zelle in real-time in einem Film, der alle Stationen des Virus vom Andocken an die Zellwand über den Transport durch Motorproteine im Innern der Zelle bis zur Abgabe der Virus-DNA in den Zellkern umfasste, gelang Bräuchle in einer vielbeachteten Arbeit[222] erstmals der Einsatz von Einzelmolekültechniken mit ihrer hohen Aussagekraft in komplexen Biosystemen mit hoher medizinischer Relevanz. Die Untersuchungen wurden auf weitere Viren wie Herpes und HIV (gemeinsam mit D. Lamb / LMU) ausgeweitet und umfassten außer dem Infektionsweg auch den nachfolgenden Bau von Viren durch die infizierte Zelle.[223]

---

219 Kirstein, B. Platschek, C. Jung, R. Brown, T. Bein, C. Bräuchle: Exploration of Nanostructured Channel Systems by Single Molecule Probes. *Nature Mat.* **2007**, 6, 303. — A. Zürner, J. Kirstein, M. Döblinger, C. Bräuchle, T. Bein: Visualizing single molecule diffusion in nanoporous materials. *Nature* **2007**, *450*, 705.

220 C. Jung, P. Schwaderer, M. Dethlefsen, R. Köhn, J. Michaelis, C. Bräuchle: Visualization of the Self Assembly of Silica Nanochannels reveals growth mechanism. *Nat. Nanotechnol.* **2011**, *6*, 87.

221 F. Feil, S. Naumov, J. Michaelis, R. Valiullin, D. Enke, J. Kärger, C. Bräuchle: Single - Particle and Ensemble Diffusivities - Test of Ergodicity. *Angew. Chem.* **2012**, *124*, 1178.

222 G. Seisenberger, M. U. Ried, T. Endreß, H. Büning, M. Hallek, C. Bräuchle: Real-Time Single Molecule Imaging of the Infection Pathway of an Adeno-associated Virus. *Science* **2001**, *294*, 1929.

223 V. Baumgärtel, S. Ivanchenko, A. Dupont, M. Sergeev, P. M. Wiseman, H.-G. Kräusslich, C. Bräuchle, B. Müller, D. C. Lamb: Live-cell visualization of dynamics of HIV budding site interaction with an ESCRT component. *Nat. Cell Biol.* **2011**, *13*, 469.

Durch die Kombination des Virenprojektes mit den nanoporösen Materialien konnte Bräuchle in einem Consortium mit Kollegen des Exzellenzclusters NIM an der LMU poröse Nanopartikel als künstliche Viren entwickeln, die als intelligente Drug-Deliversysteme die Einschleusung hochtoxischer Chemotherapeutika in Krebszellen hinein erlaubten.[224] Damit wurde die Basis für eine Plattform von Nanopartikeln als Drug-Deliversysteme in der Krebstherapie gelegt. Ferner wurde die Glycocalix als äußerste Schicht der Zellmembran, bestehend aus einer komplexen Struktur von Zuckern, erstmals mit Einzelmolekülmethoden untersucht,[225] um ein besseres Bild dieser ersten Schicht der Zelle zu erhalten und von ihrer Funktion beim Schutz vor bzw. beim Eintritt von Nanopartikeln und Viren ins Zellinnere.

9.11 Klaus Clusius (1903–1963)

Abb. 9.7. Klaus Clusius.

Klaus Clusius wurde am 19. März 1903 in Breslau geboren. Er studierte Chemie an der Technischen Hochschule in Breslau und wurde dort 1928 mit einer Arbeit über die spezifische Wärme von Gasen bei tiefen Temperaturen (von N_2, O_2, CO, CH_4, HCl) bei Arnold Eucken promoviert.[226] Ein Rockefeller-Stipendium ermöglichte ihm einen einjährigen Forschungsaufenthalt bei Hinshelwood in Oxford, wo er sich mit Gasreaktionen befasste, mit homogener Katalyse[227], mit Zersetzung organischer Stoffe[228] und auch schon

224 S. A. Mackowiak, A. Schmidt, V. Weiss, C. Argyo, C. von Schirnding, T. Bein, C. Bräuchle: Targeted Drug Delivery in Cancer Cells with Red Light Photoactivated Mesoporous Silica Particles. *Nano Lett.* **2013**, *13*, issue 6, 2576. — C. Argyo, V. Weiss, C. Bräuchle, T. Bein: Multifunctional Mesoporous Silica Nanoparticles as a Universal Platform for Drug Delivery. *Chem. Mater.* **2014**, *26*, issue 1, 435.

225 L. Möckl, T. K. Lindhorst, C. Bräuchle, Artificial Formation and Tuning of Glycoprotein Networks on Live Cell Membranes: A Single-Molecule Tracking Study, *ChemPhysChem* **2016**, *17*, issue 6, 829.

226 K. Clusius, *Z. Physik. Chem.* **1929**, *3 B*, 41.

227 K. Clusius, C. N. Hinshelwood, *Z. Elektrochem. Angew. Physik. Chem.* **1930**, *36*, 748.

228 K. Clusius, C. N. Hinshelwood, *Proc. Royal Soc. London A* **1930**, *128*, 88.

mit Explosionsgrenzen.[229] Bekannt gemacht hatte ihn eine noch in Breslau mit Hiller ausgeführte Arbeit über die spezifische Wärme des Parawasserstoffs.[230] Zwei Jahre später, nach dem England-Aufenthalt, folgte eine Arbeit in Leiden bei Keesom über den Verlauf der spezifischen Wärme bei der Umwandlung des flüssigen Heliums.[231] Seine Lehrtätigkeit begann er in Göttingen, wo Eucken einen Lehrstuhl übernommen hatte und wo er sich 1931 habilitieren konnte. Von 1934–1936 war er Extraordinarius an der Universität Würzburg und 1936 wurde er zum o. Professor an der Universität München ernannt als Nachfolger von Kasimir Fajans, der in den Ruhestand versetzt worden war, nachdem die Regierung von Oberbayern seine Einbürgerung widerrufen hatte. Nach dem Krieg hat Clusius seinem Vorgänger Kasimir Fajans seinen Lehrstuhl angeboten, doch kehrte Fajans nur besuchsweise nach München zurück.[232] Im Jahr 1947 verließ Clusius plötzlich die Universität München (u. a. wohl wegen der kriegsbedingten unzureichenden Möglichkeiten) und folgte einem Ruf als o. Professor und Direktor des Instituts für Physikalische Chemie an die Universität Zürich. Er ist am 28. Mai 1963 im Alter von 60 Jahren in Zürich gestorben.

Die sehr bedeutsamen und grundlegenden wissenschaftlichen Arbeiten von Clusius über Reaktionskinetik (Kettenreaktionen), Studien (wie Phasenumwandlungen) bei tiefen Temperaturen und vor allem über Isotope sind in ca. 300 Publikationen niedergelegt. Die Untersuchung der „aufsteigenden Wasserstoff-Flammen"[233] führte Clusius zur Thermodiffusion und zu seinem „großen Wurf",[234] der Entdeckung der Trennung von Isotopen durch Thermodiffusion im „Clusius-Dickel-Trennrohr",[235] wo gleichzeitig in einem Rohr mit einem geheizten Draht (z. B. aus Pt) an der

229 C. N. Hinshelwood, K. Clusius, *Proc. Royal Soc. London A* **1930**, *129*, 589.

230 K. Clusius, K. Hiller, *Z. Physik. Chem.* **1929**, *4 B*, 1.

231 W. H. Keesom, K. Clusius, *Proc. Koninklijke Akad. van Weenschappen* **1932**, *35*, 320.

232 F. Litten: Kasimir Fajans – Kurzbiographie. ›<http://litten.de/fulltext/fajans.htm>.

233 K. Clusius, H. Gutschmidt, *Naturwiss.* **1934**, *22*, 693. — K. Clusius, E. Schumacher, *Helv. Chim. Acta* **1949**, *32*, 671. — Ausführlicher Nachruf von K. Schleich, *Helv. Chim. Acta* **1964**, *47*, 234.

234 Nachruf von W. Jost, *Z. Naturforsch.* **1963**, *18 a*, 1291.

235 K. Clusius, G. Dickel: Das Trennrohr I. Grundlagen eines neuen Verfahrens zur Gasentmischung und Isotopentrennung durch Thermodiffusion. *Z. Physik. Chem.*

heißen Seite das Gas nach oben steigen und umgekehrt an der kalten Seite nach unten strömen kann. So wird auf einfachste Weise ein auf der Thermodiffusion beruhendes Gegenstromverfahren zur Trennung von Gasen verschiedener Masse verwirklicht. Unter Mitwirkung von Gerhard Dickel konnten die Isotope von Stickstoff, Sauerstoff, Neon, Krypton und Xenon im Trennrohr getrennt werden.[236] Die Reinheit der Chlorisotope ^{35}Cl und ^{37}Cl wurde z. B. durch die Atomgewichtsbestimmungen von Hönigschmid glänzend bestätigt.[237] Mit dem Stickstoffisotop ^{15}N konnte der Mechanismus einer Reihe von Reaktionen aufgeklärt werden,[238] wie die Bildung des Azid-Ions,[239] von Arylaziden[240] und von Phenylpentazol[241]. Die Reihe „Reaktionen mit ^{15}N" umfasst 35 Publikationen.[242] Während des Kriegs befasste sich Clusius u. a. mit der Gewinnung und den Eigenschaften von schwerem Wasser[243] und es wurde offensichtlich nach der Entdeckung der Kernspaltung durch Hahn und Straßmann über die Möglichkeit der Trennung der Uranisotope mit Uranhexafluorid diskutiert. In Zürich galt sein Interesse der Weiterentwicklung des Trennrohres[244] und der Untersuchung von Flammen (z. B. von Wasserstoff), mit denen er sich intensiv beschäftigte. Jost erwähnt in seinem schönen Nachruf auf Clusius dessen interessante Arbeit mit dem Thema „Erlischt eine Kerze im schwerelosen

1939, *B 44*, 397. — K. Clusius, G. Dickel: Neues Verfahren zur Gasentmischung und Isotopentrennung. *Naturwiss.* **1939**, *26*, 546.

236 Beispielsweise K. Clusius, G. Dickel, *Z. Physik. Chem.* **1943**, *B 43*, 178. — K. Clusius, G. Dickel, *Z. Physik. Chem.* **1939**, *B 44*, 451. — K. Clusius, G. Dickel, *Z. Physik. Chem.* **1940**, *B 48*, 50.

237 O. Hönigschmid, F. Hirschbold-Wittner, *Z. Anorg. Allg. Chem.* **1939**, *242*, 222.

238 K. Clusius, *Angew. Chem.* **1954**, *66*, 497.

239 K. Clusius, H. Schumacher, *Helv. Chim. Acta* **1958**, *41*, 972.

240 K. Clusius, M. Vecchi, *Helv. Chim. Acta* **1956**, *39*, 1469.

241 I. Ugi, R. Huisgen, K. Clusius, M. Vecchi, *Angew. Chem.* **1956**, *68*, 753.

242 Nachruf von E. Bartholome, *Ber. Bunsenges. Phys. Chem.* **1964**, *68*, 119.

243 Klaus Clusius, Internal Reports ➤ <https://en.wikipedia.org/wiki/Klaus_Clusius#Internal_Reports>, Übersicht seiner kernphysikalischen Forschungsberichte im Deutschen Uranverein.

244 K. Clusius: Thermal Diffusion (review). J. Chim. Phys., *Physico-Chimie Biolog.* **1963**, *60*, 163. — K. Clusius, E. Varde: Das Trennrohr XXVI. *Helv. Chim. Acta* **1963**, *46*, 2146. — Siehe auch: G. Müller, G. Vasaru: The Clusius-Dickel Thermal Diffusion Column – 50 Years after its Invention. *Isotopenpraxis* **1988**, *24*, 455.

Raum?", wozu Clusius brennende Kerzen in geschlossenen Flaschen 55 m tief fallen ließ. Clusius interessierte sich als Erholung für die Geschichte der Chemie, über die er auch eine Vorlesung hielt.

Klaus Clusius wurde für seine grundlegenden Arbeiten vielfach geehrt, durch die Verleihung des Arrhenius-Preises der Universität Leipzig (1940), des Cannizzaro-Preises der Academia die Lincei in Rom (1943), des Marcel Benoist-Preises der Schweiz (1959), des Dechema-Preises (1961) und des Mario Giacomo Levi-Preises der Societa Chimica Italiana (1962). Er war Ehrendoktor der Technischen Hochschule Hannover (1961) und Mitglied zahlreicher Akademien der Wissenschaften in München, Halle, Zürich und Bologna.

Die vorstehenden Ausführungen beruhen im Wesentlichen auf den eindrucksvollen Nachrufen von Schleich[245], Jost[246], Bartholomé[247] und Oesper.[248]

9.12 Elisabeth Dane (1903–1984)

Elisabeth Dane wurde am 9. Januar 1903 in Mayen (Eifel) geboren. Im Jahr 1923 begann sie das Chemiestudium an der Universität Freiburg. Nach dem ersten Verbandsexamen arbeitete sie ein Jahr als Werkstudentin in einem Emaillierwerk, studierte zwei Semester in Berlin und wechselte dann an die Universität München, wo sie unter Anleitung von Geheimrat Heinrich Wieland 1929 mit einer Arbeit „Über Nebenalkaloide aus Lobelia inflata"[249] promoviert wurde. Als Privatassistentin von Wieland arbeitete sie bis 1934 über die Konstitution der Gallensäuren, wobei ihr mit Wieland die entscheidenden Schritte bis zur endgültigen Formel für die Cholsäure gelangen.[250] Sie habilitierte sich 1934, wurde 1939 zur Dozentin ernannt und erhielt im gleichen Jahr eine Konservatorenstelle. Im

245 Anm. 233 auf S. 125.
246 Anm. 234 auf S. 125.
247 Anm. 242 auf S. 126.
248 R. E. Oesper: Klaus Clusius. *J. Chem. Educ.* **1951**, *28*, 321.
249 H. Wieland, W. Koschwera, E. Dane, *Liebigs Ann. Chem.* **1929**, *472*, 118.
250 H. Wieland, E. Dane, *Z. Physiol. Chem.* **1932**, *210*, 268. — H. Wieland, E. Dane, *Z. Physiol. Chem.* **1933**, *216*, 91.

Jahr 1942 wurde Frau Dane zum apl. Professor ernannt. Im Jahr 1947 erhielt sie einen Ruf auf einen Lehrstuhl für Organische Chemie an der Universität Rostock, den sie ablehnte, weil sie dem Münchner Institut und insbesondere Heinrich Wieland die Treue halten wollte, in der schwierigen Zeit der Nachkriegswirren mit der provisorischen Unterkunft des Labors. Auch waren Frau Dane und Rolf Huisgen die alleinigen Hilfen von Wieland beim chemischen Unterricht, da die meisten Kollegen nach dem Krieg die Universität verlassen mussten und erst 1948 zurückkehren konnten. Die Ablehnung des ehrenvollen Rufs wurde vom bayerischen Kultusminister Alois Hundhammer mit einem Dankschreiben honoriert. Ab 1939 wurde sie mit der Leitung des „Chemischen Praktikums und Seminars für Mediziner" betraut und diese wichtige Aufgabe hat Frau Dane bis zu ihrer Pensionierung im Jahr 1968 (also 30 Jahre!) mit überaus großem Erfolg wahrgenommen. Unter ihrer kompetenten Anleitung erhielten bis zu 450 Medizinstudierende pro Semester ihre praktische und theoretische Ausbildung in Chemie. In den vielen Prüfungen war sie eine häufig gefürchtete, aber gerechte Prüferin. Man erzählt, dass sie sogar vom Krankenbett aus im Krankenhaus Prüfungen abgehalten hat. Mit Franz Wille hat Frau Dane ein sehr erfolgreiches Buch „Kleines Chemisches Praktikum"[251] verfasst. Als hoch geschätzte und bewunderte Kollegin ist Frau Dane am 13. März 1984 gestorben.

Forschungsaktivitäten: Nach der Doktorarbeit über Lobelia-Alkaloide hat Frau Dane von 1929 – 1934 mit Wieland den letzten Teil auf dem „langen, unsäglich ermüdenden Marsch durch einen dürre Strukturwüste" (Wieland[252]) gestaltet. Ihre Arbeiten mit Wieland über die Konstitution der Gallensäuren sind in 14 Publikationen niedergelegt. Dane hat in mehreren Übersichtsartikel den überaus schwierigen chemischen Weg zur Struktur der Gallensäuren und zum Grundprinzip der Steroide beschrieben und die experimentellen Ergebnisse über den Abbau der Gallensäuren zusammengefasst.[253] Ferner hat sie sich mit der Synthese von Verbindungen

251 E. Dane, F. Wille: *Kleines Chemisches Praktikum*. Verl. Chemie, Weinheim, **1960**.

252 H. Wieland, *Angew. Chem.* **1929**, *42*, 421. — H. Wieland, *Ber. Dtsch. Chem. Ges.* **1934**, *67*, A 27 (Nobel-Vortrag).

253 E. Dane, *Naturwiss.* **1942**, *30*, 333. — E. Dane, *Angew. Chem.* **1934**, *47*, 351. — E. Dane, *Angew. Chem.* **1939**, *52*, 655.

mit dem Steringerüst (des Cyclopenteno-phenanthrens) befasst.[254] Im Jahr 1938 erhielt Frau Dane den Carl-Duisberg-Preis für „Arbeiten auf dem Gebiet der Sterine, insbesondere für die Versuche zur Synthese von Verbindungen aus dieser Körperklasse". Auch die Einführung von Doppelbindungen in Steroide wurde untersucht.[255] Anerkennung fanden ihre schönen Arbeiten zur Peptidsynthese mit neuartigen Amino-Schutzgruppen aus β-Dicarbonylverbindungen (z. B. Acetylaceton)[256] und aus Chloral[257] sowie neue Reaktionen von Brenztraubensäure[258]. Durch ihre aufopfernde Arbeit für die chemische Ausbildung der Mediziner musste die Publikation von Forschungsergebnissen etwas zurückstehen.

9.13 Gerhard Dickel (1913–2017)

Gerhard Dickel wurde am 29. Oktober 1913 in Augsburg geboren. Er begann 1933 das Chemiestudium an der Technischen Hochschule München. Nach der Diplomvorprüfung wechselte er 1936 an die Universität München und wurde 1939 bei Professor Klaus Clusius am Institut für Physikalische Chemie der LMU mit der Arbeit „Gasentmischung und Isotopentrennung durch thermische Diffusion"[259] promoviert. Seit 1939 war er Wissenschaftlicher Assistent und nach dem überraschenden Weggang von Clusius erhielt der politisch völlig unbelastete Dickel 1947 auf Antrag von Geheimrat Heinrich Wieland einen Lehrauftrag für die Vorlesung und die Übungen in Physikalischer Chemie und leitete das Physikalisch-Chemische Institut mehrere Jahre bis zur Ernennung von G.-M. Schwab zum Institutsdirektor selbständig. Er hat sich 1950 habilitiert und wurde 1951 zum Konservator ernannt. Im Jahr 1956 wurde ihm die Bezeichnung „Außerplanmäßiger Professor" verliehen und 1969

254 Beispielsweise E. Dane, K. Eder, *Liebigs. Ann. Chem.* **1939**, *539*, 207.

255 E. Dane, H. Wulle, *Z. Physiol. Chem.* **1940**, *267*, 1.

256 E. Dane, F. Drees, P. Konrad, T. Dockner. *Angew. Chem.* **1962**, *74*, 873. — E. Dane, T. Dockner, *Chem. Ber.* **1965**, *98*, 789. — E. Dane, T. Dockner, *Angew. Chem.* **1964**, *76*, 342.

257 E. Dane, R. Heiss, H. Schafer, *Angew. Chem.* **1959**, *71*, 339.

258 E. Dane, O. Balcke, H. Hammel, F. Muller, *Liebigs Ann. Chem.* **1957**, *607*, 92.

259 K. Clusius, G. Dickel. *Naturwiss.* **1938**, *26*, 546. — K. Clusius, G. Dickel. *Naturwiss.* **1939**, *27*, 148. — K. Clusius, G. Dickel, *Z. Physikal. Chem.* **1939**, *B 44*, 397.

wurde er zum Abteilungsvorsteher und Professor HS3 ernannt. 1978 trat er als C3-Professor nach über 40-jähriger Tätigkeit am Institut für Physikalische Chemie der LMU in den Ruhestand. Im Jahr 2013 konnte Dickel bei guter Gesundheit seinen 100. Geburtstag begehen.[260] Er ist am 3. November 2017 im Alter von 104 Jahren gestorben.

In seiner Dissertation legte Dickel die Grundlagen für die Trennung von Isotopen mittels des berühmten „Clusius-Dickel-Trennrohrs“. Die zusammen mit seinem Doktorvater Clusius ausgeführten klassischen Arbeiten zur Thermodiffusion erregten in der ganzen wissenschaftlichen Welt Aufsehen und machten seinen Namen bekannt. Dickel und Clusius haben in den Jahren 1938–1944 15 Arbeiten über die erfolgreiche Trennung und Reindarstellung von Isotopen durch Thermodiffusion publiziert (Isotope von Chlor, Neon, Krypton, Xenon, Sauerstoff, Stickstoff, Kohlenstoff).[261] Hönigschmid, der anerkannte Experte für die Atomgewichtsbestimmung der Elemente, konnte die Reinheit der mit dem Trennrohr getrennten Chlorisotope bestätigen.[262] Otto Hahn besuchte das Münchner Laboratorium, um die mögliche Trennung der Uranisotope zu diskutieren. Dickel hat sich auch mit der Druckabhängigkeit der Thermodiffusion befasst.[263] Anschließend an die Trennung von Gasen mittels Thermodiffusion beschäftigte sich Dickel mit anderen Trennmethoden, vor allem mit der Trennung von Ionen mittels Ionenaustauscher.[264] Ferner

260 J. Wolfram in der *Süddeutschen Zeitung* vom 28.11.**2013**.

261 K. Clusius, G. Dickel: Trennrohr IV. Darstellung der Isotope ^{84}Kr und ^{86}Kr. *Z. Physikal. Chem.* **1943**, *B 53*, 178. — K. Clusius, G. Dickel: Trennrohr III. Gewinnung von je 2.5 Liter der reinen Isotope ^{22}Ne und ^{20}Ne. *Z. Physikal. Chem.* **1940**, *48*, 50. — K. Clusius, G. Dickel, Trennrohr V. Darstellung des Isotops $^{18}O_2$. *Z. Physikal. Chem.* **1944**, *193*, 274.

262 O. Hönigschmid, F. Hirschbold-Wittner: Das Atomgewicht der von K. Clusius und G. Dickel isolierten Chlorisotope ^{35}Cl und ^{37}Cl. *Z. Anorg. Allg. Chem.* **1939**, *242*, 222.

263 G. Dickel, K. Busen, W. Steiner, *Z. Physikal. Chem.* **1958**, *17*, 1. — G. Dickel, *J. Chim. Phys. et Phys.-Chim. Biol.* **1963**, *60*, 170. — G. Dickel, K. Seyffarth, *Z. Physikal. Chem.* **1968**, *59*, 63.

264 G. Dickel, Über neue Möglichkeiten der Isotopentrennung mittels Ionenaustauschern, *Z. Elektrochem. Angew. Phys. Chem.* **1950**, *54*, 353. — K. Bunzl, G. Dickel, *Z. Naturforsch.* **1969**, *24 a*, 109.

galt sein Interesse der Osmose,[265] dem Transport durch Membranen[266] und der Theorie dieser Effekte, wie den Variationsprinzipien beim Membrantransport.[267] „In Anerkennung seiner grundlegenden Arbeiten zur Thermodiffusion in Gasen, zum Isotopenaustausch in Ionenaustauschern und zur Anwendung der Variationsprinzipien beim Membrantransport" wurde sein Doktorgrad der Naturwissenschaftlichen Fakultät am 16. November 1989 von der Fakultät für Chemie und Pharmazie der LMU erneuert. Er wurde 1957 mit dem Bodensteinpreis der Deutschen Bunsen-Gesellschaft für Physikalische Chemie ausgezeichnet. Noch mit 95 Jahren publizierte Dickel über Thermodynamik .[268] Sein Schriftenverzeichnis umfasst 111 Arbeiten. Anlässlich seines 100. Geburtstags wurde das „Trennrohr nach Clusius und Dickel als praktische Anwendung der Thermodiffusion" genau beschrieben.[269]

9.14 Gerhard Ertl (*1936)

Abb. 9.8. Gerhard Ertl.

Gerhard Ertl wurde am 10. Oktober 1936 in Stuttgart-Bad Cannstatt geboren Er begann 1955 sein Physikstudium an der Technischen Hochschule Stuttgart. Während des Studiums verbrachte er Studienaufenthalte an der Sorbonne in Paris (1957/56) und an der Universität München (1958/59). Seine Diplomarbeit („Eine Temperatursprungmethode zur Untersuchung schneller Dissoziationsreaktionen mit Hilfe eines Mikrowellenimpulses")[270] führte er 1959/61 unter Anleitung von Heinz Gerischer am Max-Planck-Institut für Metallforschung in Stuttgart aus. Im Jahr 1962 folgte er als Diplomphysiker (Diplomexamen 1961) seinem Mentor Gerischer nach München. Gerischer hatte einen Ruf an die Technische Hochschule München angenommen. Ertl wurde 1965 mit einer

265 G. Dickel., *Naturwiss.* **1968**, *55*, 385. — G. Dickel, *J. Chromatogr.* **1974**, *102*, 31.
266 G. Dickel, *J. Chem. Soc. Faraday Trans.* **1986**, *82*, 3289.
267 G. Dickel, *Faraday Discuss. R. Soc. Chem.* **1984**, 157.
268 G. Dickel, *Z. Physikal. Chem.* **2008**, *222*, 1611; **2006**, *220*, 655; **2005**, *219*, 1639.
269 *Naturwiss. Rundsch.* **2013**, *66*, 4.
270 G. Ertl, H. Gerischer. *Z. Elektrochem.* **1961**, *65*, 629–633.

Arbeit „Über die Kinetik der katalytischen Oxidation von Wasserstoff an verschieden dotierten Germanium-Einkristallen“[271] bei Gerischer promoviert. Als Wissenschaftlicher Assistent (1965 – 1968) hat er sich 1967 an der TH München mit der Habilitationssschrift „Untersuchung von Oberflächenstrukturen und -reaktionen mittels Beugung langsamer Elektronen“[272] habilitiert. Bereits nach einem Jahr wurde er 1968 auf den Lehrstuhl B für Physikalische Chemie an der TU Hannover berufen. Im Jahr 1973 kehrte Ertl nach München an die LMU zurück und führte als Nachfolger von Georg-Maria Schwab – einem Begründer der Heterogenen Katalyse – dessen Arbeiten mit neuartigen Methoden fort. Er war 12 Jahre als o. Professor für Physikalische Chemie an der LMU mit ungemein großem Erfolg in Forschung und Lehre tätig und die Studierenden und Kollegen der Fakultät für Chemie und Pharmazie haben den Weggang ihres hochgeschätzten und beliebten Kollegen (er war auch ihr Dekan) tief bedauert als er im Jahr 1985 dem Ruf nach Berlin als Nachfolger seines Lehrers Gerischer und als Direktor des Fritz-Haber-Instituts der Max-Planck-Gesellschaft folgte und zum Honorarprofessor an der Technischen und der Freien Universität Berlin und 1996 auch an der Humboldt-Universität ernannt wurde. Ehrenvolle Rufe nach Jülich und an die University of California, Santa Barbara und an die Universität Münster hat Ertl abgelehnt. Er war Gastprofessor an den Universitäten in Pasadena, Milwaukee und Berkeley und von 1995 bis 2001 Vizepräsident der Deutschen Forschungsgemeinschaft. 2004 wurde er emeritiert.

Schon in seiner bahnbrechenden Habilitationsarbeit aus dem Jahr 1967 legte Ertl mit der Ultrahochvakuumtechnik und mit der Anwendung der LEED-Methode die Grundlagen für die Untersuchung der Chemie an Oberflächen. Ertl ist der Pionier für die Aufklärung von „Elementarprozessen an Gas- / Metall-Grenzflächen“.[273] Berühmt und wohl letztlich entscheidend für die Verleihung des Nobelpreises an Ertl (2007) war die Aufdeckung des Reaktionsmechanismus der Haber-Bosch-Ammoniaksynthese an dem Mittasch-Katalysator Magnetit / Aluminiumoxid /

271 G. Ertl, *Z. Physik. Chem. N. F.* **1965**, *46*, 49.

272 G. Ertl: Untersuchung von Oberflächenreaktionen an Kupfer mittels Beugung langsamer Elektronen (LEED) I und II. *Surf. Sci.* **1967**, *6*, 206 – 207, 309.

273 G. Ertl, *Angew. Chem.* **1976**, *88*, 423.

K_2O,[274] die mit neuer Technik wie dem Rastertunnelmikroskop und mit eigenen ganz neuen Methoden gelang.[275] Weiter befasste sich Ertl sehr intensiv und erfolgreich mit der auch für den Umweltschutz bedeutsamen Oxidation von Kohlenmonoxid zu Kohlendioxid am Platin-Katalysator, wobei die Entdeckung des Oszillierens der Reaktionsgeschwindigkeit einen weiteren Höhepunkt der Ertl-Forschung darstellt.[276] Wichtige Arbeiten hat Ertl mit seinen Doktoranden in München ausgeführt. Sein großes wissenschaftliches Werk hat Ertl mit über 100 Doktoranden und über 450 Gastwissenschaftlern und Postdoktoranden in über 700 Publikationen niedergelegt. Zuletzt hat er Bücher verfasst: „Reactions at Solid Surfaces“[277], „Engineering of Chemical Complexity“[278] sowie „Chemical Complexity“[279]. Sehr viele Mitarbeiter (19) konnten sich bei Ertl habilitieren. Mit ungewöhnlich zahlreichen Gastforschern, Postdoktoranden und Stipendiaten sowie mit über 30 Lectureships hat Ertl überaus großen Einfluss auf die internationale Entwicklung der Chemie genommen.

So wurde er mit einer sehr großen Reihe von hohen Ehrungen bedacht, neben dem (ungeteilten) Nobelpreis in Chemie u.a. mit der Liebig-Denkmünze der GDCh (1987), dem Leibniz-Preis der Deutschen Forschungsgemeinschaft (1991), der Bunsen-Denkmünze der Deutschen Bunsengesellschaft für Physikalische Chemie (1992), deren Ehrenmitglied er 2006 wurde, mit dem Japan-Preis (1992), dem Karl-Ziegler-Preis der GDCh (1998), dem Wolf-Preis (1998), dem Otto-Hahn-Preis (2007), dem Großen Verdienstkreuz mit Stern der Bundesrepublik Deutschland,

274 G. Ertl: Reaktionen an Oberflächen: vom Atomaren zum Komplexen. Nobel-Vortrag. *Angew. Chem.* **2007**, *120*, 3578; *J. Phys. Chem. B* **2004**, *108*, 14183.

275 Ch. Bräuchle: Laudatio auf Gerhard Ertl anlässlich der Benenung des Gebäudes der Physikalischen Chemie der LMU als „Gerhard Ertl-Gebäude“.

276 M. Eiswirth, G. Ertl: Kinetic oscillations in the catalytic CO oxidation on a Pt(110) surface. *Surf. Sci.* **1986**, *177*, 90.

277 G. Ertl: *Reactions at Solid Surfaces.* Hoboken, **2009**.

278 A. S. Mikhailov und G. Ertl: *Analysis, Design and Control of Complex Chemical Systems, in Engineering of Chemical Complexity, World Scientific Lecture Notes in Complex Systems, Vol. 11* (Eds.: A. S. Mikhailov, G. Ertl). World Scientific, New Jersey et al., **2013**, 3 – 23.

279 A. S. Mikhailov, G. Ertl: *Chemical Complexity, Self-Organization Processes in Molecular Systems.* Springer International Publishing, Cham (CH), **2017**.

dem Bayerischen Maximiliansorden für Wissenschaft und Kunst (2014). Er ist u.a. Ehrendoktor an den Universitäten in Bochum, Münster, München (TUM), Leuven und Mitglied der Wissenschaftlichen Akademien in Halle, Berlin, Braunschweig, München und Düsseldorf und der Österreichischen, der Päpstlichen, der Polnischen, der Russischen Akademie der Wissenschaften, der American Academy of Arts and Sciences und der National Academy of Science USA. Er war Herausgeber von Zeitschriften und hat eine Reihe von Monographien verfasst; u.a. hat er mit H. Knözinger und J. Weitkamp das Schwabsche „Handbook of Heterogeneous Catalysis" weitergeführt. Eine eingehende Aufstellung seiner Publikationen, Ehrungen, Mitarbeiter findet sich im Sonderheft von *Journal of Chemical Physics*, das 2004 zu Ehren von Ertl erschienen ist. Am 16. Dezember 2008 wurde in einer feierlichen Veranstaltung mit einem Vortrag von Ertl („Reaktionen an Oberflächen: Vom Atomaren zum Komplexen") und mit einer Laudatio von Professor Christoph Bräuchle das Gebäude der Physikalischen Chemie der LMU von seinem Präsidenten Bernd Huber als „Gerhard-Ertl-Gebäude" benannt. 2021 veröffentlichte er in der Reihe „Lebenswerke in der Chemie" seine Autobiographie.[280]

9.15 Jürgen Evers (*1941)

Abb. 9.9. Jürgen Evers.

Jürgen Evers wurde am 18. August 1941 in Dortmund geboren. Als Chemielaborant bei der Hoesch AG in Dortmund besuchte er das Abendgymnasium in Dortmund (1962–1966) und konnte 1966 das Chemie-Studium an der Freien Universität Berlin aufnehmen. Er wechselte 1968 an die LMU, wo er 1971 das Diplom in Chemie erhielt und 1974 bei Armin Weiß mit einer Arbeit über „Synthese und Charakterisierung

280 Gerhard Ertl: *Mein Leben mit der Wissenschaft*. Lebenswerke in der Chemie. GNT-Verlag, Berlin, **2021**. — Für weitere Literatur über Gerhard Ertl siehe Wikipedia: Gerhard Ertl. — H. Schuh: Erhellte Magie. *Die Zeit* vom 18.10.**2007**. — The Surface Detective. *Chemistry World* **2007**, November. — Ein vollständiges Publikationsverzeichnis ist abgedruckt in Ertl 2021, 137–164.

hochreiner Erdalkalisilicide und -germanide" promoviert wurde. Von 1972 – 1974 war er als Gastforscher im Laboratorium für Festkörperphysik an der ETH Zürich bei Prof. G. Busch und Priv.-Doz. Dr. E. Kaldis tätig. 1982 hat er sich mit einer Arbeit über „Hochdruck-Hochtemperatur-Untersuchungen an Disiliciden und Digermaniden der reaktiven zweiwertigen Metalle Ca, Eu, Sr und Ba" habilitiert. Im Jahr 1984 erhielt er ein Heisenberg-Stipendium und wurde 1987 zum Privatdozenten und 1994 zum apl. Professor ernannt. Im Jahr 1997 verbrachte er einen Forschungsaufenthalt bei Roald Hoffmann an der Cornell University in Ithaca, N. Y.

Jürgen Evers ist in seiner Forschung ein ausgewiesener und anerkannter Vertreter der Anorganischen Strukturchemie unter Anwendung schwieriger Techniken, wie der Destillation von Erdalkalimetallen im Ultrahochvakuum[281] und vor allem der Röntgenstrukturanalyse unter hohem Druck. Hier wurden z. B. die Hochdruckmodifikationen vieler Zintlphasen,[282] die Erdalkalidisilicide, Alkalisilicide mit dreibindigem Silicium[283] sowie die neue Zintlphase KTl[284] studiert. Mit Klapötke wurden die Strukturen von energiereichen Verbindungen untersucht, wie die von Ammoniumazid[285] und von Stickstoffwasserstoffsäure[286] unter Hochdruck. Mit Beck und Klapötke konnte Evers die Struktur des klassischen Knallquecksilbers als lineares Molekül im Kristall bestimmen.[287] Ein „Highlight" ist die Entdeckung der oktaedrischen Koordination von Silicium in der Hochdruck-

281 J. Evers, G. Oehlinger, A. Weiss, C. Probst, M. Schmidt, P. Schramel. J. Less, *Common Metals* **1981**, *81*, 15 – 31.

282 J. Evers: High Pressure Investigations on A(I)B(III) Zintl compounds. *Struct. Bonding (Berlin, Ger.)* **2011**, *139*, 57 – 96. — J. Evers, G. Oehlinger: Zintl Phases MSi_2 (M = Ca,Eu, Sr, Ba) at very high Pressure. *Silicon Chem.* **2003**, 181 – 193.

283 J. Evers, G. Oehlinger, G. Sextl. *Angew. Chem.* **1993**, *105*, 1532 – 1534.

284 J. Evers, G. Oehlinger. *Inorg. Chem.* **2000**, *39*, 628.

285 S. A. Medvedev, M. Eremets, J. Evers, T. M. Klapoetke, T. Palasyuk, I. A. Trojan. *Chem. Phys.* **2011**, *386*, 41 – 44.

286 J. Evers, M. Göbel, B. Krumm, F. Martin, S. Mededyev, G. Oehlinger, F. X. Steemann, I. Troyan, T. M. Klapötke, M. I. Eremets: Molecular Structure of Hydrazoic Acid with Hydrogen-Bonded Tetramers in Nearly Planar layers. *J. Am. Chem. Soc.*, **2011**, *133*, 12100 – 12105.

287 W. Beck, J. Evers, M. Goebel, G. Oehlinger, T. M. Klapötke, *Z. Anorg. Allg. Chem.* **2007**, *633*, 1417 – 1422.

modifikation von Siliciumdisulfid, dem Schwefel Analagon von SiO_2.[288] Evers hat originelle Themen in seiner Forschung gewählt und es wurden mit wenigen Mitarbeitern schöne Ergebnisse erzielt, wie die Synthese von Dinitridoborat $[BN_2]^{3-}$ als lineares neuartiges Pseudohalogenid.[289] Interessant ist der Vergleich der Strukturen der isosteren Verbindungen HN_3 und HNCO.[290] Evers ist auch ein Experte für die Strukturbestimmung von Pulvern.[291]

Beachtung verdienen die schönen Arbeiten von Evers zur Geschichte der Chemie, über die Entdeckung des Kristallziehens durch Czochralski,[292] über den Material- und Metall-Forscher Wichard von Moellendorf.[293] Von allgemeinem Interesse ist seine originelle Arbeit über die Geschichte, das Schicksal und die Eigenschaften des blauen Wittelsbacher Diamanten.[294]

Jürgen Evers machte sich mit hohem didaktischen Geschick um die Lehre in der Anorganischen Chemie, auch bei vielen Prüfungen, sehr verdient. Über viele Jahre hat er, auch noch nach seiner Pensionierung, überzeugende Vorlesungen für Medizin-Studierende gehalten.

Die Zusammenarbeit von Herrn Evers mit seinen Kollegen ist immer sehr erfreulich, anregend und gewinnbringend, auch wegen seines hilfsbereiten Wesens und seiner großen Kompetenz in Strukturfragen.

288 J. Evers, L. Moeckl, G. Oehlinger, R. Koeppe, H. Schnoeckel, O. Barkalov, S. Medvedev, P. Naumov, *Inorg. Chem.* **2017**, *56*, 372 – 377.

289 J. Evers, M. Muensterkoetter, G. Oehlinger, K. Polborn, B. Sendlinger, J. Less, *Common Metals* **1990**, *162*, L17 – L22.

290 J. Evers, W. Beck, M. Goebel, S. Jakob, P. Mayer, G. Oehlinger, M. Rotter, T. M. Klapoetke, *Angew. Chem., Int. Ed.* **2010**, *49*, 5677 – 5683.

291 J. Evers, B. Krumm, Q. J. Axthammer, J. Martens, P. Blaha, F. X. Steemann, T. Reith, P. Mayer, T. M. Klapötke: Molecular Structure of Isocyanic Acid, the Imide of Carbon Dioxide. *J. Phys. Chem. A* **2018**, *122*, 3287 – 3292.

292 J. Evers, C. Herzog, L. Möckl, C. von Plotho, P. Stallhofer, R. Staudigl: Vom Spreeknie ins Silicon Valley – Vor 100 Jahren entdeckte Jan Czochralski die Einkristallzucht aus der Schmelze. *Chem. Unserer Zeit* **2016**, *50*, 410 – 416. — J. Evers, P. Kluefers, R. Staudigl, P. Stallhuber: Czochralski's creative mistake – A milestone on the way to the Gigabit era. *Angew. Chem., Int. Ed.* **2003**, *42*, 5684 – 5609.

293 J. Evers, L. Möckl: Mit logischer Schärfe und systematischer Unbeugsamkeit: Wichard von Moellendorf (1881 – 1937). *Chem. Unserer Zeit* **2015**, *49*, 236 – 247.

294 J. Evers, L. Möckl, H. Nöth: Der Wittelsbacher und der Hope-Diamant. Optische Untersuchungen klären ein Rätsel. *Chem. Unserer Zeit* **2012**, *46*, 356 – 364.

9.16 Wolf Peter Fehlhammer (* 1939)

Wolf Peter Fehlhammer wurde am 9. September 1939 in München geboren. Er begann im WS 1959/60 das Chemiestudium an der Technischen Hochschule München. Von Mai 1966 bis Juni 1968 fertigte er bei Privatdozent Wolfgang Beck seine Doktorarbeit an mit dem Thema „Spektroskopische Untersuchungen an Pseudohalogeno-Metallverbindungen und Reaktionsweisen komplexer Metallazide"[295] an und wurde am 14. Juni 1968 an der TH München promoviert. Zuvor ist er ab Januar 1968 mit seinem Doktorvater W. Beck, der einen Ruf als o. Professor erhalten hatte, an die Ludwig-Maximilians-Universität München gewechselt. Er war wissenschaftlicher Assistent an der LMU, darauf folgte ein Forschungsaufenthalt (1969/70) bei Professor Lawrence F. Dahl an der University of Wisconsin, Madison, USA, wo er sich u. a. mit der Röntgenstrukturanalyse vertraut machen konnte.[296] Nach der Rückkehr nach München wurde er zum Wissenschaftlichen Assistenten, 1971 zum Akademischen Rat, 1974 zum Oberrat ernannt. Gleich nach seiner Habilitation „Über Metallkomplexe funktioneller Isocyanide"[297] an der LMU im Jahr 1976 nahm er eine Stelle als Wissenschaftlicher Rat an der Friedrich-Alexander-Universität Erlangen-Nürnberg an und wurde dort zum C3-Professor ernannt. Er war Gastprofessor an der Universität Rennes (1980, 1981 und 1990) und an der Pariser Sorbonne (1993 und 1994). 1983 folgte er einem Ruf als o. Professor und Direktor des Instituts für Anorganische und Analytische Chemie an die Freie Universität Berlin. Von 1993 bis zu seinem Ruhestand im Jahr 2004 war er Generaldirektor des berühmten Deutschen Museums in München. 1994 wurde er zum Honorarprofessor an der LMU ernannt.

Die Forschungsarbeiten von Fehlhammer, deren Ergebnisse in ca. 170 Publikationen niedergelegt sind, zeichnen sich durchwegs durch große Originalität aus. Mit leuchtender Phantasie, vielen Ideen und tiefer theoretischer Durchdringung hat Fehlhammer die Komplexchemie der Iso-

295 W. Beck, W. P. Fehlhammer: Reaktionsweisen von Azido-Metall-Komplexen. *Angew. Chem.* **1967**, *79*, 146.

296 W. P. Fehlhammer, L. F. Dahl: Structural Characterization of the $[(N_3)_2Pd(N_3)_2Pd(N_3)_2]^{2-}$ Anion. *J. Am. Chem. Soc.* **1972**, *94*, 3377.

297 W. P. Fehlhammer, *Nachr. Chem. Tech. Lab.* **1982**, *30*, 187.

cyanide und die Reaktionsweisen der koordinierten Isocyanid-Liganden entwickelt. Die ganz eigenständige Fehlhammer-Chemie umfasst die Stabilisierung und Aktivierung von Isocyaniden am Metallzentrum. In verschiedenen Reihen wurde über Komplexe mit neuartigen funktionellen Isocyaniden und deren Reaktionen (32 Publikationen[298]), über Isocyanid-Synthesen am Komplex, Komplexe mit Isocyanid-Brücken (u. a. „Superkomplexe“[299]) Reaktionen am koordinierten Trichlormethylisocyanid-Liganden (8 Arbeiten[300]), die Chemie der Isoblausäure-Komplexe (23 Arbeiten[301]), neue homoleptische Carben-Komplexe (10 Publikationen[302]), Multikomponenten-Reaktionen,[303] metallorganische [3+2] Cycloadditionsreaktionen[304] berichtet.

Weitere interessante Ergebnisse sind die Komplexe mit den Liganden Isodiazomethan.[305] Isodicyan (Cyanoisocyanid), Carbonyldiisocyanid, Trichlormethylisocyanid, dessen Pentacarbonylchrom-Komplex sich als „Goldgrube“ erwies, sowie mit N-isocyaniminophosphoran[306]. Starke Beachtung fanden die homoleptischen Hexacarben-Komplexe. Zusammen

298 A. Völkl, D. Achatz, F. Schoder, G. Zinner, H. Stolzenberg, W. Beck, W. P. Fehlhammer: Metal complexes of functional isocyanides, part 32. Fixation of metallo nitrile ylides and metallo nitrile imines as ligands in transition metal complexes. *Z. Anorg. Allg. Chem.* **2010**, *636*, 1339.

299 St. Schrölkamp, W. Sperber, D. Lentz, W. P. Fehlhammer, *Chem. Ber.* **1994**, *127*, 621.

300 G. Beck, W. P. Fehlhammer, *Angew. Chem.* **1988**, *100*, 1391.

301 Review: W. P. Fehlhammer, M. Fritz: Emergence of a CNH and Cyano Complex Based Organometallic Chemistry. *Chem. Rev.* **1993**, *93*, 1243.

302 R. Fränkel, U. Kernbach, M. Bakola-Christianopoulos, U. Plaia, M. Suter, W. Ponikwar, H. Nöth, C. Moinet, W. P. Fehlhammer: Homoleptic carbene complexes. Part VIII. Hexacarbene complexes. *J. Organomet. Chem.* **2001**, 617–618, 530.

303 U. Kernbach, M. Mühl, K. Polborn, W. P. Fehlhammer, J. Jaouen, *Inorg. Chim. Acta* **2002**, *334*, 45.

304 W. P. Fehlhammer, W. Beck: Azide Chemistry – An Inorganic Perspective, Part II. [3+2] Cycloaddition Reactions of Metal Azides and Related Systems. *Z. Anorg. Allg. Chem.* **2015**, *641*, 1599.

305 W. P. Fehlhammer, F. Schoder, B. Weinberger, H. Stolzenberg. W. Beck, *Z. Anorg. Allg. Chem.* **2009**, *635*, 1367.

306 H. Stolzenberg, B. Weinberger, W. P. Fehlhammer, F. G. Pühlhofer, R. Weiss, *Eur. J. Inorg. Chem.* **2005**, 4263.

mit seinem Doktorvater Wolfgang Beck ist Fehlhammer ein Pionier der Cycloadditionsreaktionen von Metallaziden, die den Huisgen-Reaktionen an die Seite gestellt werden können.[307] Fehlhammer hat in eindrucksvoller Weise die [3+2]-Cycloaditionsreaktionen von Metallonitril-yliden und -iminen weiterentwickelt.[308] Ein Highlight ist der Aufbau von Superkomplexen mit Cyanidopentacarbonylchromat als Ligand.[309] Eine interessante „Geschichte" ist die Aufklärung des sog. „Buffschen Körpers" als Hexa(isoblausäure)Eisen-Komplex $[Fe(CNH)_6]^{2+}$ und ersten homoleptischen CNH-Komplex.[310]

Zusammen mit W. Herrmann und K. Öfele hat Fehlhammer einen sehr wertvollen Beitrag „Metallorganische Komplexverbindungen" zum Handbuch der Präparativen Anorganischen Chemie (Hrg. G. Brauer) verfasst.

Die bedeutsamen Arbeiten von Wolf Peter Fehlhammer zur metallorganischen Chemie wurden durch die Verleihung des Carl-Duisberg-Gedächtnispreises der GDCh (1981) und der Ehrendoktorwürde der Universität Rennes (2000) gewürdigt. Für seine Initiative „Chemistry for Live", ein globales Konzept, um Chemie der Öffentlichkeit nahe zu bringen und in Museen einzuführen,[311] erhielt er 1997 den internationalen Preis „Primo Rovis" von der Trieste International Foundation for Scientific Progress and Freedom. Ihm wurde 2003 der französische Ordre des Palmes Académiques verliehen. Dieser Orden ist eine der höchsten Auszeichnungen in Frankreich für Verdienste um das französische Bildungswesen.

---

307 R. Huisgen, *Angew. Chem.* **1963**, *75*, 604.

308 F. Schoder, U. Plaia, R. Metzner, W. Sperber, W. Beck, W. P. Fehlhammer, *Z. Anorg. Allg. Chem.* **2010**, *636*, 700.

309 M. Fritz, D. Rieger, E. Bär, G. Beck, J. Fuchs, G. Holzmann, W. P. Fehlhammer: Octahedro octahedra and tetrahedra. *Inorg. Chim. Acta* **1992**, 198 - 200, 513.

310 D. Rieger, F. E. Hahn, W. P. Fehlhammer, *J. Chem. Soc., Chem. Commun.* **1990**, 256.

311 W. P. Fehlhammer, *Nachr. Chem. Tech. Lab.* **1999**, **47**, 667.

9.17 Ernst Otto Fischer (1918–2007)

Abb. 9.10. Ernst Otto Fischer.

Ernst Otto Fischer wurde am 18. November 1918 in München-Solln geboren als Sohn von Karl Tobias Fischer, Professor für Physik an der Technischen Hochschule München. Nach dem Abitur am Theresien-Gymnasium in München wurde er zum Arbeits- und Militärdienst eingezogen. Er konnte im WS 41/42 einige Monate Chemie an der TH München studieren. Nach Kriegsgefangenschaft konnte Fischer 1946 sein Chemiestudium fortsetzen (zunächst mit Arbeiten zum Wiederaufbau der TH) und wurde 1952 bei Walter Hieber an der TH mit einer Arbeit über „Der Mechanismus von Kohlenmonoxid-Reaktionen mit Nickel(II) Salzen in Gegenwart von Dithioniten und Sulfoxylaten" promoviert.[312] Er hatte bereits einen Vorvertrag für eine Anstellung bei der Wacker-Chemie, wurde aber von seinem Lehrer Hieber davon überzeugt, die akademische Laufbahn einzuschlagen. Dazu hat sicher eine Publikation von Peter Pauson in *Nature* über Dicyclopentadienyleisen beigetragen. Fischer und sein erster Mitarbeiter Reinhard Jira kamen rasch aufgrund der großen Stabilität dieser Verbindung zur Überzeugung, dass die vorgeschlagene Struktur mit Eisen-Kohlenstoff-Einfachbindung nicht stimmen konnte. Fischer und Pfab stellten 1952 die „Doppelkegelstruktur" für Dicyclopentadienyleisen auf.[313] Fischer und Jira berichteten 2001 „How metallocene chemistry and research began in Munich".[314] Die „Sandwich"-Struktur von Dicyclopentadienyleisen wurde unabhängig und gleichzeitig von Geoffrey Wilkinson und Kollegen vorgeschlagen, die den Eisen-Komplex nun Ferrocen nannten.[315] Diese Pionierarbeiten führten schließlich zur Verleihung des Nobelpreises an Fischer und Wilkinson (1973).

Schon zwei Jahre nach der Promotion konnte sich E. O. Fischer 1954 an der TH München mit dem Thema „Metallverbindungen des Cyclo-

312 W. Hieber, E. O. Fischer, *Z. Anorg. Allg. Chem.* **1952**, *269*, 292, 308.

313 E. O. Fischer, W. Pfab, *Z. Naturforsch.* **1952**, *7b*, 377.

314 E. O. Fischer, R. Jira, *J. Organomet. Chem.* **2001**, 637–639, 7.

315 G. Wilkinson, M. Rosenblum, M. C. Whiting, R. B. Woodward, *J. Am. Chem. Soc.* **1952**, *74*, 2125.

pentadiens und Indens“ habilitieren. Die Entdeckung des mit Ferrocen isoelektronischen Dibenzolchroms (mit Walter Hafner, dem die Synthese gelang und mit Erwin Weiss, der die Struktur röntgenographisch bestimmen konnte)[316] machte Fischer international weithin bekannt und so wurde er 1957 als a. o. Professor an die Ludwig-Maximilians-Universität München berufen, wo er weiter sehr erfolgreich über Cylopentadienyl- und Aromaten-Komplexe forschen konnte An der Universität München hatte er viele fähige Doktoranden (22), die besonders in Organischer Chemie durch Huisgens Schule hervorragend ausgebildet waren und die viele schöne Arbeiten zu Fischers Forschung beitragen konnten und später auf Lehrstühle berufen wurden: R. D. Fischer (Hamburg), H. Keller (Heidelberg), G. E. Herberich (Aachen), H. Brunner (Regensburg), J. Müller (TU Berlin) oder die in der Wirtschaft (z. B. F. J. Kohl) oder bei der DFG (H. H. Lindner) erfolgreich waren.

Nach Ablehnung eines überaus ehrenvollen Rufs an die Universität Jena als Nachfolger des großen Pioniers in der Metallorganischen Chemie Franz Hein wurde Fischer zum Persönlichen Ordinarius an der LMU ernannt (1959) und zur Abwendung eines Rufs an die Universität Marburg wurde die Ausstattung von Etat- und Personalmitteln für seine Forschung erhöht. Im Jahr 1964 erreichte ihn der Ruf an die Technische Hochschule München als Nachfolger seines akademischen Lehrers und des großen Forschers der Metallcarbonyl-Chemie Walter Hieber, was er nicht ablehnen konnte. Fischer, der die metallorganische Chemie und Koordinationschemie an der LMU begründet hatte, war an der LMU hochgeschätzt und sein Weggang wurde von den Kollegen außerordentlich bedauert (Dekan H. Merxmüller).

Die Fakultät für Chemie und Pharmazie der Universität München hat E. O. Fischer 1972 die Ehrendoktorwürde verliehen. Im Oktober 1973 hat der damalige Dekan der Fakultät Chemie und Pharmazie Wolfgang Beck, E. O. Fischer zum Nobelpreis gratuliert und seine Freude darüber geäußert, dass seine Fakultät mit der Ehrendoktorwürde an Fischer dem Nobelpreis zuvorgekommen ist. In der Zeit von E. O. (wie er genannt wurde) an der TH München wurden durch die Entdeckung der „Fischer-Carben- und

316 E. O. Fischer, W. Hafner: *Z. Naturforsch.* **1955**, *10 b*, 655. — E. Weiss, E. O. Fischer, *Z. Anorg. Allg. Chem.* **1956**, *286*, 142.

Carbin-Komplexe weitere Meilensteine für die metallorganische Chemie gelegt. Die Pionierarbeiten über Carben-Komplexe führten letztlich zum Verständnis wichtiger Katalyseprozesse z. B. in den Händen seines Nachfolgers an der Technischen Universität Wolfgang A. Herrmann. Für die Entwicklung der durch Carben-Komplexe katalysierten Olefin-Metathese wurde 2005 der Nobelpreis an Y. Chauvin, R. H. Grubbs und R. R. Schrock verliehen.

Im Jahr 1985 wurde Fischer emeritiert. Nach seiner Emeritierung hat er häufig die Anorganischen Kolloquien an der Universität München in der Meiserstr. und die anschließenden Nachsitzungen besucht, an die die Kollegen gerne zurückdenken, vor allem an seinen Ausspruch „Es ist eine Lust, zu leben". Er ist am 23. Juli 2007 in München gestorben.

Anlässlich des 100. Geburtstags von Ernst Otto Fischer hat die Deutsche Post 2018 eine 70-Cent-Briefmarke mit seinem Portrait und mit der Struktur von Dibenzolchrom sowie eine Münze herausgebracht. Im Oktober 2018 hat der Präsident der TU München Wolfgang A. Herrmann ein Symposium und ein Fischer-Gedenkolloquium veranstaltet und eine eindrucksvolle Rede auf E. O. Fischer gehalten.

Über Ernst Otto Fischer gibt es eine umfassende Biographie, vor allem von seinem Nachfolger an der Technischen Universität Wolfgang A. Herrmann.[317]

9.18 Heinz Peter Fritz (1930–2007)

Heinz Peter Fritz wurde in Wilkinsburg, Pa., USA, geboren. Er studierte ab WS 1949/50 Chemie an der Technischen Hochschule München und wurde 1958 mit einer Arbeit über Darstellung und infrarotspektrosko-

317 E. O. Fischer – *Biographical, Nobel Lectures Chemistry 1971–1980* (Ed.: T. Frängsmyr). World Scientific, Singapore, **1993**. — W. A. Herrmann, *Naturwiss. Rundsch.* **1988**, *41*, 442. — W. A. Herrmann, TUM-Mitteilungen 1988/89, H. 1, 27. — W. A. Herrmann, *J. Organomet. Chem.* **2003**, *684*, 1. — W. A.Herrmann, *Z. Anorg. Allg. Chem.* **2012**, 1245. — W. A. Herrmann, *TUM-Mitteilungen* **2007**, *4*, 74. — W. A. Herrmann, *Angew. Chem., Int. Ed.* **2007**, *46*, 6578. — W. A. Herrmann, *Nature* **2007**, *449*, 156. — H. Nöth: *Bayerische Akademie der Wissenschaften, Jahrbuch* **2007**, 162. — H. Werner: *Angew. Chem.* **2012**, *124*, 6156. — H. Werner, *Landmarks in Organo-Transition Metal Chemistry*. Springer, Heidelberg, **2009**.

pische Untersuchungen an metallorganischen Verbindungen bei Ernst Otto Fischer an der TH München promoviert.[318] Er folgte seinem Lehrer E. O. Fischer an die Ludwig-Maximilians-Universität München und hat sich dort 1962 mit einer grundlegenden Arbeit über „Schwingungsspektren von cyclischen Systemen $(CH)_x$ und ihren Metallverbindungen"[319] habilitiert. Er wurde 1964 zum Universitätsdozenten (H1) an der Universität München ernannt. Nach Ablehnung eines Rufs an die Universität Stuttgart wurde er 1968 auf den neugeschaffenen Lehrstuhl II für Anorganische Chemie an der Technischen Universität München berufen. In diesem Jahr feierten Heinz-P. Fritz und Wolfgang Beck mit ihren Frauen in einem schönen Lokal gemeinsam ihre Berufung an die Münchner Universitäten (TUM bzw. LMU).

Abb. 9.11. Heinz Peter Fritz.

In seinen Forschungsarbeiten, die in 260 Publikationen niedergelegt sind, standen zunächst die spektroskopischen Untersuchungen (IR-, UV, NMR-, Kernquadrupol-, EPR-Spektren) an metallorganischen Komplexen im Mittelpunkt seines Interesses.[320] Auf diesem Gebiet wurde Fritz zu einem großen Experten und brachte mit seinen Mitarbeitern zahlreiche Publikationen heraus.[321] Anschließend wurde er zu einem der Pioniere in der neuen „Bioanorganischen Chemie" und er befasste sich mit der Synthese und der Charakterisierung von Komplexen mit biologisch relevanten Liganden.[322] So wurden beispielsweise Komplexe mit cytotoxischen Liganden[323] studiert. Seit 1972 bis zu seiner Emeritierung galt sein besonderes und intensives Interesse der Elektrochemie mit der Entwick-

318 H. P. Fritz, *Chem. Ber.* **1959**, *92*, 780.

319 Beispielsweise H. P. Fritz, *Z. Naturforsch.* **1961**, *16b*, 415.

320 H. P. Fritz, H. J. Keller, K. E. Schwarzhans, *J. Organomet. Chem.* **1968**, *13*, 505.

321 H. P. Fritz, H. J. Keller, K. E. Schwarzhans, *J. Organomet. Chem.* **1969**, *19*, 449.

322 F. Frimmel, H. P. Fritz, *Z. Naturforsch.* **1970**, *25b*, 57. — R. Berger, H. P. Fritz, *Z. Naturforsch.* **1972**, *27b*, 608.

323 Beispielsweise H. P. Fritz, G. Hierl, *Z. Naturforsch.* **1971**, *26b*, 476. — H. P. Fritz, F. Tiedt, *Z. Naturforsch.* **1973**, *28b*, 176. — H. P. Fritz, O. Stetten, *Z. Naturforsch.* **1972**, *27b*, 1457.

lung neuer Elektroden,[324] von neuen Elektrolyten,[325] von Hochleistungsbatterien,[326] von leitenden organischen Polymeren.[327] Diese Arbeiten führten auch zu Patentanmeldungen. Auch eine Reihe von elektrochemischen Synthesen wurde beschrieben.[328] Fritz war viele Jahre Herausgeber der *Zeitschrift für Naturforschung B*. H. P. Fritz ist am 11. August 2007 in München gestorben. Er war ein hoch engagierter, gütiger, sehr beliebter Lehrer und ein liebenswerter, hoch geschätzter Kollege. Eine ganze Reihe seiner Doktoranden ist ihrem Vorbild gefolgt und hat mit großen Erfolg die akademische Laufbahn eingeschlagen.[329] Ein Nachruf auf H. P. Fritz wurde von seinem Schüler F. H.Köhler verfasst.[330]

9.19 Klaus Gollnick (1930–1993)

Klaus Gollnick wurde am 18. März 1930 in Berlin-Spandau geboren. Von 1950 bis 1957 studierte er Chemie an der Universität Göttingen, auch als Stipendiat der Studienstiftung des Deutschen Volkes. 1959 folgte er seinem Doktorvater Günther Otto Schenck an das Max-Planck-Institut für Kohlenforschung, Abteilung Strahlenchemie, in Mülheim an der Ruhr. Er wurde 1962 mit einer Arbeit über „Chemismus und Kinetik der durch Xanthenfarbstoffe photosensibilisierten O_2-Übertragungen" promoviert. Von 1962 bis 1966 war er Arbeitsgruppenleiter am Max-Planck-Institut,

324 E. Theodoridou, J. O. Besenhard, H. P. Fritz, *J. Electroanalyt. Chem. Interface Electrochem.* **1981**, *124*, 87.

325 H. P. Fritz, K. Stein, *J. Power Sources* **1992**, *37*, 315.

326 H. P. Fritz, J. O. Besenhard in *Elektrochemische Energietechnik - Entwicklungsstand Aussichten* (Eds.: H. Rickert, G. Holzapfel). Bonn, **1981**, 44.

327 H. P. Fritz, K. Stein: New Polymeric Mat. 1992, 47, 614. — H. P. Fritz, K. Stein, *Angew. Makromol. Chem.* **1991**, *193*, 65.

328 H. P. Fritz, R. Bruchhaus, R. Mews, H. U. Höfs, *Z. Anorg. Allg. Chem.* **1985**, *525*, 214.

329 J. O. Besenhard (Münster, Graz), P. K. Burkert (München), D. Sellmann (Erlangen), F. Frimmel (Karlsruhe), H. J. Keller (Heidelberg), F. H. Köhler (München), B. Lippert (Dortmund), K. E. Schwarzhans (Innsbruck).

330 F. H. Köhler, *TUM Mitteilungen* **1999 / 2000**, H. 4, 44. — *TUM campus* **2008**, H. 1, 74.

von 1966 bis 1968 Gastprofessor (Visiting Associate Professor) an der Universität von Arizona in Tucson.

1969 hat sich Gollnick an der LMU habilitiert. Er wurde 1970 zum Universitätsdozenten und 1971 zum Abteilungsvorstand und Professor (als Nachfolger von Friedrich Klages) ernannt. Im WS 1970/71 und im SS 1971 war er mit der Wahrnehmung des o. Lehrstuhls für Theoretische Chemie an der LMU betraut. Aufgrund seiner hervorragenden und außergewöhnlichen wissenschaftlichen Leistungen und in Anerkennung seiner Zeit als Associate Professor in den USA wurde ihm 1974 vorzeitig der Titel „außerplanmäßiger Professor" verliehen. Im Jahr 1978 wurde er C3-Professor an der LMU. Gollnick war ein international hoch angesehener Photochemiker; er wurde häufig zu Vorträgen auf internationalen Tagungen eingeladen. In der Fakultät war er hochgeschätzt und es war immer eine Freude, wenn man ihm begegnete. Er ist nach längerer Krankheit früh, am 27. Oktober 1993, gestorben.

Die Forschungsinteressen von Klaus Gollnick umfassten die mechanistische und präparative Photochemie, im besonderen direkte und indirekte Photooxygenierungsreaktionen (Reaktionen mit Singulett-Sauerstoff), sowie die Photochemie von Schwefelverbindungen und von Naturstoffen wie Terpenen.Von Axel Griesbeck (Professor an der Universität Köln), der eine Reihe von Publikationen mit Gollnick herausgebracht hat, wurden die bedeutenden wissenschaftlichen Leistungen seines Doktorvaters umfassend und kompetent wie folgt gewürdigt:

„Herr Gollnick hat sich bereits in seiner Doktorarbeit, die er in der Arbeitsgruppe von Günther Otto Schenck in Göttingen anfertigte und 1962 abschloss, mit Photooxygenierungsreaktionen beschäftigt.[331] Zu jener Zeit war die Natur des elektronisch angeregten Sauerstoffmoleküls, welches bei diesen Reaktionen auftritt, noch stark umstritten und die Aufklärung der Struktur dieses Teilchens ein weltweit stark bearbeitetes Problem. Als Arbeitsgruppenleiter am Max-Planck-Institut für Kohlenforschung in Mülheim setzte Gollnick die Untersuchungen zur Photooxygenierung von natürlich vorkommenden ungesättigten Verbindungen fort. Eine Reihe von Arbeiten resultierten aus der Zeit nach 1963, die sich mit der photochemischen Übertragung von Sauerstoff auf Terpenen, wie z. B.

331 G. O. Schenck, K. Gollnick, *Pure and Appl. Chem.* **1964**, *9*, 507.

Verbindungen aus der Caranreihe und der Menthanreihe beschäftigen.[332] Diese Untersuchungen, die auch thermische Umwandlungsreaktionen von Terpenen und Terpenoiden einschließen, sind beeindruckende Beispiele für die Aufklärung komplexer Produktgemische und stereochemischer Fragestellungen. Ein besonders häufig vorkommender Reaktionstyp, der der En-Reaktion, tritt in den folgenden Jahren in den Vordergrund experimenteller und theoretischer Arbeiten. Während seines Aufenthalts an der Universität von Arizona in Zucson 1966–1967 entsteht ein Übersichtsartikel über [4+2]-Cycloadditionsreaktionen mit elektronisch angeregten Sauerstoff[333] und aus dieser Zeit stammt auch ein fundamentaler Artikel über den Ablauf photosensibilisierter Oxygenierungen.[334] Diese 1968 erschienene Publikation gehört noch heute zu den am häufigsten zitierten Arbeiten über die Grundlagen dieser Reaktion. Nach der Rückkehr aus den USA kommt zu den laufenden Untersuchungen zur Photooxygenierung ein neues Arbeitsgebiet hinzu, die Photochemie von Schwefelverbindungen, insbesondere von Kohlenoxysulfid[335] und organischen Sulfoxiden.[336] Diese analytisch sehr anspruchsvollen Arbeiten werden von Überlegungen zur Photophysik der angeregten Zustände begleitet und führen zu einer Reihe von Zusammenarbeiten mit anderen Wissenschaftlern am Max-Planck-Institut in Mülheim.[337] Gleichzeitig werden Versuche zur Umsetzung von einfachen Aminen sowie komplexen Alkaloiden mit elektronisch angeregtem Sauerstoff durchgeführt,[338] die 1972 in der Veröffentlichung einer neuen Demethylierungsmethode von Alkaloiden münden.

332 K. Gollnick, *Tetrahedron Lett.* **1966**, 327. — K. Gollnick, G. Schade, *Tetrahedron Lett. Chem.* **1966**, 2335. — K. Gollnick, G. Schade, *Liebigs Ann. Chem.* **1969**, *721*, 133.

333 K. Gollnick, *Adv. Photochem.* **1968**, *6*, 1. — K. Gollnick, G. O. Schenck in *1,4-Cycloaddition Reactions* (Ed.: J. Hamer). Academic Press, New York. **1967**.

334 K. Gollnick, *Adv. Chem. Ser.* **1968**, *77*, 78.

335 K. Gollnick, E. Leppin, *J. Am. Chem. Soc.* **1971**, *93*, 2848. — E. Leppin, K. Gollnick, *Molecular Photochem.* **1970**, *2*, 177.

336 K. Gollnick, H. U. Stracke, *Pure and Appl. Chem.* **1973**, *33*, 217.

337 P. Potzinger, H. U. Stracke, W. Kuepper, K. Gollnick, *Z. Naturforsch* **1975**, *30a*, 340.

338 J. H. Lindner, H. Kuhn, K. Gollnick, *Tetrahedron Lett.* **1972**, 1705. — K. Gollnick, J. E. H. Lindner, *Tetrahedron Lett.* **1973**, 1903.

Ebenfalls in diese Zeit fallen erste Versuche zur Erzeugung und Umsetzung von atomar angeregtem Sauerstoff und Schwefel[339] sowie zur Darstellung des molekularen angeregten Sauerstoffs durch Mikrowellenentladung von Kohlendioxid.[340] Diese verschiedenen Forschungsgebiete setzte Herr Gollnick auch nach seinem Wechsel an die Universität München fort. Hinzu kommen nun auch Arbeiten über Cycloadditionen von Thiophenen und Dihydrothiophenen[341] sowie zur Synthese von 1,4-Dithiinen und deren Reaktionen mit Dienophilen.[342] Mehrere Übersichtsartikel resultieren aus dieser Zeit; so erscheint 1979 eine Darstellung der En-Reaktion von Singulett-Sauerstoff, die wegen ihrer Klarheit und Umfassenheit lange Zeit die meist zitierte Stelle auf diesem Gebiet bleibt.[343] Neben mechanistischen Arbeiten rücken auch synthetische Fragestellungen in den Vordergrund. In einer Reihe von Veröffentlichungen werden zwischen 1980 und 1988 die Primärprodukte der Photooxygenierung von cycclischen und acyclischen Dienen[344] sowie Monoolefinen[345] beschrieben. Viele dieser Verbindungen konnten zum ersten Mal isoliert werden, nachdem deren Existenz lange vorher postuliert, aber als äußerst instabil betrachtet wurden. Die Rolle von Elektronen-Transfer-Prozessen wurde von Gollnick früh erkannt.[346] Eine detaillierte kinetische Analyse erscheint im Jahr 1986,[347] nachdem eine entsprechende ausführliche Analyse der Oxydationsreaktionen mittels Singulett-Sauerstoff bereits vier Jahre früher publiziert wurde. Elektronen-Transfer-Oxidationen werden in den folgenden Jahren mit Vertretern verschiedener Substanzklassen beobachtet und kinetisch

339 K. Gollnick, E. Leppin, *J. Am. Chem. Soc.* **1970**, *92*, 2217. — E. Leppin, K. Gollnick, *Chem. Ber.* **1970**, *103*, 2571.

340 K. Gollnick, G. Schade, *Tetrahedron Lett.* **1973**, 1903.

341 K. Gollnick, H. U. Stracke, *Chem. Ber.* **1973**, *106*, 674.

342 K. Gollnick, H. Hartmann, *Tetrahedron Lett.* **1982**, *23*, 2651.

343 K. Gollnick, H. J. Kuhn, *Organic Chemistry* **1979**, *40*, 287 (Singlet Oxygen).

344 K. Gollnick, A. Griesbeck, *Angew. Chem.* **1983**, *95*, 751. — K. Gollnick, A. Griesbeck. *Tetrahedron Lett.* **1983**, *24*, 3303. — K. Gollnick, A. Griesbeck, *Tetrahedron Lett.* **1984**, *40*, 3235. — K. Gollnick, A. Griesbeck, *Tetrahedron Lett.* **1984**, *25*, 4921. — K. Gollnick, A. Griesbeck, Tetrahedron, 1985, 41, 2057.

345 K. Gollnick, A. Griesbeck, *Tetrahedron Lett.* **1984**, *25*, 725.

346 K. Gollnick, A. Schnatterer, *Tetrahedron Lett.* **1984**, *25*, 185.

347 K. Gollnick, A. Schnatterer, *Photochem. Photobiol.* **1986**, *43*, 365.

analysiert. Besonders bemerkenswerte Ergebnisse liefern die Elektronen-Transfer-Oxydationen mit hochgespannten polycyclischen Alkanen und polyarylsubstituierten Alkenen und Allenen.[348] Gerade das immer wieder aufgezeigte Zusammenspiel aus Synthese und reaktionskinetischer Analyse liefert eine Vielzahl von wichtigen Ergebnissen für das zurzeit hochaktuelle Gebiet der Elektronentransferprozesse. Die besondere Beziehung zur physikalischen Chemie, die Herr Gollnick in seinen Arbeiten aufweist, wird vielleicht am deutlichsten bei der Entwicklung photoakustischer Messmethoden. Diese Techniken, die in den letzten Jahren außerordentlich an Bedeutung gewonnen haben, wurden Ende der sechziger Jahre am Max-Planck-Institut in Mülheim von Herrn Gollnick mitentwickelt. Eine fundamentale Arbeit stammt aus dem Jahre 1968 und wurde als Würdigung 1982 im *Journal of Photoacoustics* erneut abgedruckt.[349]

Dass Herr Gollnick zu der kleinen Gruppe international angesehener Photochemiker gehört, wird auch aus der Tatsache ersichtlich, dass er lange Zeit Mitherausgeber der Zeitschrift *Advances in Photochemistry* war."

9.20 Rudolf Gompper (1926–1999)

Rudolf Gompper wurde am 12. Februar 1926 in Stuttgart geboren. 1944 wurde er zum Wehrdienst eingezogen und kam 1945 als Unteroffizier einer Fallschirmjägereinheit in englische Gefangenschaft, aus der er im August 1945 entlassen wurde. Im Februar 1946 konnte er das Chemiestudium an der Technischen Hochschule Stuttgart aufnehmen; er wurde 1953 bei Hellmut Bredereck mit einer Arbeit über „Reaktionen des Formamids mit Halogenverbindungen und Synthesen in der Oxazolreihe“ promoviert. 1958 hat er sich mit einer Arbeit „Zur Struktur und Reaktivität der Carbonsäureamide“ habilitiert und wurde 1964 zum apl. Professor ernannt. Ein Jahr später folgte er einem Ruf als Extraordinarius für Organische Chemie an die Universität München, und wurde 1968

348 K. Gollnick, X. L. Xiao, *J. Org. Chem.* **1990**, *55*, 5945. — K. Gollnick, S. Held. *J. Photochem. Photobiol. A* **1993**, *70*, 135. — K. Gollnick, A. Schnatterer, G. Utschick, *J. Org. Chem.* **1993**, *58*, 6049. — K. Gollnick, G. Wellnhofer, *J. Photochem. Photobiol.* **1993**, *74*, 137.

349 E. Heye, K. Gollnick, *J. Photoacoustics* **1982**, *1*, 1.

zum ordentlichen Professor und Vorstand des Instituts für Organische Chemie ernannt (gemeinsam mit Rolf Huisgen). Im Jahr 1969 erhielt er ehrenvolle Rufe an die Technische Hochschule Hannover und an die Universität Frankfurt, die er ablehnte. Im Zuge der Rufabwendungsverhandlungen konnte er eine wesentliche Verbesserung der Ausstattung des Instituts erreichen. 1975/76 war er Dekan der Fakultät für Chemie und Pharmazie. Er wurde 1994 emeritiert und hat anschließend noch zwei Jahre seinen Lehrstuhl vertreten.

Rudolf Gompper war ein ungewöhnlich origineller „Organiker" mit großem Wissen und tiefem Verständnis. Bei Doktorprüfungen seiner Doktoranden waren die mitwirkenden Kollegen immer erstaunt, wie viel Gespür Gompper für mögliche Reaktionen demonstrierte. Anlässlich der Verleihung des Verdienstkreuzes 1. Klasse der Bundesrepublik Deutschland an Gompper im Jahr 1996 hat sein Kollege Wolfgang Steglich seine Arbeiten wie folgt gewürdigt:

> „Professor Gompper hat sich in besonderem Maße um Forschung und Lehre verdient gemacht. Seine Vorlesungen über ‚Theoretische Organische Chemie' in Stuttgart und über ‚Spezielle Organische Chemie' in München übten immer magnetische Anziehungskraft auf die Studenten aus. Unter seiner Anleitung wurden mehr als 120 Doktoranden promoviert, wobei er größten Wert auf die Hinführung der Mitarbeiter zum selbständigen Arbeiten legte. Dies machte seine Schüler in der Industrie sehr begehrt, und es verwundert daher nicht, dass man heute vielerorts ‚Gompper-Schüler' in führenden Positionen in der Industrie und in der Verwaltung antrifft. Dabei hat er seine didaktische Begabung und seine Originalität bei Fortbildungskursen an Hochschulen und in der Industrie zur Verfügung gestellt".

Gompper leistete wichtige Beiträge zum Verständnis chemischer Reaktionen und erstellte Regeln zur Reaktivität ambifuntioneller Verbindungen.[350] Seine glänzenden Arbeiten über Donor-Akzeptor-Wechselwirkungen in π-Systemen machten ihn rasch international bekannt.[351] Besonderes Aufsehen erregte die Synthese des ersten stabilen Cyclobutadiens, die in

350 R. Gompper, H.-U. Wagner, *Angew. Chem.* **1976**, *88*, 389.

351 R. Gompper, *Bull. Soc. Chim. Belg.* **1983**, *92*, 781.

Lehrbücher eingegangen ist.[352] Mit Hilfe der „Gompper-Reaktion" lassen sich aus CH-aciden Verbindungen mit Schwefelkohlenstoff leicht Keten-S,S-acetale erzeugen, um deren Erforschung er sich bleibende Verdienste erworben hat.[353] Seine fundamentalen Untersuchungen über den Einfluss elektronischer Effekte auf π-Systeme haben heute große Aktualität erlangt, da sie erlauben, im Sinne des „material design" Stoffe herzustellen, die gezielt ganz besondere Eigenschaften haben. Aus diesem Verständnis der Zusammenhänge zwischen chemischer Struktur und Materialeigenschaften konnte er mit seinen Mitarbeitern wichtige Erkenntnisse für die nichtlineare Optik,[354] für organische Magnete[355] und Schalter und für die Elektrolumineszenz[356] gewinnen.

Gompper hat durch seine bedeutenden Arbeiten zum Ansehen der deutschen Chemie nach dem Kriege beigetragen. Seine Aktivität hat zu mehreren fachübergreifenden Sonderforschungsbereichen und Kooperationen mit anderen Hochschulen und mit der Industrie geführt, die von ihm intensiv weiter verfolgt wurden. Gompper hat als einziger Lehrstuhlinhaber für Organische Chemie in Bayern das Gebiet der Materialwissenschaften hervorragend vertreten und sich damit besondere Verdienste erworben.

Sein Schriftenverzeichnis umfasst 263 Arbeiten. In den letzten Jahren seines Wirkens stellte er u. a. mit seinen Mitarbeitern neuartige elektrisch leitende organische Polymere vor.[357] Mehrere seiner Schüler haben sehr erfolgreich die akademische Laufbahn eingeschlagen (R. R. Schmidt, Universität Konstanz, T. J. Müller, Universität Düsseldorf, R. Weiss, Universität Erlangen).

352 R. Gompper, G. Seybold, *Angew. Chem., Int. Ed.* **1968**, *7*, 824. — R. Gompper, S. Mensch, G. Seybold, *Angew. Chem.* **1975**, *87*, 711.

353 Beispielsweise : R. Gompper, W. Toepf. *Chem. Ber.* **1962**, *95*, 2961. — R. Gompper, R Schmidt, *Angew. Chem.* **1962**, *74*, 780. — R. Gompper, W. Elser, *Liebigs Ann. Chem.* **1969**, *725*, 64.

354 R. Gompper, P. Walther, *Tetrahedron* **1996**, *52*, 14607.

355 R. Gompper, J. Hock, K. Polborn, E. Dormann, H. Winter, *Adv. Mat.* **1995**, *7*, 41.

356 R. Gompper, S. Brandl, H.-J. Mair, *Eur. Pat. Appl.* **1996**, EP 690052 A2 19960103.

357 T. J. Zimmerman, O. Freundel, R. Gompper, T. J. J. Müller, *Eur J. Org. Chem.* **2000**, 3305. — R. Gompper, T. J. J. Müller, K. Polborn, *J. Mat. Chem.* **1998**, *8*, 2011. — R. Gompper, J. Hock, *Synth. Met.* **1997**, *84*, 339.

Gompper war ein hervorragender Skifahrer und Tennis-Spieler. Über viele Jahre hat er sich mit Wolfgang Beck, Hans-Dieter Stachel und Günter Szeimies jede Woche zum Doppel getroffen

Neben der Chemie galt seine Liebe der Literatur und Philosophie. Seine schwäbisch-humorvolle und liebenswerte Art haben viel zum Zusammenhalt unter den Kollegen und in der Fakultät beigetragen.

Rudolf Gompper ist am 28. März 1999 in München gestorben. Am 16. November 1999 fand an der LMU ein Gedenksymposium mit Vorträgen seiner früheren Doktoranden und Kollegen H.-U. Wagner, J. Stetter, V. Figala, B. Wetzel, G. Seybold und R. R. Schmidt statt.

9.21 Hans Georg Gotthardt (1932–1988)

Hans Gotthardt wurde am 16. Dezember 1932 zu Aussig / Sudetenland geboren. Im Jahr 1946 wurde er nach Greifswald / Ostsee ausgesiedelt und 1950 folgte die Flucht in die BRD. Von 1951 - 1957 war er Chemielaborant, wobei er 1952 die Gehilfenprüfung an der Industrie-und Handelskammer in München ablegte. Nach einer Sonderreifeprüfung am Oberschulamt in Stuttgart (mit privater Vorbereitung) begann er 1957 an der LMU München das Chemiestudium, das er in Rekordzeit 1963 mit der Doktorarbeit bei Professor Rolf Huisgen über „1,3-Dipolare Cycladditionen der Sydnone“[358] abschloss. Er wurde 1964 zum Wissenschaftlichen Assistenten ernannt und verbrachte für zwei Jahre (1964 / 66) einen Forschungsaufenthalt bei George S. Hammond[359] als Research Fellow und Fakultätsmitglied am California Institute of Technology Pasadena, Kalifornien, USA. 1966 wurde er wieder zum Wiss. Assistenten, 1968 zum Konservator, 1970 zum Akademischen Oberrat und 1973 zum Wissenschaftlichen Rat ernannt, nachdem er sich 1972 habilitiert hatte. Im Jahr

358 R. Huisgen, R. Grashey, H. Gotthardt, R. Schmidt, *Angew. Chem.* **1962**, *74*, 29. — R. Huigen, R. Grashey, H. Gotthardt, *Angew. Chem.* **1962**, *74*, 30. — R. Huisgen, H. Gotthardt. *Chem. Ber.* **1968**, *101*, 536, 552, 829, 839. — R. Huisgen, H. Gotthardt, *Chem. Ber.* **1968**, *101*, 1059.

359 H. Gotthardt, R. Steinmetz, G. S. Hammond: Photolytic Addition of Carbonyl Compounds to Allenes. *Chem. Commun.* **1967**, 480; *J. Org: Chem.* **1968**, *33*, 2774.

1976 folgte er dem Ruf als ordentlicher Professor an die Gesamthochschule Wuppertal. Er ist 1988 im Alter von nur 56 Jahren gestorben.

Gotthardt war einer der besten Experimentatoren aus der großen Schule von Rolf Huisgen.[360] Er hat 21 Publikationen mit seinem Doktorvater herausgebracht. Nach seiner Doktorarbeit war er bei Huisgen sehr erfolgreich mit Studien über die Cycloadditionsreaktionen der „Münchnone", der mesoionischen Oxazolium-5-olate.[361] Mit Beginn seiner selbständigen Forschung konnte Gotthardt diese Chemie durch interessante schwefelhaltige Verbindungen bereichern, durch die Synthese von Oxathiazolium-5-olaten (bzw. deren mesomeren Oxathiazolonen),[362] von Oxathiolylium-olaten (bzw. deren mesomeren Oxathiolonen)[363] sowie von Dithiolylium-olaten (bzw. deren mesomeren Dithiolonen).[364] Diese „neuen Klassen von mesoionischen, aromatischen Verbindungen" und neuen 1,3-Dipole hat Gotthardt mit seinen Mitarbeitern eingehend und sehr erfolgreich studiert, in einer umfangreichen Reihe von [3+2] Cycloadditionsreaktionen (vor allem mit Alkinen), die auch zu neuen Synthesen von Heterocyclen führten. Weitere neue mesoionische Systeme waren die Oxathiolylium-thiolate und Oxazolylium-thiolate.[365] Die Cycloadditionsreaktionen und die organischen Schwefelverbindungen haben Gotthardt nicht losgelassen: So hat er in zahlreichen Publikationen über thermische und photochemische [2+2]-Cycloadditionsraktionen von Thioketonen mit C=C Doppelbindungen unter Bildung der Vierring-Thietane[366] sowie über Reaktionen

360 R. Huisgen: *The Adventure Playground of Mechanisms and Novel Reactions.* Profiles, Pathways, and Dreams (Ed.: J. I. Seeman). ACS, Washington, D. C., **1994**, 103.

361 R. Huisgen, H. Gotthardt, H. O. Bayer, F. C. Schaefer, *Chem. Ber.* **1970**, *103*, 2611. — R. Huisgen. E. Funke, H. Gotthart, H. L. Panke, *Chem. Ber.* **1971**, *104*, 1532.

362 H. Gotthardt, *Chem. Ber.* **1972**, *105*, 188. — H. Gotthardt, *Chem. Ber.* **1972**, *105*, 196.

363 H. Gotthardt, H.-G. Kinzelmann, *Chem. Ber.* **1986**, *119*, 2308. — H. Gotthardt, H. G. Kinzelmann, U. Feist, J. Buddrus, *Chem. Ber.* **1986**, *119*, 2317. — H. Gotthardt, M. C. Weisshuhn, K. Dörhofer, *Angew. Chem.* **1975**, *87*, 416. — H. Gotthardt, S. Schoy-Tribbensee, U. Feist, *Angew. Chem.* **1982**, *94*, 797.

364 H. Gotthardt, B. Christl, *Tetrahedron Lett.* **1968**, 4743. — H. Gotthardt, W. Pfaumbaum, *Chem. Ber.* **1987**, *120*, 61. –H. Gotthardt, M. C. Weisshuhn, B. Christl, *Chem. Ber.* **1976**, *109*, 753.

365 H. Gotthardt, M. Oppermannn, *J. Chem. Soc., Chem. Commun.* **1985**, 1154.

366 H. Gotthardt, *Chem. Ber.* **1974**, *107*, 1856.

von Thionen mit Alkinen[367] berichtet. Er beobachtete eine ungewöhnlich hohe asymmetrische Induktion der photochemischen Oxetan-Bildung durch C=C + C=O Cycloaddition.[368] In seinen letzten Jahren galt sein Interesse den 1,4-dipolaren Cycloadditionen von Pyrimidinium-4-olaten mit Singulett-Sauerstoff[369] und mit C-C Mehrfachbindungssystemen.[370] Er fand neue [4+2]-Cycloadditionsreaktionen von Cumarinderivaten mit 1,3-Dienen.[371] Das Schriftenverzeichnis von Gotthardt umfasst 135 Arbeiten.

9.22 Kurt Hartl (1928–2021)

Kurt Hartl wurde am 25. November 1928 in Regensburg geboren. Nach fünf Jahren am Neuen Gymnasium in Regensburg war Hartl 1944 Flakhelfer und im März 1945 im Reichsarbeitsdienst. Im Juni 1948 legte er die Reifeprüfung in Regensburg ab und begann im WS 1948 das Chemie-Studium an der Phil. Theol. Hochschule Regensburg, wo er 1950 die Diplomchemiker-Vorprüfung und 1952 dann an der Universität München die Diplomchemiker-Hauptprüfung bestand. Im SS 1952 folgte Hartl seinem Lehrer Ulrich Hofmann an die Technische Hochschule Darmstadt und wurde 1958 als Vorlesungsassistent von Hofmann mit einer Arbeit „Zur Chemie der Uranglimmer" promoviert. Im Jahr 1961 ging er mit Ulrich Hofmann an die Universität Heidelberg und hat sich dort 1965 mit einer Arbeit über „Struktur und Eigenschaften einiger Salze primärer Phosphorsäureester" habilitiert. Bereits in Regensburg und in Darmstadt begann seine Zusammenarbeit mit Armin Weiß, der 1965 an die Ludwig-Maximilians-Universität München berufen wurde. Kurt Hartl ist daraufhin 1965 an die LMU München umhabilitiert. Er wurde am Institut für Anorganische Chemie der LMU 1966 zum Universitätsdozenten ernannt. Im Jahr 1980

367 H. Gotthardt, S. Nieberl, J. Dönecke, *Liebigs Ann. Chem.* **1980**, 873. — H. Gotthardt, S. Nieberl, *Tetrahedron Lett.* **1976**, 3563.

368 H. Gotthardt, W. Lenz, *Angew. Chem.* **1979**, *91*, 926.

369 H. Gotthardt, K. H. Schenk, *Tetrahedron Lett.* **1983**, *24*, 4669.

370 H. Gotthardt, J. Blum, *Chem. Ber.* **1987**, *120*, 109, 115. — H. Gotthardt, M. Riegels, *Chem. Ber.* **1988**, *121*, 1143.

371 H. Gotthardt, N. Hoffmann, *Liebigs Ann. Chem.* **1985**, 901.

wurde er C2-Professor C2. Hartl hat vielfälige Aufgaben in der Lehre, besonders für die Erstsemester übernommen. Er war Vertrauensdozent für die BAföG- und Hochbegabten-Stipendiaten. Von seinen Forschungsarbeiten sind zu nennen:

- Die innerkristalline Quellung von Calcium-alkylphosphaten,[372]
- Chemische Reaktionen von Metallcarbiden, -nitriden und -oxiden in der Hochfrequenz-Plasmaflamme,[373]
- Strontium-phosphat-chromat als Hochtemperaturverbindung,[374]
- die Arbeiten über Eigenschaften und Bildung von Natrium-ß-Aluminiumoxid.[375]

Hartl hat sich sehr für die Entwicklung von Geräten interessiert, z. B. für heiße Plasmaflammen, und originelle Themen aufgegriffen wie die mögliche Restaurierung von archäologischen Eisen-Gegenständen durch thermische Behandlung mit Ammoniak oder die Imprägnierung hochporöser Festkörper mit Salzschmelzen zur Wärmespeicherung.

Die Kollegen schätzten Kurt Hartl als liebenswerten Kollegen, mit dem sie lange Jahre vertrauensvoll und harmonisch und erfolgreich zusammenarbeiten konnten. Er war ein besonders treuer und ständiger Besucher der Anorganisch-chemischen Seminare und Vorträge und ist am 25. November 2021 in München gestorben.

372 K. Hartl, A. Weiss, *Z. Naturforsch.* **1961**, *16 b*, 844.

373 K. Hartl, *Chemie Ingenieur Technik* **1967**, *39*, 1253.

374 K. Hartl, R. Braungart, *Z. Naturforsch.* **1978**, *33 b*, 952 – 954.

375 K. Hartl, *Ger. Offen.* **1982**, DE 3118585 A1. *Proc. Int. Conf. Fast Ionic Transport in Solids*, Vol. 5, 283 – 286 (October **1981**).

9.23 Guido R. Hartmann (1929–1992)

Guido Hartmann wurde am 28. April 1929 in Bonn geboren. Er begann 1949 an der Universität München das Chemiestudium, das er 1955 mit der Dissertation „Der katalytische Ozonzerfall im Licht der Elektronentheorie"[376] unter Anleitung von Georg-Maria Schwab abschloss. Von 1955–1958 arbeitete er als wissenschaftlicher Assistent von Feodor Lynen am Max-Planck-Institut für Zellchemie in München über Probleme des Fettsäureabbaus und des Hexosetransports in Hefe. 1958 folgte ein einjähriger Aufenthalt als Research Associate bei Fritz A. Lipmann an der Rockefeller University in New York. Dort galten seine Arbeiten der Aminosäureaktivierung bei der Proteinsynthese.[377] Nach seiner Rückkehr aus den USA im Jahr 1959 war er Assistent am Institut für Biochemie der Universität München und arbeitete bis 1961 an seiner Habilitationsschrift über „Die biologische Bedeutung der Ribonucleinsäuren".[378] Im Jahr 1962 übersiedelte er auf Einladung von Siegfried Hünig an das Chemische Institut der Universität Würzburg und betreute dort als Universitätsdozent die chemische Ausbildung der Medizinstudenten, wobei er ein neues Konzept für die chemische Ausbildung der Medizinstudierenden entwickelte, das in einem Praktikumsbuch mit S. Hünig Niederschlag fand. 1966 lehnte er einen Ruf auf den ordentlichen Lehrstuhl für Biochemie an der Universität Kiel wegen der dortigen unzureichenden Arbeitsbedingungen ab. Im gleichen Jahr übernahm er den neu geschaffenen Lehrstuhl für Biochemie und die Leitung des gleichnamigen Instituts an der Universität Würzburg, richtete dort ein „Biochemisches Praktikum" ein und baute ein breites Lehrangebot in Biochemie für Studierende der Chemie, Biologie und Pharmazie auf. 1973 nahm er den Ruf auf den o. Lehrstuhl für Biochemie II der Universität München an und wurde Kollege von F. Lynen. In den 20 Jahren seiner überaus erfolgreichen Tätigkeit an der Universität München wurde er rasch zu einem der angesehensten Professoren der Fakultät. Seine einzigartigen, großen Tugenden waren sein selbstloses, unbestech-

376 G.-M. Schwab, G. Hartmann: Der katalytische Ozonzerfall I und II. *Z. Physik. Chem. N. F.* **1956**, 6, 56-82.

377 F. Lipmann, G. Hartmann, *J. Cell. and Comp. Physiol.* **1959**, *54*, Suppl. I, 75.

378 G. Hartmann, U. Coy, *Angew. Chem.* **1961**, *73*, 539.

liches, uneigennütziges, ausgleichendes, bescheidenes Wesen. Durch sein vorbildliches, klares und ausgewogenes und faires Urteilsvermögen und seine große Hilfsbereitschaft war er als Ratgeber nicht nur in der Universität sondern auch in ungewöhnlich vielen Gremien, wie z. B. Fonds der Chemischen Industrie, der GDCh, der DFG, bei vielen Stiftungen, hoch geschätzt und anerkannt. Auf seine Initiative wurde der Fonds für Biologische Chemie geschaffen, der die Biochemie in Deutschland großzügig unterstützen konnte. Die Kollegen erinnern sich mit großer Hochachtung an manche Sitzungen, wo die Diskussionen in eine Sackgasse mündeten und Guido Hartmann herbei gebeten wurde, der dann einen klaren und guten Weg wies. Mit außergewöhnlichem Engagement widmete sich Hartmann der fundierten Ausbildung des wissenschaftlichen Nachwuchses und der Intensivierung der Zusammenarbeit zwischen Hochschule und forschender Industrie. So hat er sich sehr um die biochemische Ausbildung der Studierenden an den deutschen Hochschulen gesorgt.[379] Sein früher Tod am 30. Januar 1992 im Alter von 62 Jahren machte alle Angehörigen der Fakultät tief betroffen. Sie erinnern sich auch gerne an einen wunderschönen Tag in Kiefersfelden, als er 1977 als gastfreundlicher Dekan der Fakultät die Kollegen zu Ritterspielen und in seinen Garten eingeladen hatte.

In der Forschung konzentrierte er sich auf molekularbiologische Themen. Insbesondere stand der Mechanismus des Transkriptionsprozesses im Zentrum seiner Arbeiten. Er war ein Pionier und Mitentdecker eines der zentralen Enzyme des Stoffwechsels, der DNA-abhängigen RNA-Polymerase und er hat viele entscheidende Beiträge zur Wirkungsweise der RNA-Polymerase geleistet, auch über die Struktur der RNA-Polymerase.[380] Im Antibiotikum Rifampicin fand er ein für seine Untersuchungen wichtiges Hilfsmittel mit dem es gelang, den Mehrstufen-Transkriptionsprozess in Teilschritte aufzulösen. Mit seinem Namen für immer verbunden sind seine bedeutenden Arbeiten über die Wirkung von Antibiotika auf die RNA-Polymerase. So konnte die Wirkungsweise des Anti-

379 G. R. Hartmann, *Chem. Unserer Zeit* **1989**, *23*, 105.

380 Beispielsweise U. I. Lili, E. M. Kniep-Behrendt, L. Bock, G. R. Hartmann, *Z. Physiolog. Chem.* **1977**, *358*, 1591. — G. R. Hartmann, P. Heinrich, M. C. Kollenda, B. Skobranek, M. Tropschug, W. Weiss, *Angew. Chem.* **1985**, *97*, 1011.

biotikum Rifampicin gegen Tuberkulose-Bakterien als Folge der starken Bindung des Arzneimittels an die DNA-abhängige RNA-Polymerase geklärt werden. Auch befasste sich Hartmann mit der Resistenz von Antibiotika.[381]

Ein weiteres sehr bedeutendes Arbeitsgebiet von Hartmann betraf die Markierung und Lokalisierung der aktiven Zentren von RNA-Polymerasen, das er zusammen mit russischen Kollegen entwickelte. Mit der „method of self-catalyzed affinity labeling" konnten die reaktiven Zentren verschiedener RNA-Polymerasen und auch anderer Enzyme charakterisiert werden.[382] In seiner letzten Publikation hat er den biochemischen Abbau des Cyanamids und die Isolierung des Cyanamid spaltenden Enzyms, der Cyanamid-Hydratase, beschrieben,[383] was in *Chem. Eng. News* viel Beifall fand.

Schließlich soll herausgestellt werden, dass Hartmann nach dem Tod seines Kollegen Feodor Lynen dessen Gesamtwerk in acht Bänden zusammengestellt hat, die in der Bibliothek der Fakultät einzusehen sind.[384]

Diese Ausführungen entstanden in Anlehnung an die sehr eindrucksvolle und bewegende Trauerrede von E.-L. Winnacker am 7. Februar 1992.

381 M. C. Kollenda, D. Kamp, G. R. Hartmann, *Mol. Gen. Genet.* **1986**, *204*, 192.

382 Beispielsweise A. J. Lindner, St. J. Glaser, Ch. K. Biebricher, *Eur. J. Biochem.* **1991**, *202*, 249. — M. A. Grachev, A. A. Mustaev, E. F. Zaichikov, A. J. Lindner, G. R. Hartmann, *FRBS Lett.* **1989**, *250*, 317. — A. R. Schaeffner, E. D. Jorgensen, W. T. McAllister, G. R. Hartmann, *Nucleic Acid Res.* **1987**, *15*, 8773. — M. A. Grachev, G. R. Hartmann, T. G. Maximova, A. Schäffner, A. R. Sieber, E. F. H. Zaychikov, *FEBS Lett.* **1986**, *200*, 287.

383 L. M. Estermaier, A. H. Sieber, F. Lottspeich, D. H. M. Matern, G. R. Hartmann, *Angew. Chem.* **1992**, *104*, 655.

384 G. R. Hartmann: *Feodor Lynen - Sein Werk und Seine Person* (Alle Publikationen, Mitarbeiter, Reden, Laudationes) **1983**. Bibliothek der Fakultät Chemie und Pharmazie, VB 3229.

9.24 Otto Hönigschmid (1878 – 1945)

Abb. 9.12. Otto Hönigschmid.

Otto Hönigschmid wurde am 13. März 1878 in Hořovice bei Prag geboren. Er begann 1897 das Chemiestudium an der Deutschen Karl-Ferdinands-Universität Prag, das er 1901 bei Guido Goldschmiedt mit einem Thema aus der Organischen Chemie abschloss.[385] Von 1904 – 1906 arbeitete er bei dem Nobelpreisträger Henri Moissan an der Sorbonne in Paris über Carbide und Silicide sowie über die Gewinnung von metallischem Thorium.[386] Nach seiner Rückkehr nach Prag hat er sich 1908 an seiner alma mater mit dem Thema Carbide und Silicide[387] habilitiert. Von entscheidender Bedeutung für seine spätere Forschung und Karriere war der Forschungsaufenthalt bei T. W. Richards, ebenfalls Nobelpreisträger, an der Harvard University in Boston, USA, wo er sich mit Methoden zur Bestimmung von Atomgewichten (heute: relative Atommassen) der Elemente vertraut machte und das Atomgewicht von Calcium durch quantitative Analyse von Calciumchlorid bestimmen konnte.[388] Zurück aus den USA, immer noch beurlaubter Assistent und Adjunkt in Prag, gelang es ihm, im Radium-Institut der Kaiserlichen Akademie der Wissenschaften in Wien das Atomgewicht von Radium durch exakte Analyse von $RaCl_2$ und $RaBr_2$ zu bestimmen.[389] Es folgten Atomgewichtsbestimmungen von Uran und Uranblei, von Thorium, Ionium (^{230}Th) und Thoriumblei.[390] Damit begann Hönigschmids große Zeit. Er wurde 1911

385 G. Goldschmiedt, O. Hönigschmid: Über das Methylbetain von Papaverinsäure. *Monatsh. Chem.* **1903**, *24*, 681, 717.

386 H. Moissan, O. Hönigschmid: Präparation von Thorium. *Monatsh. Chem.* **1906**, *27*, 685; *Ann. Chem. Phys.* **1906**, *8*, 182.

387 O. Hönigschmid: *Carbide und Silicide*. W. Kapp, Halle (Saale), **1914**.

388 T. W. Richards, O. Hönigschmid, *Monatsh. Chem.* **1911**, *31*, 1023; *J. Am. Chem. Soc.* **1911**, *33*, 28; **1911**, *32*, 1577.

389 O. Hönigschmid, *Monatsh. Chem.* **1913**, *34*, 283.

390 O. Hönigschmid: Radioelemente. *Ber. Dtsch. Chem. Ges.* **1916**, *49*, 1835. — O. Hönigschmid: *Aus den Erinnerungen eines Chemikers*. Familie Hönigschmid, Privatdruck. — L. Birckenbach, Otto Hönigschmid, *Chem. Ber.* **1949**, *82*, XI. — R. Schwankner: Portrait Otto Hönigschmid mit ausführlicher Würdigung der

zum a. o. Professor, 1915 zum ordentlichen Professor für Anorganische und Analytische Chemie an der Technischen Hochschule Prag ernannt. Im Jahr 1918 wurde er auf Vorschlag von Willstätter an die Universität München berufen und ihm wurde 1922 im „Staatslabor" an der Stelle des alten Liebigschen Hörsaals das „Münchner Atomgewichtslaboratorium" eingerichtet. Nach Ablehnung eines ehrenvollen Rufs nach Aachen wurde er 1922 in München vom Bayerischen Staatsministerium zum (persönlichen) Ordinarius ernannt, da die Fakultät den hochgeschätzten Kollegen unbedingt halten wollten. Nach dem Krieg war er im Jahr 1945 unter schwierigsten Verhältnissen Dekan der Fakultät.

Hönigschmid hat sich in seinen Forschungsarbeiten ganz auf die Bestimmung von Atomgewichten konzentriert und seine ca. 150 Publikationen umfassen die Atomgewichte von 47 Elementen sowie zahlreiche Berichte der Deutschen und Internationalen Atomgewichtskommissionen.[391] Seit 1922 war er Vorsitzender der Deutschen Atomgewichtskommission, die regelmäßig über neue Atomgewichtsbestimmungen informierte. Hönigschmid hat die chemischen Methoden zur Atomgewichtsbestimmung zur höchsten Meisterschaft entwickelt und seine große Experimentierkunst war legendär. Die untersuchten Elementverbindungen mussten zunächst hochreinst dargestellt werden. Es wurden häufig Element-Chloride und -Bromide eingesetzt und aus der quantitativen Analyse von Cl^- oder Br^- (als Silberhalogenid AgX mit nephelometrischer Titration) und dem Verhältnis mg eingesetzte Verbindung / mg AgX ließ sich das Atomgewicht mit den „fundamentalen" Atomgewichten von Chlor [M(Cl)] bzw. Brom und Silber [M(Ag)] berechnen. Z. B. für Tellur[392] mg $TeCl_4$ / mg AgCl = 0,4699 = Atomgew. (Te) + 4 · M(Cl) / 4 · M(AgCl). Atomgew. (Te) = 127,6.

Aus den vielen bedeutenden Arbeiten leuchten hervor: Die experimentelle Bestätigung der von Soddy und Fajans aufgestellten radioaktiven Uran- und Thorium Zerfallsreihen mit den Atomgewichten von Uran, ^{226}Radium, Uranblei ^{206}Pb (siehe Differenz von 20 entsprechend fünf α-

Arbeiten über die Atomgewichtsbestimmungen von Radium. *Chem. Unserer Zeit* **1981**, *15*, 163.

391 O. Hönigschmid: Dreißig Jahre chemischer Atomgewichtsforschung. *Angew. Chem.* **1940**, *53*, 177.

392 O. Hönigschmid, H. Baudrexler, *Z. Anorg. Allg. Chem.* **1935**, *223*, 91.

Zerfällen) sowie von Thorium, Ionium und Thoriumblei ^{208}Pb, der experimentelle Nachweis von Isotopen mit den Atomgewichten von ^{206}Pb und ^{208}Pb, sowie der von Clusius und Dickel getrennten Chlorisotope ^{35}Cl und ^{37}Cl[393] und der Quecksilber- und Kalium-Isotope[394] und damit die Bestätigung der Existenz von Isotopen, die erstmalige Atomgewichtsbestimmung der spät entdeckten Elemente Hafnium[395] und Rhenium,[396] die extrem hohe Genauigkeit der chemisch ermittelten Atomgewichte, die mit den physikalischen aus der Massenspektroskopie hervorragend übereinstimmten. Das Zusammenspiel der chemischen Hönigschmidschen Atomgewichtsbestimmungen mit den aufkommenden massenspektroskopischen Messungen brachte viele neue Erkenntnisse z. B. über neue Isotope.[397] „Hönigschmid hat mit seinen Atomgewichtsarbeiten ein Lebenswerk von einzigartiger Prägung und Geschlossenheit hinterlassen", so Clusius in seinem Nachruf.[398]

Seine grundlegenden Arbeiten wurden durch die Verleihung der Liebig-Denkmünze vom Verein Deutscher Chemiker, der Goethe-Medaille und durch die Mitgliedschaft in der Bayerischen Akademie der Wissenschaften, in der Leopoldina (Halle), der Deutschen Gesellschaft der Wissenschaften und Künste in Prag, der Gesellschaft der Wissenschaften in Göttingen geehrt. In München wurde eine Straße nach ihm benannt.

Aus der Schule von Hönigschmid sind hervorragende Hochschullehrer und Forscher hervorgegangen: der geniale und seiner Zeit weit voraus eilende Eduard Zintl (Freiburg und Darmstadt), der „Gentleman" unter den Anorganikern Josef Goubeau, der die Schwingungsspektroskopie in die Anorganische Chemie einführte (Stuttgart), Lothar Birckenbach, der Begründer der Pseudohalogen-Chemie (Clausthal), Martin Linhard, einer

393 O. Hönigschmid, F. Hirschbold-Wittner, *Z. Anorg. Allg. Chem.* **1939**, *242*, 222.

394 O. Hönigschmid, L. Birckenbach, *Ber. Dtsch. Chem. Ges.* **1923**, *56 B*, 1219. — R. Schwankner: Portrait Otto Hönigschmid mit ausführlicher Würdigung der Arbeiten über die Atomgewichtsbestimmungen von Radium. *Chem. Unserer Zeit* **1981**, *15*, 163.

395 O. Hönigschmid, E. Zintl, *Ber. Dtsch. Chem. Ges.* **1925**, *58 B*, 452.

396 O. Hönigschmid, R. Sachtleben, *Z. Anorg. Allg. Chem.* **1930**, *191*, 309.

397 O. Hahn, J. Mattauch: Zum 65. Geburtstag von Otto Hönigschmid. *Naturwiss.* **1943**, *31*, 121.

398 K. Clusius,: In Memoriam Otto Hönigschmid. *Z. Naturforsch.* **1946**, *1 b*, 710.

der Pioniere für die Ligandenfeldtheorie (Clausthal), Hermann Wattenberg, Meereskundler (o. Professor, Institut für Meereskunde, Kiel) und Alwin Meuwsen (arbeitete über Schwefel-Stickstoff-Verbindungen, Erlangen).

Otto Hönigschmid war, wie seine Kollegen herausstellen, eine große Persönlichkeit mit den „liebenswürdigsten Eigenschaften; er wurde allgemein verehrt, ja geliebt". Er war „wohl der beliebteste und populärste Dozent unter den Dozenten und der gute Hausgeist des Instituts und seine humorvolle Art hat zu der spannungslosen und freundlichen Grundstimmung im Staatslabor beigetragen".[399] Nach dem Krieg war Hönigschmid durch die Zerstörung des Instituts und seiner Wohnung verzweifelt und hoffnungslos und von schwerer Krankheit gezeichnet ist er am 14. Oktober 1945 in München zusammen mit seiner Frau aus dem Leben geschieden, nur wenige Monate nach dem Freitod seines Freundes an der TH München, Hans Fischer. Mit vielen bewegenden, von tiefer Zuneigung geprägten, eindrucksvollen Nachrufen und Laudationes wurde von seinen Kollegen und Schülern das Andenken an den vorbildlichen Otto Hönigschmid bewahrt.[400]

9.25 Rolf Huisgen (1920–2020)

Abb. 9.13. Rolf Huisgen.

Rolf Huisgen wurde am 13. Juni 1920 in Gerolstein (Eifel) geboren. Nach dem Abitur an der Staatl. Reginoschule Prüm (1938) studierte er Chemie an den Universitäten in Bonn und München (1939–1940) und wurde 1943 bei Heinrich Wieland mit einer Arbeit über „Beiträge zur Kenntnis des Strychnos-Alkaloids Vomicin" promoviert. Im Jahr 1947 hat sich Huisgen mit einer Arbeit „Beiträge und Deutungsversuche zur Reaktionsweise

399 H. Wieland: Hans Fischer und Otto Hönigschmid zum Gedächtnis. *Angew. Chem.* **1950**, *62*, 1.

400 J. Goubeau: In Memoriam Otto Hönigschmid (1878–1945). *Naturwiss.* **1946**, *33*, 353. — G. Ronge: Hönigschmid, Otto. *Neue Deutsche Biographie* **1972**, *9*, 343. — Herausgeber der Zeitschrift für Anorganische Chemie: Otto Hönigschmid. *Z. Anorg. Allg. Chem.* **1947**, *253*, 114. — E. Zintl: Otto Hönigschmid zum 60. Geburtstag. *Z. Anorg. Allg. Chem.* **1938**, *236*, 3. — R. E. Oesper: Otto Hönigschmid (Frontispiece). *J. Chem.Educ.* **1940**, *17*, 562.

aromatischer Bicyclen“ habilitiert und er wurde 1949 als Extraordinarius an die Universität Tübingen berufen. 1952 folgte er dem Ruf an die Ludwig-Maximilians-Universität München als o. Professor und Nachfolger seines Lehrers Heinrich Wieland. Im Jahr 1959 lehnte er einen ehrenvollen Ruf an die University of Wisconsin, USA, ab. Nach seiner Emeritierung 1988 hat er seinen Lehrstuhl vertreten bis 1991 Wolfgang Steglich zu seinem Nachfolger ernannt wurde.

Rolf Huigen hat in der Forschung auf verschiedenen Gebieten grundlegende und bahnbrechende Ergebnisse erzielt, die in 590 Publikationen dokumentiert sind. Durch eine außerordentlich glückliche und erfolgreiche Kombination der klassischen synthetischen Chemie mit den modernen, vor allem zunächst in den angelsächsischen Ländern gepflegten, mit kinetischen Messungen möglichen, mechanistischen Anschauungen wurde Huisgen der neue Vertreter der physikalisch-organischen Chemie in Deutschland. Rasch wurde er international anerkannt. Seine bedeutenden Arbeiten machten Huisgen in den 60er und 70er Jahren zum meist zitierten deutschen Naturwissenschaftler und gehören heute zum Lehrbuchwissen. 2019 wurde er von dem amerikanischen Medienkonzern Clarivate als „Citation Laureate“ ausgezeichnet. Er hat die Chemie in Deutschland in vielen Jahren entscheidend geprägt.

Von seinen vielen bedeutenden Arbeiten seien genannt: Die Arbeiten über Nitroso-, Azo- und Diazo-Verbindungen, über „mittlere“ Ringe, die Benz-in-Chemie, die elektrocyclischen Reaktionen wie über Aziridin und das klassische Cyclooctatetraen-Problem. Die Arbeiten über Azole (Tetrazol) und Azide fanden ihren Höhepunkt in der Synthese des berühmten Pentazols, dass nach wie vor hochaktuell ist.[401] Mit seinem Namen für immer verbunden bleiben die 1,3-dipolaren Cycloadditionen als von ihm erkanntes, ordnendes Reaktionsprinzip, das durch die Woodward-Hoffmann-Regeln und die Entdeckung der Kupfer-katalysierten „Click“-Reaktionen durch Sharpless eine große Erweiterung und Aktualität erfuhr. Das Konzept der 1,3-dipolaren Cycloaddition-Reaktionen ist für die Synthese von Fünfring-Heterocyclen als zentrale Bausteine vieler Naturstoffe und Pharmaka von großer Bedeutung. Von seinen 1,4-dipolaren und [2+2]-Cycloadditionen seien die konzertierten Reaktionen von

401 Vgl. z. B. W. Zhang et al., *Angew. Chem., Int. Ed.* **2018**, *57*, 2592.

Ketenen mit Alkenen erwähnt, die nach der ursprünglichen Fassung der Orbital-Symmetrie-Regeln thermisch nicht erlaubt sein sollten und die zu neuen Konzepten in der Reaktivität von π-Systemen führten. Bis ins hohe Alter hat Huisgen seine Hingabe für die Chemie gepflegt. So hat er sich z. B. in den Jahren um 2010 intensiv mit dem mit Mulzer früher begonnenen Mechanismus der Umlagerung eines Styrylcyclopopans in ein Cyclopenten befasst.[402] Eine neue Arbeit über 1,3-dipolare Cycloadditionen stammt aus dem Jahr 2018.[403]

Sein Lebenswerk und sein Leben hat Huisgen in seiner Autobiographie „The Adventure Playground of Mechanisms and Novel Reactions" eindrucksvoll beschrieben.[404]

Eingehende Würdigungen seiner Arbeiten und seiner großen Persönlichkeit wurden von seinen Schülern[405] und von Houk[406] gegeben.

Die Vorträge und Vorlesungen von Huisgen bestechen durch die prägnanten Formulierungen und Klarheit. Wie tief Huisgen der Tradition verbunden war, beweist die große Zahl der von ihm verfassten liebenswürdigen Nachrufe auf Vorgänger und Kollegen, auf Justus von Liebig, Adolf von Baeyer, Richard Willstätter, Heinrich Wieland, Rudolf Criegee,

---

402 J. Mulzer, R. Huisgen, V. Arion, R. Sustmann, *Helv. Chim. Acta* **2011**, *94*. 1359 – 1388.

403 M. Breugst, R. Huisgen, H.-U. Reissig, *Eur. J. Org. Chem.* **2018**, issue 20 – 21, 2294.

404 R. Huisgen: *The Adventure Playground of Mechanisms and Novel Reactions.* Profiles, Pathways, and Dreams (Ed.: J. I. Seeman). American Chemical Society, Washington, **1994**. Für weitere wichtige von Huisgen verfasste, schon klassische Übersichtsartikel und Meilensteine der Chemie siehe R. Huisgen: 1,3-Dipolare Cycloadditionen, Rückschau und Ausblick. *Angew. Chem., Int. Ed.* **1963**, *2*, 565 – 598; *Angew. Chem.* **1963**, *75*, 604 – 637. — R. Huisgen: 1,3-Dipolar Cycloadditions, Introduction, Survey, Mechanism. In: *1,3-Cycloaddition Chemistry, Vol. 1* (Ed: A. Padwa). Wiley, New York, **1984**, 1 – 176.

405 R. Sustmann: Preface of the issue, dedicated to Rolf Huisgen. *Tetrahedron* **2000**, *56*, vii – viii. — C. Rüchardt, J. Sauer, R. Sustman: Rolf Huisgen. Some Highlights of His Contributions to Organic Chemistry. *Helv. Chim. Acta* **2005**, *88*, 1154 – 1184.

406 K. N. Houk: Rolf Huisgens' Profound Adventures in Chemistry. *Helv. Chim. Acta* **2010**, *93*, 1241 – 1260.

Fritz Kröhnke, Saul Winstein, Georg Wittig, Karl Freudenberg, Gerhard Hesse, Bernhard Witkop, David Ginsburg, E. Ochiai.[407]

Aus der „Huisgen-Schule" stammt eine große Zahl von hervorragenden Wissenschaftlern, die sich habilitiert haben und meist auf Lehrstühle berufen wurden: Ivar Ugi (TU München), Christoph Rüchardt (Univ. Freiburg), Horst König (BASF), Reiner Sustmann (Univ. Duisburg), Jürgen Sauer (Univ. Regensburg), Gerhard Binsch (LMU), Gernot Boche (Univ. Marburg), Rudolf Grashey (LMU), Günter Szeimies (FU Berlin), Hans Gotthardt (Univ. Wuppertal), Manfred Christl (Univ. Würzburg), Bernd Giese (Univ. Basel), Rudolf Knorr (LMU), Johann Gasteiger, Herbert Mayr (Lübeck, Darmstadt, LMU), Johann Mulzer (FU Berlin, Univ. Frankfurt, Univ. Wien), Hans-Ulrich Reißig (Dresden, Berlin), Reinhard Brückner (Univ. Göttingen, Univ. Freiburg), Grzegorz Mlostoń (Łódź).

Huisgen erhielt außerordentlich viele Einladungen auf Gastprofessuren und Lectureships, vor allem in den USA. Dies zeigt, wie begehrt Huisgen als Diskussionspartner und Vermittler seiner bedeutenden Forschung war: Rockefeller Fellow (1955), Carl Schurz Professor, University of Wisconsin Madison (1959), Welch Foundation Lecturer Houston, Texas (1959), Centenary Lecturer, Chemical Society, London (1960), Baker Lecturer Cornell University (1963), Max Tishler Lecturer, Cornell University (1963), Gastprofessor an den Universitäten Gainesville, Florida (1968) und Davis, California (1972, 1976 und 1979), Arthur D. Little Professor, Northeastern University Boston (1974), Morris S. Kharasch lecturer, University of Chicago (1974), Gastprofessor an der Universidad de Barcelona (1978) und am Technion in Haifa, Israel (1980), Fellow of the Japan Society for the Promotion of Science (1981), Chaire d'honneur Universite de Lausanne, Schweiz (1982), Academia Sinica Lecturer (1982 und 1993), Raymond

407 R. Huisgen: Liebigs unvergängliches chemisches Werk, *Angew. Chem.* **1953**, *65*, 361 – 384. — R. Huisgen, Adolf von Baeyers wissenschaftliches Werk - ein Vermächtnis. *Angew. Chem.* **1986**, *98*, 297 – 311. — R. Huisgen, Hintergründe des Rücktritts von Richard Willstätter 1924 / 25. *Nachr. Chem.* **2001**, *49*, 30 – 31. — R. Huisgen: The Wieland Memorial Lecture. Heinrich Wieland, Proc. Chem. Soc. 1958, 210 – 219. — R. Huisgen: Heinrich Wieland, ein wissenschaftlicher Universalist. *Nachr. Chem.* **2007**, *55*, 1083 – 1087. — R. Huisgen: Jahre mit Heinrich Wieland. *Nachr. Chem.* **2007**, *55*, 1088 – 1089. –R. Huisgen: Jahre mit Heinrich Wieland. In: Vollmer **2008**, 7 – 30, s. Anm. 16 auf S. 30.

N. Castle Lecturer, Univesity of Southern Florida (1986), Albert Einstein Visiting Professor an der Hebrew University in Jerusalem, C. M. Knight Lecturer University of Akron, Ohio (1989), Gastprofessor an Universita degli Studi di Milano (1989, 1990 und 1991) und Universita degli Pavi (1993), 3M Lecturer an der University of Western Ontario, Canada (1996).

Huisgen wurden viele, hochverdiente Auszeichnungen verliehen: Liebig-Denkmünze der Gesellschaft Deutscher Chemiker (1961), Médaille Lavoisier société chimique de France (1965) – Roger Adams Award American Chemical Society (1975), Achema Award in Titan (1979), Otto-Hahn-Preis als höchste deutsche Auszeichnung in Chemie und Physik (1979), Bayerischer Verdienstorden (1982), Bayerischer Maximilians-Orden für Wissenschaft und Kunst (1984), International Award of heterocyclic Chemistry (1987), Medaglia Adolfo Quilico Societa Italiano (1987), Gold Medal Scientificic Partnership Foundation Moskau. Im Jahr 2019 wurde Rolf Huisgen als 99-Jähriger zum Citation Laureat vom amerikanischen Medienkonzern Clarivate gewählt. Dieses Unternehmen würdigt Wissenschaftler, die aufgrund der häufigen Zitate ihrer wissenschaftlichen Arbeiten Kandidaten für den Nobelpreis sind.

Huisgen war Ehrendoktor von 7 Universitäten: Universidad Complutense Madrid (1975), Albert-Ludwigs-Universität Freiburg (1977), Friedrich-Alexander-Universität Erlangen-Nürnberg (1980), Julius-Maximilians-Universität Würzburg (1984); Universität Regensburg (1985), Technological Institute St. Petersburg (1993), Freie Universität Berlin (2010).

Er war Mitglied von 9 Akademien: Bayerische Akademie der Wissenschaften (1959), American Academy of Arts and Sciences (1960), Deutsche Akademie der Naturforscher Leopoldina (1964), Real Academia de Ciencias Madrid (1979), Heidelberger Akademie der Wissenschaften (1985), National Academy of Sciences Washington (1989), Accademia Nationale dei Lincei Roma (1990), Instituto Lombardo, Accademia di Scienze Lettere Milano (1996), Polish Academy of Sciences Warschau (1997).

Huisgen war Ehrenmitglied der Chemischen Gesellschaften Société chimique de France (1971), Real Sociedad Espanola de Fisica y Quimica (1978), Royal Society of Chemistry London (1981), Pharmaceutical Society of Japan (1985), Gesellschaft Deutscher Chemiker (1991, als höchste Auszeichnung der GDCh), Polish Chemical Society (1993), Chemical Society of Japan (2006).

Huisgen wahr ein großer Kenner der Kunst, besonders in der Malerei und Grafik. Die große Persönlichkeit Huisgen wurde von J. I. Seeman[408] und von H. Kessler[409] gewürdigt. Huisgen, hoch verehrt von Kollegen wie Mitarbeitern, hat für viele Jahre die Leitung und Verwaltung seines Instituts für Organische Chemie an der LMU genauso souverän beherrscht wie seine Chemie.

Es ist traurig, dass Huisgen seinen 100. Geburtstag nicht mehr erleben konnte. Er ist am 26. März 2020 in München gestorben. Seine Schüler und Kollegen (Giese, Mayr, Reißig, Breugst, Helmchen, Seeman) haben sein Leben und sein großes Lebenswerk in bewegenden Nachrufen gewürdigt.

9.26 Rudolf Hüttel (1912–1993)

Rudolf Hüttel wurde am 9. Juli 1912 in Amberg (Oberpfalz) geboren. Er begann 1931 das Chemiestudium an der Universität München, wechselte 1933 für ein Semester nach Kiel, dann für ein Semester nach Freiburg und kehrte 1934 wieder nach München zurück, wo er 1937 mit einer Arbeit „Über die herzwirksamen Giftstoffe im Krötensekret. Über das Vorkommen von Pflanzensterinen in Kröten" bei Heinrich Wieland promoviert wurde.[410] 1937/38 war er ein Jahr Privatassistent bei Doz. Dr. Günther Endres in Hamburg und seit Ende 1938 wieder Assistent an der Universität München. 1942 folgte die Habilitation „Über Synthesen mit Propargylaldehyd" und 1943 wurde Hüttel zum Dozenten ernannt. Da er 1937 den Antrag auf Aufnahme in die NSDAP gestellt hatte, musste er nach dem Krieg die Universität verlassen. Mit vielen seiner jungen Kollegen war die Mitgliedschaft in einer NS-Organisation eine Voraussetzung für eine Universitätskarriere. Hüttel war jedoch ein entschiedener Gegner des Nationalsozialismus, wie sein tapferes und tatkräftiges Verhalten während

408 J. I. Seeman: Rolf Huisgen: A Gentleman Scholar with Energy and Passion. *Helv. Chim. Acta* **2005**, *88*, 1145–1153.

409 H. Kessler: Rolf Huisgen zum 90. Geburtstag, Bayerische Akademie der Wissenschaften. *Akademie* **2010**, H. 3, 78.

410 H. Wieland, G. Hesse, R. Hüttel: *Liebigs Ann. Chem.* **1936**, *524*, 203.

des Krieges gegenüber den „halbjüdischen“ Studenten und Doktoranden im Chemischen Laboratorium der Universität München beweist. Er hat, gemeinsam mit Heinrich Wieland, die „Mischlinge“ gegen die Anordnungen des Rektors Walther Wüst mit Rat und Tat unterstützt, z. B. dafür gesorgt, dass sie ihre Arbeit im Labor fertigstellen konnten. Und er bewahrte seine halbjüdischen Doktoranden vor der Zwangsverpflichtung zur Organisation Todt. Unter anderem hat Hüttel den Studenten beigestanden, die mit Hans Leipelt (der am 29. Januar 1944 hingerichtet wurde) angeklagten waren. Die Betreuung der „Mischlinge“ im Labor durch Hüttel und die Situation im Wieland-Laboratorium während der Kriegsjahre beschrieb Freddy Litten[411] in seinem bewegenden Aufsatz über den Lebenslauf von Rudolf Hüttel „Er half…, weil er sich als Mensch und Gegner des Nationalsozialismus dazu bewogen fühlte“ (Die genannte Aussage über Hüttel stammt von einer Chemiestudentin). Heinrich Wieland hat im März 1946 die Rehabilitierung von Hüttel beantragt und schrieb, dass „Dr. Hüttel seine Bestrebungen, jüdische und halbjüdische Studenten trotz der entgegenstehenden Vorschriften weiter studieren zu lassen, aufs nachhaltigste unterstützt hat, mehrfach unter schwerer Gefährdung seiner eigenen Existenz“. Hüttel erhielt 1946 die Arbeitserlaubnis und arbeitete von 1946 bis 1950 bei der Lech-Chemie in Gersthofen, ab 1947 als Leiter des dortigen Hauptlaboratoriums. 1948 wurde ihm die Lehrbefugnis an der Universität München wieder erteilt, er wurde wieder Privatdozent und vertrat ab 1950 mit seiner Erfahrung in der Industrie in der Lehre das Fach „Chemische Technologie“. 1953 wurde ihm der Titel apl. Professor verliehen und von 1966 bis zu seiner Pensionierung 1976 war er Abteilungsvorstand und Professor.

Die Forschungsarbeiten hat sein Kollege Rudolf Gompper anlässlich des 80. Geburtstags wie folgt beschrieben: „Die in 60 Publikationen niedergelegten wissenschaftlichen Arbeiten von Rudolf Hüttel lassen sich in drei Abschnitte einteilen. Am Anfang standen Naturstoffe: Untersuchungen über Krötengifte und das Vorkommen von Pflanzensterinen in Krötenhaut[412] sowie über Ichthiopterin, einen blau fluoreszierenden Stoff aus Fischhaut.[413] Aber auch die Stickstoffbindung durch Boden-

411 Litten **1998**, s. Anm. 5 auf S. 9.

412 R. Hüttel, H. Behringer. *Z. Physiol. Chem.* **1937**, *245*, 175.

413 R. Hüttel, G. Sprengling. *Liebigs Ann. Chem.* **1943**, *554*, 69.

bakterien[414] und der Schreckstoff aus Elritzenhaut[415] wurden studiert. Es schlossen sich dann ab 1947, aufbauend auf Arbeiten früherer Jahre über Malonaldehyd und Propargylaldehyd, Untersuchungen über Verbindungen der Azol-Reihe (Pyrazole, Triazole) an.[416] Es verdient hervorgehoben zu werden, dass die von R. Hüttel synthetisierten Di- und Tripyrazolyl-carbinole[417] sich als Vorläufer der heute so wichtigen antimykotisch wirksamen N-Triarylmethyl-azole auffassen lassen. Auch mit der Untersuchung der Hydrolyse und Aminolyse von Acylpyrazolen stand er am Anfang einer Entwicklung, nämlich der Chemie der für Acylierungen viel genutzten N-Acyl-azole.[418]

Von besonderer Bedeutung und unveränderter Aktualität sind Untersuchungen über Komplexe von Olefinen mit Palladiumchlorid[419] und Gold(III)chlorid[420] (ab 1959). R. Hüttel hat damit die Grundlagen für die Palladium-katalysierten Synthesen gelegt, die heute zu den wichtigsten Methoden der organischen Chemie gehören.

R. Hüttel hat sich tatkräftig für eine Neuorientierung und Vertiefung des Unterrichts in der chemisch-technologischen Abteilung des Instituts für Organische Chemie eingesetzt im Sinne einer stärkeren Berücksichtigung der physikalischen und ingenieurmäßigen Grundlagen. Unter dem Blickwinkel der Einheit von Forschung und Lehre ist zu erwähnen, dass in der chemisch-technologischen Abteilung auch technisch industriell interessante Forschungsarbeiten durchgeführt wurden, wie z. B. Chlorierungen sowie die Herstellung von Alkylhydroperoxiden und vernetzten Etyleniminopolyester-Harzen. Die schon erwähnten Olefin-Palladium-Komplexe sind auch industriell von enormer Bedeutung.

---

414 R. Hüttel, *Naturwiss.* **1941**, *29*, 333.

415 R. Hüttel, *Angew. Chem.* **1940**, *53*, 141.

416 R. Hüttel, A. Gebhardt, *Liebigs Ann. Chem.* **1947**, *558*, 34. — Z. B. R. Hüttel, T. Schneiderhan, H. Hertwig, A. Leuchs, V. Reincke, J. Miller, *Liebigs Ann. Chem.* **1954**, *585*, 115.

417 R. Hüttel, W. Schwarz, *Chem. Ber.* **1961**, *94*, 2993.

418 R. Hüttel, J. Kratzer, *Chem. Ber.* **1959**, *92*, 2014.

419 R. Hüttel, J. Kratzer, *Angew. Chem.* **1959**, *71*, 456. — R. Hüttel, M. McNiff, *Chem. Ber.* **1973**, *106*, 1789; Review: R. Hüttel, *Synthesis* **1970**, 225.

420 R. Hüttel, H. Diet,. *Angew. Chem.* **1965**, *77*, 456. — P. Tauchner, R. Hüttel, *Chem. Ber.* **1974**, *107*, 3761. — H. Coutellle, R. Hüttel, *J. Organomet. Chem.* **1977**, *153*, 359.

Tatsächlich wurden seine Pionierarbeiten über metallorganische Palladium- und Gold-Verbindungen in der Literatur viel zu wenig gewürdigt. Erst Schmidbaur und Schier[421] haben kürzlich in einem Übersichtsartikel über Olefin-Gold-Komplexe diese grundlegenden Arbeiten von Hüttel herausgestellt (mit einem Photo von Hüttel). In seiner ersten Mitteilung über Olefin-Palladiumchlorid-Komplexe berichtete Hüttel über die Bildung von $[(Allyl)PdCl]_2$ aus Allychlorid und $PdCl_2$ (unmittelbar nach der Entdeckung dieser Verbindung durch Smidt und Hafner) und die Bildung von Acrolein bei der Hydrolyse dieses Komplexes. Hüttel ist insbesondere ein Pionier in der metallorganischen Chemie des Golds.

Ebenso wurde der vorbildliche und tapfere Einsatz von Hüttel für die gefährdeten Studenten während des Krieges im Institut für Organische Chemie der Universität München erst durch Freddy Litten ausführlich und sehr eindrucksvoll dargestellt.

Rudolf Hüttel ist am 12. Oktober 1993 in München gestorben.

9.27 Friedrich Klages (1904–1989)

Abb. 9.14. Friedrich Klages.

Friedrich Klages wurde am 8. Februar 1904 in Bad Harzburg geboren Er begann das Chemie Studium im Sommersemester 1922 an der Universität Freiburg. In Freiburg lernte er Heinrich Wieland kennen, der ihn als Mensch und Wissenschaftler faszinierte.[422] So ist es verständlich, dass er nach dem ersten Verbandsexamen (unserem späteren Vordiplom) zum Wintersemester 1925 dem an die Universität München zurückkehrenden Heinrich Wieland folgte. 1928 wurde er bei Wieland mit einer Arbeit über „Versuche zur Darstellung rein aliphatischer ditertiärer Hydrazine und über die Einwirkung von Stickoxid auf Alkoholate“ promoviert.[423] Es folgte ein dreijähriger Forschungsaufenthalt bei Kurt Hess am Kaiser-

421 H. Schmidbaur, A. Schier: Gold η^2-Coordination to Unsaturated and Aromatic Hydrocarbons – The Key Step in Gold-Catalyzed Organic Transformations. *Organometallics* **2010**, *29*, 1, 2–23.

422 K. Bott, *Chem. Ber.* **1993**, *126*, I–IX.

423 H. Wieland, J. J. Chavan, F. Klages, *Ber. Dtsch. Chem. Ges.* **1928**, *61*, 2382.

Wilhelm-Institut für Chemie in Berlin-Dahlem, wo sich Klages mit der Chemie der Kohlenhydrate vertraut gemacht hat. 1932 kehrte er an das Staatslabor in München zurück und erhielt 1935 die venia legendi an der Universität München mit einer Habilitationsarbeit über „Die Konstitution der Mannane der Steinnuss".[424] 1939 wurde er zum Dozenten und 1941 zum außerplanmäßiger Professor ernannt. Wie viele seiner jüngeren Kollegen musste er nach dem Krieg die Universität verlassen. Er wurde 1948 auf Antrag von Heinrich Wieland wieder als wissenschaftlicher Assistent am Institut eingestellt und erhielt die Lehrbefugnis zurück. Schließlich wurde er 1949 wieder zum Dozenten für Chemie und zum außerplanmäßigen Professor ernannt. 1952 erhielt er eine Diätendozentur. In den Jahren 1955/56 leitete er zusammen mit Wolfgang Grassmann den Unterricht in Organischer Chemie an der Dependence der Universität München in Regensburg. Auf Antrag des Institutsdirektors Rolf Huisgen und in Anerkennung seiner Leistungen als Lehrer und Forscher und als erfolgreicher Autor von Lehrbüchern wurde er 1965 „in die Dienstbezüge der Besoldungsgruppe HS2 eingewiesen". Es kann als eine Würdigung seines wissenschaftlichen Lebenswerkes angesehen werden, dass Klages 1968 die ehrenvolle Aufgabe erhielt, den Lehrstuhl für Organische Chemie an der Technischen Universität Hannover zu verwalten. 1969 wurde er pensioniert. Er ist am 3. November 1989 im Alter von 85 Jahren in München gestorben.

In der Forschung, deren Ergebnisse in 73 Publikationen niedergelegt sind, befasste sich Klages zunächst mit der Chemie von Kohlenhydraten, z. B. mit der Struktur von Cellulose.[425] Hier ist die von Klages aus dem anomalen osmotischen Verhalten abgeleitete „Perlschnur-Struktur" von Kettenmolekülen herauszustellen.[426] Auch seine Arbeiten über eine neue Berechnung der Mesomerie-Energie aus Verbrennungswärmen[427] sowie die Einführung einer neuen additiven Molekularkonstante, der „Siedezahl",[428] fanden viel Interesse. Aufsehen erregte seine Entdeckung (unabhängig und gleichzeitig mit Walter Hieber und dessen Schule), dass Isocya-

424 F. Klages. *Liebigs Ann. Chem.* **1934**, *509*, 159; 1934, 512, 185.

425 F. Klages, *Ber. Dtsch. Chem. Ges.* **1932**, *65*, 302.

426 F. Klages, K. Möhler, *Chem. Ber.* **1949**, *81*, 411 und dort zitierte frühere Arbeiten.

427 F. Klages, *Chem. Ber.* **1949**, *82*, 358.

428 F. Klages, *Ber. Dtsch. Chem. Ges.* **1943**, *76*, 788.

nide in ihrem komplex-chemischen Verhalten dem Kohlenmonoxid-Liganden an die Seite gestellt werden können.[429] Die Beobachtung von Klages, dass Blausäure – im Gegensatz zu Isocyanid – CO in Nickeltetracarbonyl nicht verdrängen kann, war ein „erstes chemisches" Argument für die Nitrilstruktur von HCN. Ein besonderer Schwerpunkt in den wissenschaftlichen Arbeiten von Klages sind die, auch kristallisierten, Oxonium-Salze aus Ethern und Alkoholen,[430] z. B. mit Hexachloroantimonat oder Tetrafluoroborat. Beachtung verdient die Isolierung von Acyl-oxonium- und Acyl-ammonium-Salzen.[431] Herauszustellen sind seine originellen Arbeiten über die Bestimmung der Säurestärke starker Säuren,[432] sowie z. B. die Arbeit über die Herstellung wasserfreier Perchlorsäure.[433] Sehr nützlich ist seine Zusammenstellung der „Stickstoffarbeiten von H. Wieland".[434]

Sein umfangreiches, dreibändiges Werk „Lehrbuch der Organischen Chemie"[435] und sein Buch „Einführung in die Organische Chemie" waren bei ihrem Erscheinen 1953 bzw. 1961 außerordentlich modern und geschätzt. Sein 1970 erschienenes Buch „Weltreich der Chemie"[436] macht die Bedeutung der Chemie für unser Leben deutlich. Sein Schüler Kaspar Bott hat einen umfassenden Nachruf auf das Leben und das wissenschaftliche Werk von Friedrich Klages verfasst, mit persönlichen Erinnerungen und mit einem vollständigen Schriftenverzeichnis. In diesem Nachruf kommt die Originalität der Arbeiten von Klages zur Geltung. Wie sein Kollege Huisgen betont hat, „gehörte Klages einer Generation an, die bei den Berufungen auf Lehrstühle infolge der Kriegs- und Nachkriegswirren übersprungen wurden". Dies trifft auch für Elisabeth Dane, Hans Behringer, Rudolf Hüttel und Franz Wille zu.

---

429 F. Klages, K. Mönkemeyer. *Naturwiss.* **1950**, *37*, 210. — F. Klages, K. Mönkemeyer, *Chem. Ber.* **1950**, *83*, 501. — F. Klages, K. Mönkemeyer, *Chem. Ber.* **1952**, *85*, 129. — W. Hieber, *Z. Naturforsch.* **1950**, *5 b*, 129. — W. Hieber, E. Böckly, *Z. Anorg. Allg. Chem.* **1950**, *344*, 262.

430 F. Klages, H. Meuresch, W. Steppich, *Liebigs Ann. Chem.* **1955**, *592*, 81.

431 F. Klages, E. Zange: *Liebigs. Ann. Chem.* **1957**, *607*, 35.

432 F. Klages, K. Bott, *Chem. Ber.* **1964**, *97*, 735.

433 F. Klages, P. Hegenberg, *Angew. Chem.* **1962**, *74*, 902.

434 F. Klages, *Naturwiss.* **1942**, *30*, 351.

435 F. Klages: *Lehrbuch der Organischen Chemie.* De Gruyter, Berlin, **1954**.

436 F. Klages: *Weltreich der Chemie.* Societäts-Verl., Frankfurt a. M., **1970**.

9.28 Robert Klement (1899–1988)

Robert Klement wurde am 12. September 1899 in Bernau (bei Berlin) geboren. Nach einem Semester Studium der Naturwissenschaften im Jahr 1917 an der Universität Berlin war er Teilnehmer am Ersten Weltkrieg und konnte 1919 das Studium der Chemie in Berlin aufnehmen. Er wurde 1922 promoviert. Nach kurzer Industrietätigkeit in Bitterfeld kam er als wissenschaftlicher Assistent an die Universität Frankfurt/Main, wo er sich 1935 habilitierte und 1940 zum apl. Professor ernannt wurde. Im Jahr 1942 wurde er als a. o. Professor und Direktor des Instituts für Anorganische und Analytische Chemie an die Deutsche Karls-Universität Prag berufen. Nach seiner Vertreibung aus Prag unter Verlust von Hab und Gut kam er 1945 nach München, zunächst als freiberuflicher Chemiker, dann als Lehrbeauftragter an der Phil.-Theolog. Hochschule Regensburg, wo ein Chemiestudium eingerichtet wurde. Daneben hatte er einen unbesoldeteten Lehrauftrag an der LMU. Nach fünf wirtschaftlich schwierigen Jahren wurde er 1950 von H. Wieland als Verwalter einer wissenschaftlichen Assistentenstelle am Chemischen Laboratorium der LMU eingestellt und schließlich 1955 auf eine a. o. Professur (kw) für Anorganische und Analytische Chemie an der LMU berufen. 1968 erhielt er ein Angebot, einen Lehrstuhl für Anorganische Chemie an der Universität Izmir (Türkei) zu übernehmen, das er abgelehnt hat. Er wurde 1964 emeritiert. Anlässlich seines 70. Geburtstages 1969 hat der damalige Dekan der Naturwissenschafltlichen Fakultät H. Schober das verdienstvolle und opferbereite Wirken von Klement um die Förderung der Studenten als Vorsitzender des Förderausschusses der Fakultät und als Mitglied der Bibliothekskommission der Universität herausgestellt.

Klement ist am 21. Januar 1988 in München gestorben.

In der Forschung gilt Klement als „Altmeister“ der Phosphat- und Polyphosphat-Chemie[437] mit grundlegenden Arbeiten über Chloride, Amide und Thioderivate der Phosphorsäure.[438] Internationale Anerkennung brachten seine Arbeiten über Hydroxylapatit, den er frühzeitig als wesent-

437 R. Klement, E. Petz, *Monatsh. Chem.* **1964**, *95*, 1403. — R. Klement, R. Popp, *Chem. Ber.* **1960**, *93*, 156.

438 M. Baudler, R. Klement, E. Rother, *Chem. Ber.* **1960**, *93*, 149.

lichen Bestandteil der Knochen- und Zahnsubstanz erkannte.[439] Mit Hilfe von Ionenaustauschern entwickelte er elegante und effektive Trennungen für die Analytische Chemie.[440] Auch Cobalt-Komplexe vom Werner-Typ fanden sein Interesse.[441] „In Anerkennung seiner Untersuchungen zur Chemie der Phosphate sowie der Knochen- und Zahnsubstanz und seiner Arbeiten über analytische Fragen und die Verwendung von Ionenaustauschern in der analytischen Chemie" wurde 1976 sein Doktorgrad von der LMU unter dem Präsidenten Lobkowicz und dem Dekan Gompper erneuert.

Klements großes Interesse für den akademischen Unterricht ist manifestiert durch das in vielen Auflagen erschienene Praktikumsbuch „Chemische Übungen für Mediziner", durch sein Buch „Die Chemische Verbindung" und durch das Praktikumsbuch mit E. H. Riesenfeld „Anorganisch-Chemisches Praktikum". Sein Schriftenverzeichnis enthält 86 Arbeiten.

9.29 Peter Klüfers (*1951)

Abb. 9.15. Peter Klüfers.

Peter Klüfers wurde am 18. April 1951 in Uerdingen (Niederrhein) geboren. Er studierte von 1969 bis 1974 Chemie an der Universität Köln und wurde 1978 bei H. U. Schuster mit einer Arbeit über „Ternäre Phosphide und Arsenide" promoviert. 1981 – 1983 studierte er Pharmazie an der Universität Bonn und 1983 hat er sich an der Universität Köln mit einer Arbeit über "Strukturchemie von Carbonylmetallaten" habilitiert. Von 1986 – 1987 war er Angestellter der Enka AG (heute Akzo-Nobel, Wuppertal) und arbeitete dort über die Entwicklung von Cellulose-Membranen, über Produktsicherheit und Produkthaftung. Von 1988 – 1998 war er C3-Professor für Anorganische Chemie an der Universität Karlsruhe und 1998 wurde er als Nachfolger von Heinrich Nöth auf den Lehrstuhl für Bioanorganische Chemie und Koordinationschemie an der

439 R. Klement, *Naturwiss.* **1938**, *26*, 145.

440 R. Klement, *Z. Analyt. Chem.* **1944**, *127*, 2.

441 R. Klement, *Z. Naturforsch.* **1974**, *29b*, 727.

Ludwig-Maximilians-Universität München berufen. Von Oktober 2001 bis September 2003 und wiederum von 2016 bis 2019 hat er als Dekan die Fakultät für Chemie und Pharmazie erfolgreich geführt. Ende 2019 wurde er von seinen Pflichten entbunden.

Das Forschungsgebiet von Peter Klüfers liegt auf dem Gebiet der Koordinationschemie, der Bioanorganischen Chemie und der Supramolekularen Chemie und umfasst die Synthese und die röntgenographische Bestimmung der Struktur sowie die Diskussion der Bindungsverhältnisse von Metallkomplexen mit Kohlenhydrat- und Nitrosyl-Liganden.

In seinen Forschungsarbeiten, die in über 200 Publikationen niedergelegt sind (Stand 2019), befasste sich Peter Klüfers zunächst mit den Kristallstrukturen von Carbonylmetallaten wie z. B. Tetracarbonylcobaltat,[442] sowie von Komplexen mit Metall-Metall-Bindung, wie z. B. Kupfercobalttetracarbonyl,[443] Cu-Mn-, Cu-Fe-, Cu-Co-Carbonylverbindungen.[444] Schon bald galt sein Interesse den Komplexen von Kohlenhydraten,[445] ein Gebiet, über das nur wenige gesicherte Vorstellungen existierten und dass sich als überaus fruchtbar und erfolgreich erwies. Über 80 Publikationen hat Klüfers als Pionier auf diesem Gebiet herausgebracht, wobei eine Vielzahl von deprotonierten, meist als 1,2- und 1,3-diolato auftretende Zuckerliganden und deren Derivate mit den Metallionen Pd(II), Ni(II), Co(III), Ga(III), Mn(II,III) eingesetzt wurden. Aber auch die Komplexchemie von Polyolverbindungen, von Cyclodextrin, von Cellulose sowie von Hauptgruppenelementen (Si, Ge, Bi Sb) hat Klüfers studiert.

Einige Ergebnisse sollen herausgestellt werden:

- Die Synthese und Struktur eines Dipalladium-Komplexes mit vierfach deprotonierten und verbrückenden Glucose-Liganden als erstes Beispiel für die eindeutige Charakterisierung eines Metallkomplexes

442 P. Klüfers, *Z. Krystallogr.* 1983, 165, 217 – 226.

443 P. Klüfers, *Angew. Chem.* **1985**, *97*, 59 – 60. — P. Klüfers, *Angew. Chem.* **1984**, *96*. 288 – 290.

444 J. Apfel, P. Klüfers, A. Selle, *Z. Anorg. Allg. Chem.* **1995**, *621*, 323 – 330.

445 N. Habermann, G. Jung, M. Klaassen, P. Klüfers: Polyol metal complexes. Copper(II) complexes with multiply deprotonated ethylene glycol, anhydroerytritol, or mannopyranoside as ligands. *Chem. Ber.* **1992**, *125*, 809 – 814.

mit dem wichtigsten Monosaccarid.[446] Ähnlich tritt fünffach deprotonierte Mannose als Brücke zwischen zwei Metall(III)-Zentren (Fe, V, Cr, Al, Ga) auf.[447]

- Die Aufklärung der klassischen Lehrbuch-Chemie und die Charakterisierung der Kupfer-Tartrat-Komplexe in der Fehlingschen Lösung.[448]
- Der Nachweis des zweizähnigen Ligandenvermögens der deprotonierten Monosaccaride mit (en)Pd$(OH)_2$ und (1,2-diamino-cyclohexan)Pd$(OH)_2$ und der dreizähnigen Ligandenstruktur von Glycosen mit (1,4,7-triazacylononan)Co(III).[449]
- Die Synthese und Struktur eines molekularen Schaufelrads aus drei Cyclodextrin-Einheiten, und einem vierwertigen Metallzentrum [Sn(IV), Mn(IV)] sowie $Li(OH)_4^+$.[450]
- Chelatkomplexe von Silicium(IV) mit Diolaten z. B. von Cyclo-hexandiol, Furanose,
- Nucleoside in wässrigem und nichtwässrigen Medium.[451]
- Mehrkernige Kupfer-Komplexe von Cyclodextrin.[452]
- Lösung von Cellulose mittels Metallkomplexen; z. B. mit Schweizers Reagens.[453]

---

446 P. Klüfers, T. Kunte, *Angew. Chem., Int. Ed.* **2001**, *40*, 4210 - 4212.

447 J. Burger, C. Gack, P. Klüfers, *Angew. Chem., Int. Ed.* **1996**, *34*, 2647 - 2649.

448 T. G. Hörner, P. Klüfers, *Eur. J. Inorg. Chem.* **2016**, 1798 - 1807. — S. Albrecht, P. Klüfers. *Z. Anorg. Allg. Chem.* **2013**, *639*, 280 - 284.

449 Y. Arendt, O. Labisch, P. Klüfers, Carbohydrate Research 2009, 344, 1213 - 1224. — P. Klüfers, T. Kunte, *Chem. Eur. J.* **2003**, 9, 2013,-2018. — N. Ghaschghaie, T. Hofmann, M. Steinborn, P. Klüfers, *Dalton Trans.* **2010**, *39*, 5535 - 5543.

450 K. Benner, J. Ihringer, P. Klüfers, D. Marinov, *Angew. Chem., Int. Ed.* **2006**, *45*, 5818 - 5822.

451 P. Klüfers, F. Kopp, J. Schuhmacher, M. Vogt: Silicon Chelation in Aqueous and Nonaqueos Media: The Furanoidic Diol Approach, X. Kästele. *Chem. Eur. J.* **2005**, *11*, 6326 - 6346.

452 R. Fuchs, N. Habermann, P. Klüfers, *Angew. Chem., Int. Ed.* **1993**, *32*, 852 - 854.

453 K. Saalwächter, W. Burchard, P. Klüfers, G. Kettenbach, P. Mayer, D. Klemm, S. Dugarma, Macromolecules 2000, 33, 4094 - 4107. — W. Burchard, N. Habermann, P. Klüfers, B. Seger, U. Wilhelm, *Angew. Chem., Int. Ed.* **1994**, *33*, 884 - 887.

- Der high-spin $Fe(II)O_4$-Komplex mit zwei Diolat-Liganden von Anhydroerythritol erwies sich als die erste tetrakoordinierte planare Fe(II)-Verbindung in der Komplexchemie.[454]
- Analoge tetrakoordinierte Co(II)- und $Fe(II)(diolat)_2$-Komplexe mit Perfluoropinacolat-Liganden besitzen Strukturen, die zwischen planarer und tetraedrischer Konformation liegen.[455] Diese Ergebnisse lieferten einen interessanten Beitrag zur Ligandenfeld-Theorie.

In neuerer Zeit befasst sich Klüfers mit seinen Mitarbeitern mit Nitrosyl-Metallkomplexen, wobei auf diesem neuerdings hoch aktuellen Gebiet sehr interessante Ergebnisse erzielt wurden. Für eine Reihe von Mononitrosylruthenium-Komplexen konnte die photoinduzierte Ligandenisomerisierung (nitrosyl) Ru-NO – side-on(nitrosyl)Ru – (isonitrosyl) Ru-ON IR-spektroskopisch bei tiefen Temperaturen nachgewiesen werden.[456] In Dinitrosylruthenium-Komplexen $[RuX(NO)_2(PR_3)_2]^+$ (X = Halogen) liegt im Grundzustand eine lineare und eine gewinkelte Ru-N-O Bindung vor.[457] Durch Kombination von röntgenographischer Photokristallographie und IR-Spektroskopie konnte Klüfers mit Kollegen für die Dinitrosyl-Verbindungen photoinduzierte Bindungsisomere eindeutig identifizieren und deren Struktur im Kristall bestimmen.[458]

Im Anschluss an die Arbeiten über high spin Nitrosyleisen(II)-Komplexe[459] gelang Klüfers mit seinen Mitarbeitern ein großer Treffer, nämlich die Isolierung und die röntgenographische Strukturbestimmung von Komplexen mit dem „Braunen Ring“ Chromophor $[Fe(NO)(H_2O)_5]^{2+}$, dessen

454 X. Wurzenberger, H. Piotrowski, P. Klüfers, *Angew. Chem., Int. Ed.* **2011**, *50*, 4974–4978.

455 X. Wurzenberger, C. Neumann, P. Klüfers, *Angew. Chem., Int. Ed.* **2013**, *52*, 5159–5161.

456 H. Giglmeier, T. Kerscher, P. Klüfers, D. Schaniel, T. Woike, *Dalton Trans.* **2009**, 9113–9116.

457 N. Casaretto, B. Fournier, S. Pillet, E. E. Bendeif, D. Schaniel, A. K. E. Gallien, P. Klüfers, T. Woike, *CrystEngComm* **2016**, *18*, 7260–7268.

458 D. Schaniel, N. Casaretto, E.-E. Bendeif, T. Woike, A. K. E. Gallien, P. Klüfers, S. E. Kutniewska, R. Kaminski G. Bouchez, K. Boukheddaden, S. Pillet, *CrystEngComm* **2019**, *21*, 5804–5010 und dort zitierte Literatur.

459 M. Wolf. P. Klüfers, *Eur. J. Inorg. Chem.* **2017**, 2303–2312.

Struktur die Chemiker und Lehrbuch-Autoren seit mehr als einem Jahrhundert beschäftigt hat. Der „Braune Ring" ist jedem Chemie-Studenten aus dem analytischen Praktikum für den qualitativen Nachweis von Nitrat wohl bekannt. Von dem Komplex $[Fe(NO)(H_2O)_5]^{2+}$ mit großvolumigen Dianionen konnten Kristalle erhalten werden. Nach Rechnungen kann der Komplex als Fe(I)-Verbindung mit dem NO^+ Liganden aufgefasst werden.[460]

9.30 Helmut Knözinger (1935–2014)

Abb. 9.16. Helmut Knözinger.

Helmut Knözinger wurde am 10. Juli 1935 in Weilheim i. OB geboren. Er studierte von 1953–1959 Physik an der Universität München und wurde 1961 unter Anleitung von Georg-Maria Schwab promoviert mit dem Thema „Untersuchung des katalytischen Methylformiatzerfalls im Hinblick auf seine Verwendbarkeit als Testreaktion".[461] 1962 wurde er Wissenschaftlicher Assistent und 1967 hat er sich mit einer Arbeit „Die Dehydratisierung von Alkoholen an Aluminiumoxid"[462] habilitiert. Im Jahr 1971 wurde er zum Universitätsdozenten ernannt, 1973 zum außerplanmäßigen Professor. Im Jahr 1978 wurde er C3-Professor. In der Fakultät. Bei den Studierenden war er sehr beliebt und geschätzt. Als international hoch anerkannter und angesehener Forscher auf dem Gebiet der heterogenen Katalyse (dies haben nicht alle Kollegen aufgrund seines bescheidenen Wesens voll wahrgenommen) erhielt er außerordentlich viele Einladungen zu Plenarvorträgen und Vortragsreisen, z. B. in die USA, nach Kanada, Venezuela, Indien, Argentinien. Er war Gastprofessor an vielen Universitäten, in Caracas (1968/69 und 1977), Xiamen (1985), Nankai (2003), Amsterdam (1989) und Paris (1995,1996, 1997, 2001).

---

460 G. Monsch, P. Klüfers, *Angew. Chem., Int. Ed.* **2019**, *58*, 8566–8571.

461 G.-M. Schwab, H. Knözinger, *Z. Physik. Chem.* **1963**, *37*, 230.

462 H. Knözinger, *Angew. Chem., Int. Ed.* **1968**, *7*, 791. — H. Knözinger, *Chemistry of the Hydroxyl Group* (Ed.: S. Patai), **1971**, *2*, 643.

Seine herausragende und überaus produktive Forschung über heterogene Katalyse, über die Struktur der katalytisch aktiven Oberflächen und über die an Oberflächen ablaufenden chemischen Reaktionen hat Knözinger in etwa 440 Publikationen, 80 Übersichtsartikeln und 24 Büchern und Buchkapiteln niedergelegt. Als Untersuchungsmethode hat er insbesondere die Schwingungsspektroskopie eingesetzt (IR und Raman)[463] (die er auch hervorragend in der Lehre vertreten hat) und entwickelte hier spezielle Methoden zur Oberflächenspektroskopie (z. B. eine neue IR-Zelle für an der Oberfläche von Katalysatoren adsorbierte Verbindungen).[464] Intensiv befasste er sich mit Reaktionen an der Oberfläche von Aluminiumoxid, deren aktive Stellen charakterisiert werden konnten.[465] Er hat mit seinen Mitarbeitern eine Vielzahl von katalytischen Reaktionen untersucht, für die hier nur Beispiele genannt werden können, wie Dehydratisierung, Oxidations- und Reduktions-Reaktionen,[466] Isomerisierung von Alkanen,[467] Hydrierung. Er war führend in der IR-spektroskopischen Bestimmung der Säure-Base Eigenschaften von Oberflächen.[468] Als besonders aktive Katalysatoren erwiesen sich die mit Molybdat-und Wolframat imprägnierten Aluminium-, Silizium-, Titan- oder Zirkon-oxide.[469] Für die Metallorganische Chemie sehr interessant sind die Arbeiten mit B. C. Gates über den IR-spektroskopischen Nachweis der Bildung von Metallcarbonylen und –nitrosylen auf der Oberfläche von Zeolithen, an ZrO_2 adsorbierten Pd-, Au-, Rh-, Re-, Cr-Verbindungen bei

463 G. Mestl, H. Knözinger: *Handbook of Heterogeneous Catalysis* (Ed.: G. Ertl). Wiley-VCH, Weinheim, **2008**, *2*, 932. — G. Mestl, P. Ruiz, B. Delmon, H. Knözinger, *J. Phys. Chem.* **1994**, *98*, 12269.

464 H. Knözinger, H. Stolz, H. Buehl, G. Clement, W. Meyer, *Chemie Ingenieur Technik* **1970**, *42*, 548.

465 H. Knözinger, P. Ratnasamy, *Catalytic Rev.* **1978**, *17*, 31.

466 Mestl / Knözinger **2008**, s. Anm. 463, 1080.

467 P. Lukinskas, S. Kuba, R. K. Graselli, H. Knözinger, *Top. Catal.* **2007**, *46*, 87.

468 Mestl / Knözinger **2008**, s. Anm. 463, 1135. — W. Daniell, U. Schubert, R. Glockler, A. Meyer, K. Noweck, H. Knözinger, *Appl. Catalysis., A: General* **2000**, *196*, 247.

469 Beispielsweise J. Leyrer, S. Vielhaber, M. I. Zaki, S. Zhuang, J. Weitkamp, H. Knözinger, *Mater. Chem. Phys.* **1985**, *13*, 301.

der Reaktion mit CO bzw. NO[470] sowie die Reaktionen von Metallcarbonylen auf der Oberfläche von Metalloxiden.[471] Knözinger und Mitarbeiter entwickelten eine interessante Strategie, um die Struktur der katalytisch aktiven Zentren an den Oberflächen zu bestimmen: Es wurden Moleküle eingesetzt, die als Sonde in die Oberfläche eintreten können, CO, NO, N_2, H_2, NH_3, und C-H-Säuren, also Liganden, die freie Koordinationsstellen markieren können.[472] Herauszustellen ist, dass die Arbeiten von Knözinger ungewöhnlich häufig zitiert wurden, ein klarer Beweis für die große Bedeutung und die hohe Anerkennung seiner Arbeiten. Sehr verdient machte er sich auch als Mitherausgeber und Autor des Standardwerks in der Katalyse, des *Handbook of Heterogeneous Catalysis*,[473] von *Advances in Catalysis*[474] und des Buchs *Preparation of Solid Catalysis*[475] Seine bedeutenden Arbeiten wurden durch den Max-Planck-Forschungspreis (1995), den Gay-Lussac-Preis der Alexander-von-Humboldt-Stiftung (1997) und den Alwin-Mittasch-Preis der DECHEMA (1998) ausgezeichnet. Der Fortschritt der Katalyse ist mit seinem Namen verbunden. Er wurde 1995 Mitglied der Ungarischen Akademie der Wissenschaften und 2000 wurde er in die Academia Europaea gewählt. Von 1995 - 1991 war er chairman of the European Association of Catalysis, von 1996 - 2000 President of the International Association of Catalysis Societies.

Helmut Knözinger ist am 12. Januar 2014 in München gestorben. Sein früherer Kollege Gerhard Ertl und Michel Che haben das Werk und die Persönlichkeit Helmut Knözinger in einem bewegenden Nachruf ausführ-

---

470 M. Mihaylov, H. Knözinger, K. Hajiivanov, B. C. Gates. *Chemie Ingenieur Technik* **2007**, *79*, 795. — K. Chakarova, E. Ivanova, K. Hadjiivanov, D. Kissurski, H. Knözinger, *Phys. Chem. Chem. Phys.* **2004**, 6, 3702. — M. Mihaylov, A. Penkova, K. Hadjiivanov, H. Knözinger, *J. Phys. Chem.* **2004**, *108*, 679. — W. Daniell, Th. Weigand, H. Knözinger, *J. Mol. Catalysis* **2003**, *204/205*, 519.

471 H. H. Lamb, B. C. Gates, H. Knözinger, *Angew. Chem.* **1988**, *100*, 1162.

472 K. Hadjiivanov, H. Knözinger, *Surf. Sci.* **2009**, *603*, 1629.

473 Mestl / Knözinger **2008**, s. Anm. 463.

474 Beispielsweise *Advances in Catalysis, Vol. 54* (Eds.: B. Gates, H. Knoezinger, F. Jentoft). Academic Press, **2011**.

475 *Preparation of Solid Catalysts* (Eds.: G. Ertl, H. Knözinger, J. Weitkamp). Wiley-VCH, Weinheim, **1999**.

lich und kompetent gewürdigt.[476] Ein weiterer ausführlicher Nachruf wurde von der North American Catalysis Society publiziert.[477]

9.31 Karl-Ludwig Kompa (*1938)

Abb. 9.17. Karl-Ludwig Kompa.

Karl-Ludwig Kompa wurde am 14. Februar 1938 in Berlin geboren. Er studierte ab 1958 Chemie bis zum Vordiplom an der Universität Gießen. 1960 wechselte er an die LMU und wurde hier im Jahr 1965 unter Anleitung von Hans Bock mit einer Arbeit über „Reaktionen von N-Chlor-Aminen" promoviert. Nach einer Postdoc-Zeit bei G. C. Pimentel an der University of California Berkeley kam er wieder zurück nach München zur Habilitation, die er 1971 abschließen konnte. Bereits zwei Jahre später (1973) wurde er auf eine H3-Stelle am Max-Planck-Institut Für Plasmaphysik in Garching berufen und war seit 1976 einer der Direktoren der neugegründeten Projektgruppe für Laserforschung der Max-Planck-Gesellschaft. 1978 wurde ihm die Bezeichnung apl. Professor an der LMU verliehen. Seit 2006 ist er Emeritus.

In der Forschung hat er zunächst mit Hans Bock eine Reihe von Publikationen über N-Chlor-Alkylamine herausgebracht, darunter Dimethylaminazid.[478] Seit seiner Postdoc-Zeit mit Pimentel wandte er sich den Chemischen Lasern zu, zunächst dem Fluorwasserstoff-Laser.[479] Mit Heinrich Nöth wurden „Laserspezifische Reaktionen an Borverbindungen" versucht.[480] Kompa hat u. a. den Sauerstoff-Iod-Laser (COIL) entwi-

476 M. Che, G. Ertl, *Angew. Chem.* **2014**, *126*, 10751.

477 F. Jentoft: In Memoriam Helmut Knözinger (1935–2014). *North American Catalysis Society*, 10.9.2014 › <http://nacatsoc.org/news/in-memoriam-helmut-knozinger-1935-2014/>, weitere Angaben im Internet › <https://www.chemie.de/lexikon//Helmut_Kn%C3%B6zinger.html>.

478 H. Bock, K. Kompa, *Angew. Chem.* **1962**, *74*, 327.

479 K. L. Kompa, G. C. Pimentel, *J. Chem. Phys.* **1967**, *47*, 857. — K. L. Kompa, J. H. Parker, G. C. Pimentel, *J. Chem. Phys.* **1968**, *49*, 4257.

480 H. R Bachmann, K. L. Kompa, H. Nöth, R. Rinck, *Chem. Phys. Lett.* **1974**, *29*, 627. — F. Badmann, H. Nöth, R. Rinck, W. Fuß, K. L. Kompa, *Ber. Bunsenges. Physikal. Chem.* **1977**, *81*, 313.

ckelt, der viele Anwendungen finden kann. Er erhielt 2004 den Willis-E.-Lamb-Preis für Pionierleistungen in der Laser-Chemie und bei chemischen Lasern, speziell für die Entwicklung des Sauerstoff-Iod-Lasers.

Sein Schriftenverzeichnis umfasst über 300 Publikationen. Für den „anorganischen Chemiker" sehr interessant sind z. B. seine Arbeiten über die Dissoziation von SF_6 durch Einstrahlung von IR-Laserlicht[481] oder die Abscheidung von Platin aus $Pt(PF_3)_4$ durch UV Laser[482] sowie neuerdings über die durch IR-Laser induzierte Spaltung der Metall-Kohlenstoff-Bindung in Metallcarbonylen.[483]

9.32 Gerhard Lagaly (*1938)

Abb. 9.18. Gerhard Lagaly.

Gerhard Lagaly wurde am 14. Oktober 1938 in Ludwigshafen / Rhein geboren. Er begann 1957 an der Universität Heidelberg das Chemiestudium, das er 1967 mit einer Dissertation über „Untersuchung von Quellungsvorgängen in *n*-Alkylammonium-Schichtsilikaten"[484] bei Armin Weiß abschloss. 1966 zog er mit seinem Doktorvater an die Universität München um, wurde wissenschaftlicher Assistent am Institut für Anorganische Chemie der LMU und konnte sich 1971 habilitieren. Im gleichen Jahr wurde er zum Akademischen Rat, 1973 zum Akademischen Oberrat ernannt. Zusammen mit Armin Weiß hat er das Anorganisch-chemische Praktikum neu konzipiert. 1974 folgte er einem Ruf als HS3-Professor an der Christian-Albrechts-Universität Kiel. Er trat 2004 in den Ruhestand, was im Institut für Anorganischen Chemie der Universität Kiel, wo er hochgeschätzt war, sehr bedauert wurde.[485]

481 F. Brunner, D. Proch, U. Schmailzl, K.-L. Kompa, *J. Chem. Phys.* **1977**, *67*, 1547.

482 H. Shroeder, D. Masci, I. Gianinoni, K.-L. Kompa, *Appl. Phys. A* **1985**, *A 38*, 227.

483 L. Windhorn, T. Witte, J. S. Yeston, D. Proch, M. Motzkus, K.-L. Kompa, W. Fuss, *Chem. Phys. Lett.* **2002**, *357*, 85.

484 G. Lagaly, A. Weiß, *Z. Naturforsch.* **1969**, *24 b*, 1057.

485 K. O. T. Beneke: *Ulrich Hofmann. Sein Leben und Werk.* Kiel, **2005**. <http://www.uni-kiel.de/anorg/lagaly/group/klausSchiver/hofmannu.pdf>.

Die Forschungsgebiete von Lagaly waren die Kolloidchemie und Grenzflächenchemie, die Chemie der Tonminerale, die Chemie poröser Stoffe sowie die von Schichtverbindungen. Er hat auf diesen Gebieten 270 Publikationen herausgebracht.[486] Als international anerkannter Experte auf diesen Gebieten verfasste er zwei Bücher.[487] Viele Chemiker haben seinen Kurs über Kolloidchemie besucht, den er zunächst mit Armin Weiß und H.-P. Boehm ab 1994 in Kiel mit großem Erfolg gehalten hat. 2013 erschien (zusammen mit Faïza Bergaya) das „Handbook of Clay Science" in zwei Bänden.[488] Er war von 1979 bis 2003 Geschäftsführer der Kolloidgesellschaft, 1987 – 1991 Präsident der Deutschen Ton-und Tonmineral-Gruppe und 1999 – 2003 Präsident der European Clay Group Association. Er war lange Zeit (1987 – 2004) Herausgeber der Zeitschrift Colloid and Polymer Science (früher Kolloid-Zeitschrift) und von 1995 bis 2013 Herausgeber der Zeitschrift Applied Clay Science. Seine grundlegenden Arbeiten wurden u. a. durch die Verleihung der Wolfgang-Ostwald-Medaille der Kolloidgesellschaft (1999) und durch mehrere internationale Auszeichnungen, der Ehrendoktorwürde der Universität Szeged (1996), der Ehrenmitgliedschaft der französischen Gesellschaft für Tonminerale (Group Francaise des Argiles), der Sociedad Espanola de Arcillas sowie „The Distinguished Membership of the Clay Mineral Society (USA) gewürdigt. Die Deutsche Ton- und Tonmineral-Gruppe (DTTG) hat ihm zu Ehren einen „Gerhard Lagaly Award" eingerichtet, mit dem „internationally excellent scientists with outstanding original research in the field of clay mineralogy" ausgezeichnet werden. Als besondere Auszeichnung wurde der Mineralname Lagalyite für ein Calcium-Manganat mit Schichtstruktur vergeben.

Herr Lagaly ist ein begeisterter Musiker auf der Orgel, die er selbst gebaut hat.

---

486 ‣ <https://www.ac.uni-kiel.de/de/emeriti/lagaly/publikationen>.

487 G. Lagaly, K. Jasmund: *Tonminerale und Tone. Struktur, Eigenschaften, Anwendungen und Einsatz in Industrie und Umwelt.* Steinkopff, Darmstadt, **1993**. — G. Lagaly, O. Schulz, R. Zimehl: *Dispersionen und Emulsionen: eine Einführung in die Kolloidik feinverteilter Stoffe einschließlich der Tonminerale.* Steinkopf, Darmstadt, **1997**.

488 F. Bergaya, B. K. G. Theng, G. Lagaly: *Handbook of Clay Science.* Elsevier, Amsterdam, **2013**.

9.33 Heinz Langhals (*1948)

Abb. 9.19. Heinz Langhals.

Heinz Langhals wurde am 27. November 1948 in Altena / Westf. geboren. Er studierte 1967 – 1971 Chemie an der Universität Münster und wurde 1974 an der Universität Freiburg i. Br. bei Christoph Rüchardt über „Mechanismus der Beckmann-Umlagerung“ promoviert. Im Jahr 1975 war er Postdoctoral Fellow an der ENS de Paris (bei Marc Julia), im Jahr 1976 war er Postdoctoral Fellow an der Universität Zürich (Hanns Fischer) und 1981 folgte seine Habilitation an der Universität Freiburg über „Prinzipielle Wege zur Gewinnung von Solarenergie über die gezielte Modifizierung fluoreszierender Systeme und Solvens-Polarität binärer Flüssigkeitsgemische“.

Im Jahr 1984 wurde er als C3-Professor an die LMU berufen. In den Jahren 2002, 2004 und 2007 verbrachte er Forschungsaufenthalte am Bingmayong Museum in Lintong (China) zur Konservierung der Terrakotta-Armee des ersten chinesischen Kaisers. 2007 war er Gastprofessor an der ENS de Cachan / Paris und 2010 Gast an der Universität Warschau (Polen). Seit 2013 ist er Gastprofessor und seit 2014 Teaching and Research Fellow an der Johannes-Kepler-Universität Linz mit einem Gottfried Herder Scholarship (DAAD) for Senior Scientists. Im Jahr 2014 wurde er an der LMU von seinen Pflichten entbunden.

Seine Forschungsinteressen sind: Synthese und Eigenschaften von hoch stabilen, lichtechten Fluoreszenzfarbstoffen, deren Anwendung für die molekulare Elektronik, für molekulare Solartechnik, für Nanotechnologie und in der Medizin (fluoreszenz-immunoassay), Fluoreszenzfarbstoffe als Marker, Eigenschaften von Lösungsmitteln und Lösungsmittelgemischen, Sortierung und Recycling von Polymeren, Konservierung von archäologischen Kunstwerken.

In der Forschung von Heinz Langhals[489] bilden die Fluoreszenzfarbstoffe den Schwerpunkt, vor allem die Perylen-Farbstoffe, sowie Diketopyrrolopyrrol-Farbstoffe (DPP), Rubicen und Dihydroxybipyridyle. Für diese

489 ➤ <http://www.cup.uni-muenchen.de/oc/langhals/topics.html>.

Farbstoffe wurden neue, „einfache“ Synthesen erarbeitet.[490] 1,7-Diazaperylen wurde erstmals synthetisiert.[491] Die DPP-Farbstoffe erwiesen sich als neuartige Liganden in Kupfer-, Silber- und Gold-Komplexen.[492] Insbesondere die Perylen-Farbstoffe hat Langhals mit seinen Mitarbeitern in vielfältiger Weise für die Gewinnung neuartiger, photostabiler Fluoreszenzfarbstoffe modifiziert.[493] Durch Variation der Substituenten an den Imid-N-Atomen gelang die Synthese löslicher Perylen-Farbstoffe, wobei sich die Verbindung mit dem 1-Hexylheptyl-Substituenten als besonders günstig erwies.[494] Auch das Perylen-Gerüst wurde erweitert[495] und Langhals fand eine neue Umlagerung des Dicarbonsäureimid-6-Rings zum Lactam-5-Ring,[496] wobei auch Naphthalin-tetracarbonsäurediimide[497] eingesetzt wurden. Als weitere Beispiele für die Langhalssche Modifizierung von Perylen-Farbstoffen seien genannt: Die Anbindung der Chro-

490 H. Langhals: Synthese von hochreinen Perylen-Fluoreszenz-Farbstoffen in großen Mengen - gezielte Darstellung von Atrop-Isomeren. *Chem. Ber.* **1985**, *118*, 4641 - 3645. — C. Naumann, H. Langhals: A simple synthesis of dihydroxybipyridyls. *Synthesis* **1990**, 279 - 281. — V. Sachweh, H. Langhals: Synthese von Reinst-Rubicen und Rubicen-Derivaten. *Chem. Ber.* **1990**, *123*, 1981 - 1987. — H. Langhals T. Grundei, T. Potrawa, K. Polborn: Highly photostable organic fluorescent pigments - a simple synthesis of N-arylpyrrolopyrrolediones (DPP). *Liebigs Ann.* **1996**, 679 - 682.

491 C. Naumann, H. Langhals, *Chem. Ber.* **1990**, *123*, 1881 - 1884.

492 I.-P. Lorenz, M. Limmert, P. Mayer, H. Pietrowski, H. Langhals, M. Poope, K. Polborn, *Chem. Eur. J.* **2002**, *8*, 4047 - 4055.

493 Reviews: H. Langhals, Cyclic carboxylic imide structures as structure elements of high stability. Novel developments in perylene dye chemistry. *Heterocycles* **1995**, *40*, 477 - 500. — H. Langhals: Control of the interaction in multichromophores. Novel concepts. Perylene bisimides as components for larger functional units. *Helv. Chim. Acta* **2005**, *88*, 1309 - 1343.

494 Beispielsweise S. Deming, H. Langhals, *Chem. Ber.* **1988**, *121*, 225 - 230.

495 H. Langhals, S. Kirner: Novel Fluorescent Dyes by Extension oft the Core of Perylenetetracarboxylic Bisimides, *Eur. J. Org. Chem.* **2000**, 365 - 380. — H. Langhals, T. Pust: Axially Extended Perylene Dyes, H. Langhals, *Eur. J. Org. Chem.* **2010**, 3140 - 3145.

496 H. Langhals, P. von Unold, *Angew. Chem., Int. Ed.* **1995**, *34*, 2234 - 2236.

497 Siehe z. B. R. Greiner, T. Schlücker, D. Zgela, H. Langhals, *J. Mater. Chem. C* **2016**, *4*, 11244 - 11252.

mophore über trialkoxysilyl-Gruppen an Silicagel,[498] die Synthese von Di- und Trichromophoren durch (Imid)N-N(Imid)-Bindung,[499] die Synthese von Perylenophanen, in denen zwei Perylentetracarboxydiimide über C12 verbunden sind.[500] Die Perylen-Farbstoffe können Anwendung finden: für die Markierung in der Biochemie,[501] in der Medizin,[502] in der Computer-Technik,[503] als löschbare Datenspeicher,[504] für die Herstellung einer schaltbaren Fluoreszenz.[505] Das Interesse von Langhals gilt auch der Solvatochromie,[506] die sich für eine rasche und genaue Bestimmung von Wasser in organischen Lösungsmitteln eignet.[507] Neuerdings gilt das Interesse von Langhals der optischen Energieübertragung.[508]

---

498 H. Langhals, A. J. Esterbauer, *Chem. Eur. J.* **2009**, *15*, 4793 - 4796.

499 H. Langhals, W. Jona, *Angew. Chem., Int. Ed.* **1998**, *37*, 952 - 954.

500 H. Langhals, M. Rauscher, P. Mayer, *Green and Sustainable Chem.* **2019**, *9*, 38 - 77.

501 H. Schott, D. von Cunov, H. Langhals: Labelling of liposomes with intercalating perylene fluorescent dyes. *Biochim. Biophys. Acta* **1992**, *1110*, 151 - 157. — H. Langhals, A. Obermeier: A Click Reaction for Fluorescent Labelling. Application oft the 1,3-Dipolar Cycloaddition Reaction. *Eur. J. Org. Chem.* **2008**, 6144 - 6151.

502 H. Langhals: Optische Kontrastmittel für die Unterstützung der Mikrochirurgie. *Mangagement & Krankenhaus* **2011**, H. 9, 10.

503 H. Langhals, S. Saulich: Chromophores as Elements for PicoTechnology Optical Computers. *Z. Naturforsch.* **2003**, *58 b*, 695 - 597.

504 H. Langhals, T. Potrawa: Löschbare optische Fluoreszent Datenspeicher. *Chimia* **1990**, *44*, 62 - 67.

505 C. Dietl, H. Hintz, B. Rühle, J. Schmedt auf der Günne, H. Langhals, S. Wuttke: Switch-On Fluorecence of a Perylene-Dye-Functionalized Metal-Organic Framework through Postsynthetic Modification. *Chem. Eur. J.* **2015**, *21*, 10714 - 10720.

506 H. Langhals, *Nachr. Chem.* **2018**, *66*, 601-605; **2016**, *64*, 1065 - 1070.

507 H. Langhals: A simple, quick and precise procedure for the determination of water in organic solvents. *Anal. Lett.* **1990**, *23*, 2243 - 2258.

508 H. Langhals, A. J. Esterbauer, A. Walter, E. Riedle, I. Pugliesi: Föster resonant energy transfer in orthogonally arranged chromophores. *J. Am. Chem. Soc.* **2010**, *132*, 16777 - 16782. — H. Langhals: Handling electromagnetic radiation beyond terahertz using chromophores to transition from visible light to petahertz technology. *J. Electr. & Electron. Systems* **2014**, *3*, 125. — T. Renger, M. Dankl, A. Klinger, T. Schlücker, H. Langhals, F. Müh: Structure-based theory of fluctuation-induced energy transfer in a molecular dyad. *J. Phys. Chem. Lett.* **2018**, *66*, 5940 - 5947.

Einen wertvollen Beitrag zum Umweltschutz stellen die interessanten Arbeiten über das Sortieren und die Wiederverwertung von Kunststoffen dar.[509] Anhand der verschiedenen Abklingzeit der Fluoreszenz von Kunststoffen können diese identifiziert werden. Dies ist für das Recycling notwendig. Auch hat Langhals vorgeschlagen, Kunststoffe bei ihrer Herstellung durch Zusatz von Fluoreszenzfarbstoffen zu markieren. Diese Arbeiten wurden durch die Nominierung zum Industrie-Preis 2015 anerkannt.

Viel Aufmerksamkeit verdienen die Arbeiten von Langhals über die Konservierung von antiker Kunst, über die Untersuchungen und die Konservierung der Terrakotta-Armee des ersten chinesischen Kaisers Qin Shihuangdi mit über 7.000 Kriegern und 600 Pferden aus Ton.[510] Sie wurden z. T. in Zusammenarbeit mit dem Bayerischen Landesamt für Denkmalschutz ausgeführt.

Das Schriftenverzeichnis von Heinz Langhals umfasst 252 Publikationen (Stand 2019). Seine Arbeiten führten zu vielen Patentanmeldungen.

9.34 Ingo-Peter Lorenz (* 1944)

Ingo-Peter Lorenz wurde am 31. Januar 1944 in Grenzeck, Kreis Glatz (Schlesien), geboren. Nach der Vertreibung aus Schlesien besuchte er in Pirkensee in der Oberpfalz die Volksschule (1950 / 1954), dann die Oberrealschule in Sulzbach-Rosenberg (1954 / 1956) und das Gymnasium in Schwandorf (1956 / 63). Im Jahr 1963 begann er das Chemiestudium an der Universität Erlangen-Nürnberg, das er 1972 mit der Promotion über

509 H. Langhals: Sauber recycliert. *Nachr. Chem.* **2015**, *63*, 23 – 25. — H. Langhals, D. Zgela, T. Schlücker: High performance recycling of polymers by means of their fluorescence lifetimes. *Green and Sustainable Chem.* **2014**, *4*, 144 – 150; **2015**, *5*. 92 – 100.

510 H. Langhals, D. Bathelt: The restoration of the largest archaeological discovery – a chemical problem: Conservation of the polychromy of the chinese Terracotta Army in Lintong. *Angew. Chem., Int. Ed.* **2003**, *42*, 5676 – 5681. — H. Langhals, D. Bathelt, S. Bucher: Das Grabmal des ersten chinesischen Kaisers Qin Shihuangdi, ein ungewöhnlich großer archäologischer Fund und seine chemische und konservatorische Herausforderung. *Chem. Unserer Zeit* **2005**, *39*, 196 – 211. — Die Farbe der Tonkrieger: Eine Aufgabe für die Chemie. *Nachr. Chem.* **2009**, *57*, 1079 – 1084.

„Sulfinato-Komplexe von Übergangsmetallen, Bindungsisomerie, Einordnung des Sulfinato-O,O'-, Sulfinato-O- und Sulfinato-S-Liganden in die spektroskopische Serie“ bei Ekkehard Lindner abschloss. Im gleichen Jahr folgte er seinem Mentor Ekkehard Lindner, der einen Ruf als o. Professor an der Universität Tübingen angenommen hatte und wurde in Tübingen zum Wissenschaftlichen Assistenten ernannt. 1978 wurde er Akademischer Rat und hat sich 1978 mit einer Arbeit über „Koordinationschemie ambidenter Liganden des Typs REO_n- (E = S, Se; n = 1,2)“ habilitiert. 1983 wurde er zum Akademischen Oberrat ernannt und 1985 folgte die Ernennung zum apl. Professor. 1992 nahm er den Ruf als C3-Professor an die Ludwig-Maximilians-Universität an. Von 1995 bis 1997 hat er die Vertretung eines Lehrstuhls in der Fakultät für Chemie und Pharmazie an der LMU wahrgenommen. 2009 wurde er mit 65 Jahren pensioniert und arbeitete noch zwei weitere Jahre bis seine Nachfolge geregelt war.

In seinem Glückwunschschreiben zum 65. Geburtstag von I.-P. Lorenz hat der Dekan Patrick Cramer herausgestellt, dass sich Lorenz stets weit über das übliche Maß hinaus für die Fakultät eingesetzt hat und dass ihm die Fakultät Lorenz in großer Dankbarkeit verbunden ist. „Lorenz war in den vielen Jahren erfolgreicher Gremienarbeit und bei der Ausbildung der Lehramtsstudierenden immer präsent und aktiv. Er verstand es auf wunderbare Weise, auf die Menschen zuzugehen und mit ihnen zusammenzuarbeiten“. Lorenz hat oft Arbeiten übernommen, die andere Kollegen weniger geschätzt haben und hat sich in hohem Maße um die Fakultät verdient gemacht, auch als Schatzmeister für die Münchner Chemische Gesellschaft. Lorenz hat sich insbesondere für die Ausbildung der Lehramt-Studierenden in Vorlesungen und Praktika engagiert. Der gute Ruf der Betreuung der Chemie-Lehramts-Ausbildung an der LMU hat z. B. dazu geführt, dass eine ganze Zeit lang die LA Studierenden an der TU München zur LMU gewechselt sind. Er war ein glänzender Organisator (so z. B. bei der Chemiedozenten Tagung 2005 in München).

In der Forschung ist Lorenz durch verschiedene Projekte aus der metallorganischen und Koordinations-Chemie hervorgetreten. Beachtung fanden seine schönen Arbeiten über Schwefelmonoxid-Komplexe,[511] über Aziridin-Komplexe,[512] über Komplexe mit Farbstoffen,[513] mit Nitrosoaryl-Liganden.[514] Interessanterweise fasste Lorenz metallorganische Verbindungen mit Phosphan-Liganden als metallierte Phosphorverbindungen auf, z. B. Phosphan-Eisen-Komplexe sind Ferriophosphane.[515] Zusammen mit einem Arbeitskreis in Łódź (Polen) wurden zahlreiche cytotoxische Platin-, Palladium- und Kupfer-Komplexe mit Pyrazol-Liganden entwickelt, die sogar in ihrer Wirkung Cisplatin übertreffen.[516] Seine Forschungsarbeiten sind in 156 Publikationen dokumentiert. Im Anschluss an seinen vielbesuchten Kurs über Molekülsymmetrie und Gruppentheorie verfasste Lorenz zusammen mit Kollegen das Lehrbuch „Molekülsymmetrie und Spektroskopie".[517]

9.35 Franz Lux (1926–2021)

Franz Lux wurde am 9. April 1926 in Weißbach (Sudetenland) geboren. Als junger Soldat wurde er schwer verwundet. Er konnte nach seiner Genesung an der Technischen Hochschule München Chemie studieren und wurde 1958 bei Professor Walter Hieber am Institut für Anorganische Chemie der TH München mit einer Arbeit „Zur Magnetochemie neuartiger Metall-Kohlenoxid-Komplexe" promoviert. Im gleichen Jahr wählte er die Radiochemie als neues Thema seiner Forschung am neu gegründeten Institut für Radiochemie der TH München, wo er sich 1964 mit einer

511 Beispielsweise I.-P. Lorenz, J. Messelhäuser, W. Hiller, K. Haug, *Angew. Chem.* **1985**, *97*, 234.

512 S. von Beckerath, I.-P. Lorenz, R. Fawzi, M. Steimann, *Z. Naturforsch.* **1996**, *51 b*, 959. — I.-P. Lorenz, C. Krinninger, R. Wilberger, R. Bobka, H. Piotrowski, M. Wachhold, H. Nöth, *J. Organomet. Chem.* **2005**, *690*, 1986. — C. Krinninger, J. C. Ruiz, H. Nöth. P. Lorenz, *Z. Anorg. Allg. Chem.* **2007**, *633*, 835.

513 H. Langhals, M. Limmert, I.-P. Lorenz, P. Mayer, H. Piotrowski, K. Polborn, *Eur. J. Inorg. Chem.* **2000**, 2345.

514 S. Wirth, F. Barth, I.-P. Lorenz, *Dalton Trans.* **2012**, *41*, 2176.

515 Beispielsweise I.-P. Lorenz, P. Mürschel, W. Pohl, K. Polborn, *Chem. Ber.* **1995**, *128*, 413.

516 E. Budzisz, M. Miernicka, I.-P. Lorenz, P. Mayer, U. Krajewska, M. Rozalski, *Polyhedron* **2009**, *28*, 637.

517 I.-P. Lorenz, N. Kuhn, S. Berger, D. Christen: *Molekülsymmetrie und Spektroskopie*. De Gruyter, Berlin, **2015**.

Arbeit auf dem Gebiet der Aktivierungsanalyse habilitierte. 1970 wurde er außerplanmäßiger Professor. Nach dem frühen Tod von Fritz Weigel übernahm Franz Lux die Leitung des Radiochemischen Labors am Institut für Anorganische Chemie der LMU. Er hat sich große Verdienste um die Sanierung dieser Abteilung erworben und hat die Radiochemie an der LMU sowie Doktoranden auf diesem Gebiet zu einem guten Ende geführt.

In der Forschung auf dem Gebiet der Radiochemie ist Lux durch eine Reihe von originellen Ergebnissen hervorgetreten. Er beschäftigte sich vor allem mit Themen aus der Aktivierungsanalyse,[518] mit natürlicher Radioaktivität,[519] mit Spaltprodukttrennung,[520] sowie mit der Chemie der Aktinidenelemente. So gelang die Synthese von Urantetrabromid[521] und Uranpentabromid,[522] von Phthalocyaninato-Komplexen[523] und Isocyanid-Komplexen[524] der Aktiniden-Elemente Thorium bis Protaktinium. Aufsehen erregten seine interessanten Arbeiten über das Alter und die Herkunft von Gemälden durch die – mit Aktivierungsanalyse ermittelte – Bestimmung von Spurenelementen im Bleiweiß von Gemälden.[525] Er hat die Aktivierungsanalyse auch für die Medizin genutzt, so bei der Verfolgung der Wundheilung[526] und der Korrosion von Metallimplan-

518 F. Lux: Application of activation analysis in Biochemistry. *Fresenius Z. Analyt. Chem.* **1968**, *243*, 105 – 125. — F. Lux: Physical methods in chemistry: activation analysis. *Chem. Unserer Zeit* **1971**, *5*, 33 – 40.

519 G. K.Wolf, F. Lux, H. J. Born: ^{206}Hg as a product in the U-Ra decay series. *Radiochim. Acta* **1964**, *3*, 206 – 215.

520 Beispielsweise F. Lux, F. Ammentorp-Schmidt: Behaviour of Np and of various fission products in heterogeneous reactions between neutron-irritated U compounds and complexing agents. *Radiochim. Acta* **1965**, *4*, 112.

521 F. Lux, G. Wirth, *Chem. Ber.* **1970**, *103*. 3735.

522 F. Lux, G. Wirth, K. W. Bagnall, *Chem. Ber.* **1970**, *103*, 2807 – 2813.

523 F. Lux, F. Ammentorp-Schmidt, D. Dempf, D. Graw, W. Hagenberg: Phtalocyaninatoactinide complexes. *Radiochim. Acta* **1970**, *14*, 57 – 61.

524 F. Lux, U. E. Bufe, *Angew. Chem., Int. Ed.* **1971**, *10*, 274.

525 F. Lux, L. Braunstein: Activation analytical studies of paintings. Determination of trace elements of white lead in the paintings of the "Alte Pinakothek" in Munich. *Fresenius Z. Analyt. Chem.* **1966**, *221*, 235 – 254.

526 F. Lux, D. Bozanic, G. Blümel, W. Wolf: Activation-analysis investigation of the behavior of biological trace elements during wound healing: the role of calcium and iron. *Microchim. Acta* **1978**, *1*, 35 – 54.

taten im Gewebe.[527] Zusammen mit Professor Schönenberger (Regensburg) konnte er mit seinen Mitarbeitern in einer Reihe von Arbeiten den Platin-Gehalt in Tumorzellen nach Behandlung mit antitumoraktiven Platin-Komplexen[528] sowie in biogenenen Verbindungen (Aminosäuren, Peptide, Nucleoside) nach Behandlung mit Pt-Pulver nachweisen.[529]

Professor Franz Lux war ein angesehener, hoch geschätzter und liebenswerter Kollege. Er ist am 6. Juni 2021, kurz nach seinem 95. Geburtstag, gestorben.

9.36 Hermann Lux (1904–1999)

Hermann Lux wurde am 5. September 1904 in Karlsruhe geboren. Er begann 1923 das Chemie-Studium an der Technischen Hochschule Karlsruhe (bei Freudenberg, Bredig und Goldschmidt). Nach dem Vordiplom ging er an die Universität Bonn, kehrte aber 1927 wieder zur Diplom- und Doktor-Arbeit bei Alfred Stock nach Karlsruhe zurück. Im Jahr 1929 wurde er mit einer Arbeit „Über die thermische Zersetzung des Phosgens und die Bildung von Tetrachlorkohlenstoff aus Chlor und Kohle“ promoviert. 1936 hat er sich habilitiert und wechselte ein Jahr später als Assistent an das Anorganisch-chemische Laboratorium der Technischen Hochschule München zu Professor Walter Hieber. Er erhielt 1941 eine Dozentur und 1944 den Titel apl. Professor. Nach seiner Entlassung aus dem Staatsdienst wegen „formaler politischer Belastung“ wurde ihm 1949 die Lehrbefugnis für anorganische, allgemeine und analytische Chemie wieder erteilt und nach Umhabilitation erhielt er auf Antrag von Heinrich Wieland 1950 eine Diätendozentur und wurde zum apl. Professor an der LMU ernannt, wo die analytische Chemie nach Hönigschmid nicht mehr vertreten war. Im Jahr 1955 wurde er an die TH München als

527 F. Lux, R. Zeisler: Instumental multi-element activation analysis of biological tissue and its application to the study of metallosis. *Fresenius Z. Analyt. Chem.* **1972**, *261*, 314–328.

528 H. Reile, G. Bernhardt, M. Koch, H. Schönenberger, M. Hollstein, F. Lux, *Cancer Chemother. Pharmacol.* **1992**, *30*, 113–122.

529 D. Freisleben, B. Wagner, H. Hartl, W. Beck, M. Hollstein, F. Lux: Dissollution of palladium and platinum powder by biogenic compounds. *Z. Naturforsch.* **1993**, *48 b*, 847.

a. o. Professor berufen und dort später zum Ordinarius ernannt und 1973 emeritiert. Darüber hinaus nahm er noch einen Lehrauftrag über „Theoretische Grundlagen der analytischen Chemie“an der LMU an.

Lux hat bei Stock in Karlsruhe Methoden zur quantitativen Bestimmung kleinster Mengen von Quecksilber[530] und von Zink[531] entwickelt. Lux wurde durch seine Arbeiten über Reaktionen in Salzschmelzen bekannt. Im Zuge dieser Arbeiten stellte er einen neuen Säure-Base-Begriff im „Oxosystem“ auf,[532] der später durch Flood erweitert wurde. Nach Lux sind Basen Oxid-Ionen-Donatoren und Säuren sind Oxid-Ionen-Akzeptoren:

$$\text{Base} — \text{Säure} + O^{2-}$$

Basen sind z. B. CaO, SO_4^{2-};

Säuren sind SiO_2, SO_3.

Weitere interessante Arbeiten betreffen die „Blauen Lösungen von Schwefel“,[533] Chrom(II)-Verbindungen,[534] die Zersetzung von Metallcarbonylen zu Metallcarbiden,[535] die Bestimmung fallender Tropfen.[536]

Überaus wertvoll für die Studenten ist sein viel verwendetes und in viele Sprachen übersetztes Buch „Praktikum der quantitativen anorganischen Analyse“, das seit der 1. Auflage im Jahr 1941 bis heute in vielen neuen Auflagen erschienen ist.[537] Die genaue Befolgung der dort beschriebenen Anweisungen ermöglicht sehr exakte und sichere quantitative Analysen.

Eine besonders wertvolle Fundgrube für anspruchsvolle präparative Arbeits- und Mess-Methoden ist sein großes und umfangreiches Werk „Anorganisch-Chemische Experimentierkunst“.[538]

Lux ist am 8. Juli 1999 im Alter von fast 95 Jahren gestorben.

---

530 A. Stock, H. Lux, *Angew. Chem.* **1931**, *44*, 200.
531 H. Lux, *Z. Anorg. Allg. Chem.* **1935**, *226*, 1.
532 H. Lux, *Z. Elektrochem.* **1939**, *45*, 303.
533 H. Lux, S. Benninger, E. Böhm, *Chem. Ber.* **1968**, *101*, 2.
534 H. Lux, L. Eberle, *Chem. Ber.* **1961**, *94*, 1562.
535 H. Lux, A. K. Ignatowicz, *Chem. Ber.* **1968**, *101*, 809, 2995.
536 H. Lux, M. Seliger, Microchim. Acta 1968, 683.
537 H. Lux: *Praktikum der quantitativen anorganischen Analyse.* Springer, Berlin, **1941**.
538 H. Lux: *Anorganisch-Chemische Experimentierkunst.* Barth, Leipzig, **1954**.

9.37 Feodor Lynen (1911–1979)

Feodor Lynen wurde am 6. April 1911 in München geboren. Er begann 1930 das Chemiestudium an der Universität München und musste nach dem im Jahr 1931 absolvierten ersten Verbandsexamen das Chemiestudium wegen eines Skiunfalls bis Mai 1933 unterbrechen. Nach dem zweiten Verbandsexamen im Jahr 1934 begann er seine Doktorarbeit unter Leitung von Geheimrat Heinrich Wieland, seinem späteren Schwiegervater. Er wurde 1937 mit einer Arbeit „Über die Giftstoffe des Knollenblätterpilzes“[539] promoviert. Nach der Promotion war er Stipendiat der Deutschen Forschungsgemeinschaft, dann wissenschaftlicher Assistent und 1941 hat er sich mit den Themen „Zum Abbau von Bernsteinsäure und Zitronensäure durch Hefe – Über die Beteiligung der Phosphorsäure bei Atmungsvorgängen der Hefe“[540] habilitiert. 1943 wurde er zum Diätendozenten und 1947 zum a. o. Professor für Biochemie ernannt. Sein Extraordinariat war die erste Professur für Biochemie in Deutschland. Nach einem ehrenvollen Ruf auf den Lehrstuhl für Physiologie an der Universität Bern wurde er 1953 für die Rufabwendung zum persönlichen Ordinarius ernannt und erhielt Stellen und Mittel für ein neues, eigenes Institut für Biochemie. Zur Abwendung des interessanten Rufs auf die „Higgins“ Professur der Harvard-Universität (1955) erhielt Lynen einen Ruf als Direktor des Instituts für Zellchemie an der Deutschen Forschungsanstalt für Psychiatrie der Max-Planck-Gesellschaft. Das Bayerische Kultusministerium stimmte dieser „Nebenbeschäftigung“ Lynens zu. Weitere Rufe an die ETH Zürich (hochdotiert, 1955), nach Frankfurt (1955) und an die University of Miami als „chairman of biochemistry“ (1966) führten zu Erhöhung seiner Stellung als Ordinarius und Direktor des Max-Planck-Instituts und der Mittel des Instituts und vor allem schließlich zur Schaffung eines zweiten Lehrstuhls für Biochemie, auf den dann 1973 Guido

539 F. Lynen, U. Wieland: Über die Giftstoffe des Knollenblätterrpilzes. *Liebigs Ann. Chem.* **1937**, *533*, 93.

540 F. Lynen, N. Neciullah: Zum Abbau von Bernsteinsäure, Äpfelsäure und Citronensäure durch Hefe. *Liebigs Ann. Chem.* **1939**, *541*, 202. — F. Lynen: Über den aeroben Phosphatbedarf der Hefe. Ein Beitrag zur Kenntnis der Pasteurschen Reaktion. *Liebigs Ann. Chem.* **1941**, *546*, 120.

Hartmann berufen wurde. In seinem Dankschreiben an den damaligen Dekan H. Merxmüller für dessen Glückwünsche zur Verleihung des Nobelpreises hat Lynen 1964 geschrieben: „Als akademisches Unikum, der innerhalb der gleichen Fakultät die gesamte Stufenleiter akademischer Würde durchlaufen hat, erfüllen mich Ihre Glückwünsche mit besonderer Freude. Sie ist gepaart mit der Befriedigung darüber, dass es mir zusammen mit tüchtigen Mitarbeitern vergönnt war, die Tradition des ehemaligen Staatslabor, des jetzigen chemischen Universitätsinstituts fortzusetzen". Im Jahr 1973 zog Lynen in das neue Forschungszentrum der Max-Planck-Gesellschaft für Biochemie nach Martinsried und wurde dessen Direktor (1974–1976). Im Jahr 1975 wurde er als Nachfolger von Werner Heisenberg zum Präsidenten der Alexander-von-Humboldt-Stiftung gewählt. Er war Vizepräsident der Max-Planck-Gesellschaft (1972–1978). Als Folge einer unglücklich verlaufenen Operation ist Lynen, einen Monat vor seiner Emeritierung, am 6. August 1979 in München gestorben. Der frühe Tod des „begeisterten, begeisternden" Forschers und der einzigartigen, ungemein sympathischen, liebenswürdigen, lebensfrohen, mit ungewöhnlich großem Charisma und mit großer Ausstrahlung ausgezeichneten Persönlichkeit erfüllte die Mitarbeiter, die Kollegen und die wissenschaftliche Welt mit Trauer. Zu seinem Gedenken fand im Herkules-Saal der bayerischen Residenz am 29. Februar 1980 eine Akademische Gedenkfeier statt mit Anwesenheit des Bundespräsidenten Carstens und dessen Amtsvorgänger Scheel und 1000 Teilnehmern und mit Ansprachen des Präsidenten der Max-Planck-Gesellschaft Reimar Lüst, des Präsidenten der Universität München Nikolaus Lobkowicz, des bayerischen Staatsministers Karl Hillermeier, seines Freundes Professor Konrad Bloch, der gemeinsam mit ihm den Nobelpreis erhalten hatte und seines Schülers Professor Karl Decker.[541]

Nach seiner Doktorarbeit fand Lynen großes Interesse an der damals neuartigen Biochemie. Ein Paukenschlag war es, als er die Struktur der viel diskutierten, „aktivierten Essigsäure" als Acetylthioester von Coenzym A

541 Gedenkfeier Feodor Lynen, *Berichte und Mitteilungen der Max-Planck-Gesellschaft* **1980**, Nr. 2, mit einer Liste der Auszeichnungen, Mitgliedschaften bei Akademien und Gesellschaften, Namensvorlesungen und Herausgebertätigkeit bei Zeitschriften.

entdeckte.[542] Für den Chemiker sehr bemerkenswert ist, dass Lynen „den ersten Hinweis auf das Vorliegen eines Thioesters durch die verzögerte (nach Hydrolyse des Thioesters) Farbreaktion der aus Hefe isolierten aktivierten Essigsäure mit Nitroprussid-Natrium bekam". Dieses Reagenz liefert bekanntlich mit H_2S oder Mercaptanen eine intensive Rotfärbung. Lynen war von diesem Experiment sehr begeister und hat es z. B. Karl Decker bei dessen „Antrittsbesuch" bei Lynen vorgeführt. Auch die Inaktivierung der aktivierten Essigsäure mit Quecksilbersalz war ein Hinweis auf eine organische Schwefelverbindung. Lynen hat eingehend beschrieben, wie er bei einem Spaziergang mit Theodor Wieland zu dem Einfall kam, dass der Schwefel ein wesentlicher Bestandteil von Coenzym A darstellt.[543] Diese Entdeckung brachte Lynen rasch große internationale Anerkennung. Sie war der Ausgangspunkt für viele weitere bedeutsame Arbeiten[544] und führte letztlich zum Nobelpreis. Sein wissenschaftliches Werk über die aktivierte Essigsäure, den Mechanismus der Fettsäureoxidation und deren Stufen in dem „Lynen-Zyklus", über den Multienzymkomplex der Fettsäuresynthetase, über Vitamin B12, über die Wirkungsweise von Biotin, über die Biosynthese der Terpene ist in über 400 Publikationen und 70 Dissertationen seiner Mitarbeiter niedergelegt. In ungewöhnlich zahlreichen, von tiefer Zuneigung und Bewunderung geprägten Nachrufen wurde sein Werk gewürdigt. Hier sind besonders die hervorragende und hoch gelobte Biographie von Heike Will,[545] die Zusammenstellung sämtlicher Schriften, Reden, Feiern zum Nobelpreis, zu Geburtstagen, der Presseschau über Lynen, die sein Kollege G. Hartmann in acht Bänden herausgebracht hat,[546] sowie die Nachrufe von seinen

542 F. Lynen, E. Reichert, *Angew. Chem.* **1951**, *63*, 47. — F. Lynen, E. Reichert, L. Rueff, *Liebigs Ann. Chem.* **1951**, *574*, 1.

543 F. Lynen: Der Weg von der aktivierten Essigsäure zu den Terpenen und Fettsäuren. Nobel-Vortrag am 11. Dezember 1964. *Angew. Chem.* **1965**, *77*, 929.

544 *Die aktivierte Essigsäure und ihre Folgen. Autobiographische Beiträge von Schülern und Freunden Feodor Lynens (zu seinem 65. Geburtstag)* (Ed.: G. R. Hartmann). De Gruyter, Berlin, **1976**.

545 Will **2011**, s. Anm. 75 auf S. 83. — R. K. Thauer, *Angew. Chem.* **2011**, *123*, 9709.

546 G. Hartmann: Feodor Lynen. Sein Werk und seine Person. Institut für Biochemie LMU, München, **1982**, Bibliothek der Fakultät für Chemie und Pharmazie VB 3229, H 333.

Schülern Karl Decker[547] und Bernd Hamprecht[548] und seiner Kollegen Bloch,[549] Krebs und Lipmann[550] zu nennen. Zu seinem 65. Geburtstag haben viele seiner Schüler über ihre Zeit mit Lynen berichtet, der von seinen Mitarbeitern viel verlangt hat. Berühmt ist sein Ausspruch „Es darf mehr gearbeitet werden als verlangt wird“.

Wie kaum ein anderer Wissenschaftler wurde Feodor Lynen geehrt. Schon vor dem Nobelpreis für Physiologie und Medizin für „Arbeiten über Mechanismus und Regulation des Cholesterin- und Fettsäureumsatzes“ im Jahr 1964 wurde ihm die Liebig-Denkmünze der GDCh und die Ehrendoktorwürde der Universität Freiburg verliehen. Er war Ehrendoktor von weiteren 7 Universitäten und Träger vieler weiterer Auszeichnungen (17), wie z.B. des Großen Verdienstkreuzes der BRD, des Ordens Pour le merite oder des Bayerischen Verdienstordens. Er war Mitglied bzw. Ehrenmitglied von 12 Akademien und von 19 wissenschaftlichen Gesellschaften im In- und Ausland, bei denen er auch als Präsident wirkte. Er war außerordentlich häufig zu Vorträgen, Namens-Vorträgen an Universitäten und auf Tagungen eingeladen und schließlich Mitherausgeber vieler wichtiger Zeitschriften. So hat Lynen nicht nur die wissenschaftliche Welt, sondern auch die Gesellschaft, die Polititik und Wirtschaft in hohem Maße beeinflusst und geprägt. Zu seinem Andenken wurde von der Alexander-von-Humboldt-Stiftung das Lynen-Stipendium eingerichtet. In Planegg wurde ein Gymnasium nach Lynen benannt.

---

547 K. Decker: Feodor Lynen – Lehrer und Mensch. *Berichte und Mitteilungen der Max-Planck-Gesellschaft* **1980**, Nr. 2. — K. Decker, *Naturwiss. Rundsch.* **1980**, *33*, 224. — K. Decker, *Rev. Physiol. Biochem. Pharmacol.* **1981**, *90*, 1. — H. Krebs, K. Decker, *Biographical Memoirs of Fellows of the Royal Society* **1982**, *18*, 261. — K. Decker: *Feodor Lynen (1911 - 1979). Architekt der klassischen Biochemie. München leuchtet für die Wissenschaft* (Eds.: U. Leutheusser, H. Nöth). Edition monacensia. Alitera Verlag, München, **2008**.

548 H. Will, B. Hamprecht: Mir erschien jetzt alles so einfach… Feodor Lynen (1911 - 1979), ein Großer der Biochemie. *Angew. Chem.* **2011**, *123*, 11784.

549 K. Bloch: Feodor Lynen. Architekt der klassischen Biochemie. *Berichte und Mitteilungen der Max-Planck-Gesellschaft* **1980**, Nr. 2. — K. Bloch, *Naturwiss. Rundsch.* **1980**, *33*, 213.

550 F. Lipmann, *Naturwiss. Rundsch.* **1980**, *33*, 221.

9.38 Herbert Mayr (* 1947)

Herbert Mayr wurde am 8. Juni 1947 in Weilheim / Oberbayern geboren, Er studierte 1966 – 1971 Chemie an der LMU und wurde 1974 mit einer Arbeit „Mechanismus der Keten-Cycloaddition und Chemie der Cyclobutenone" bei Professor Rolf Huisgen promoviert. Nach einem Postdoc-Aufenthalt 1975 – 1976 bei Professor George A. Olah (Case Western Reserve University, Cleveland, Ohio) arbeitete er als research associate mit Professor P. v. R. Schleyer an der Friedrich-Alexander-Universität Erlangen-Nürnberg, wo er sich 1980 mit dem Thema „Additions- und Cycloadditionsreaktionen von Allenylkationen" habilitiert hat. Im Jahr 1984 wurde er als C4-Professor für Chemie an die Medizinische Universität zu Lübeck berufen, 1991 folgte er einem Ruf als C4-Professor an die Technische Hochschule Darmstadt und seit 1996 ist er ordentlicher Professor (C4) für Organische Chemie an der LMU als Nachfolger von Rudolf Gompper. 1997 / 98 war er geschäftsführender Vorstand des Instituts für Organische Chemie an der LMU. In den schwierigen Zeiten des Umzugs der Chemie und Pharmazie nach Großhadern 1999 / 2000 war er sehr erfolgreicher Dekan der Fakultät für Chemie und Pharmazie. 2000 – 2004 war er Vorsitzender der Liebig-Vereinigung für Organische Chemie (Fachgruppe der Gesellschaft Deutscher Chemiker), 2004 – 2012 Vorsitzender des Fachkollegiums „Molekülchemie" der Deutschen Forschungsgemeinschaft und 2007 – 2008 Direktor des Departments Chemie und Biochemie und schließlich hat er die Fakultät nochmals als Dekan hervorragend geführt (2011 – 1013).

Ehrungen: Liebig-Denkmünze der GDCh (2006), Mitglied der Bayerischen Akademie der Wissenschaften und der Deutschen Akademie der Wissenschaften Leopoldina, Gastprofessur an der Tsinghua Universität in Beijing (2017), Norris-Award for Physical Organic Chemistry der American Chemical Society (2020).

Das *Forschungsgebiet* von Herbert Mayr liegt auf dem Gebiet der Physikalisch-Organischen Chemie insbesondere der Quantifizierung Polarer Organischer Reaktivität.

Mayr gelang mit seinen Mitarbeitern die Aufstellung einer umfassenden Reaktivitätsskala für eine Vielzahl von verschiedenen Klassen organischer und metallorganischer Verbindungen, für über tausend C-, N-, O-, P-,

S-Nucleophile und für über fünfhundert Electrophile. Die Kombination von Nucleophilie-Skalen mit Elektrophilie-Skalen ermöglicht die Planung neuer Synthesen und die Voraussage chemischer Reaktionen, d. h. die Vorhersage, ob und mit welcher Geschwindigkeit zwei Verbindungen miteinander reagieren.

Die Geschwindigkeitskonstante k bei 20°C kann nach H. Mayr anhand der publizierten Lösungsmittel-abhängigen Nucleophilie-Parameter (N) und Elektrophilie-Parameter (E) berechnet werden:

$$\log k = S_N (N + E)$$

S_N = nucleophil spezifische, Lösungsmittel-abhängige Suszeptibilität.

Die im Arbeitskreis Mayr bearbeiteten Reaktivitätsbereiche umfassen eine Spanne von 40 Zehnerpotenzen!

Die Reaktivitätsskalen sind frei zugänglich[551] und ihre Anwendung ist von Mayr und Ofial in einer Reihe von Übersichtsartikeln beschrieben.[552]

Die Reaktivitätsskalen führten Mayr auch zu einem tiefen Verständnis von kationischen Polymersisationen und der Organokatalyse.

Vor seinen systematischen Studien zur Erstellung von Reaktivitätsskalen galt sein Interesse vor allem den Reaktionen von in situ erzeugten Carbokationen mit Alkenen,[553] sowie Arbeiten über die kationische Polymersisation von Alkenen,[554] über Friedel-Crafts-Reaktionen, über ungewöhnliche Cycloadditionsreaktionen.[555] Herauszustellen ist auch seine

551 Mayr's Database of Reactivity Parameters: ➤ <https://www.cup.lmu.de/oc/mayr/reaktionsdatenbank2/>.

552 H. Mayr, A. R. Ofial: π-Nucleophilicity in Carbon-Carbon-Bond-Forming Reactions. *Acc. Chem. Res.* **2003**, *36*, 66 – 77. — H. Mayr, A. R. Ofial: Kinetics of Electrophile-Nucleophile Combinations: A General Approach to Polar Organic Reactivity. *Pure Appl. Chem.* **2005**, *77*, 1807 – 1821. — H. Mayr, A. R. Ofial: Do general nucleophilicity scales exist? *J. Phys. Org. Chem.* **2008**, *21*, 584 – 595. — Und es geht doch: Nucleophilie-Skalen für die Syntheseplanung. *Nachr. Chem.* **2008**, *56*, 871 – 877. — H. Mayr: Reactivity scales for quantifying polar organic reactivity: the benzhydrylium methodology. *Tetrahedron* **2015**, *71*, 5095 – 5111.

553 H. Mayr, *Angew. Chem., Int. Ed.* **1981**, *20*, 184-186. — Übersicht in H. Mayr: CC Bond Formation by Addition of Carbenium Ions to Alkenes. *Angew. Chem., Int. Ed.* **1990**, *29*, 1371 – 1522.

554 H. Mayr in *Cationic Polymerizations. Synthesis & Applications* (Ed.: K. Matyjaszewski). Marcel Dekker, New York, **1996**, 51 – 116.

555 Beispielsweise H. Mayr, I. K. Halberstadt, *Angew. Chem.* **1970**, *92*, 840 – 841.

Revision scheinbar grundlegender Gesetzmäßigkeiten in der Organischen Chemie, wie dem Reaktivitäts-Selektivitäts-Prinzip[556] oder dem HSAB-Prinzip zur Deutung amidenter Reaktivität. Sein Münchner Kollege Paul Knochel hat in seiner Würdigung von Mayr anlässlich dessen 70. Geburtstages dessen neues Konzept[557] über das ambidente Verhalten von Nucleophilen (z.B Nitrit, Cyanid) als „Masterpiece" bezeichnet.[558]

Schließlich hat Herbert Mayr grundlegende Arbeiten über die Beziehung zwischen Gleichgewichtskonstante und Geschwindigkeitskonstante chemischer Reaktionen durchgeführt.[559] Seine Arbeiten sind in über 400 Pubikationen niedergelegt (Stand 2019).

9.39 Günter Nagorsen (1926 – 2015)

Günter Nagorsen wurde am 8. Januar 1926 in Deutsch Eylau im damaligen Westpreußen geboren. Nach dem Abitur 1944 wurde er Soldat und nach dem Krieg arbeitete er ein Jahr als Zimmermann. Im WS 1946/47 wurde er zum Chemie-Studium an der TH Darmstadt zugelassen, das er 1958 mit seiner Doktorarbeit über" Bestimmung der Elektronendichte im Silizium" abschloss. Nach einem zweijährigen Postdoc-Aufenthalt am Massachusetts Institute of Technology in Cambridge/USA folgte 1965 die Habilitation in Darmstadt mit einer Arbeit „Über Messungen von Ordnungsparametern in kristallisierten Phasen mit Röntgenstrahlen". Über Heidelberg folgte Nagorsen seinem Mentor Armin Weiß im Jahr 1967 an die LMU, zunächst als Universitätsdozent. 1978 wurde er zum Professor (C2) ernannt. Von 1987 – 1988 hatte er die Vertretung des Lehrstuhls von Armin Weiß, der als Abgeordneter des Bayerischen Landtags beurlaubt war. 1991 ging er in den Ruhestand. In den vielen Jahren am Institut für Anorganische Chemie der LMU war er als vorbildlicher Hoch-

556 H. Mayr, A. R. Ofial: The Reactivity-Selectivity Principle: An Imperishable Myth in Organic Chemsitry. *Angew. Chem., Int. Ed.* **2006**, *45*, 1844 – 1854.

557 H. Mayr, M. Breugst, A. R. Ofial: Farewell to the HSAB Treatment of Ambident Reactivity. *Angew. Chem., Int. Ed.* **2011**, *50*, 6470 – 6505.

558 P. Knochel, *Synthesis* **2017**, *49*, 3182.

559 H. Mayr, A. R. Ofial: Philicities, Fugalities and Equilibrium Constants. *Acc. Chem. Res.* **2016**, *49*, 952 – 965. — H. Mayr, A. R. Ofial: When do Rate-Equilibrium Relationsships Break down? *Pure Appl. Chem.* **2017**, *89*, 729 – 744.

schullehrer von Kollegen wie von Studenten hochgeschätzt. Er war ein idealer und ungemein kooperativer, sehr kluger Kollege, immer freundlich und hilfsbereit und er war ein überaus gerechter Prüfer. Nagorsen (der „Nago", wie ihn die Studenten nannten) hat sich mit großer Hingabe und mit großem Erfolg in der Lehre eingesetzt.

In der Forschung hat er als hervorragender Strukturchemiker zwar nicht sehr viel publiziert, aber immer sehr anspruchsvolle Themen gewählt und dabei Pionierarbeiten herausgebracht, wie z. B. über die Synthese und die Struktur von ternären Arseniden,[560] die heute im Hinblick auf ihr magnetisches Verhalten und auf Supraleitfähigkeit hochaktuell sind.[561] Beachtung verdienen seine Arbeiten über Komplexe mit 5- und 6-fach koordiniertem Silizium[562] sowie über die Struktur von Kollagen.[563] Große Aufmerksamkeit, aber auch Widerspruch fand 1980 seine Publikation in der Zeitschrift „Angewandte Chemie" über planares, 4-fach koordiniertes Silizium.[564] Nagorsen starb am 18. Februar 2015 im Alter von 89 Jahren.

9.40 Heinrich Nöth (1928 – 2015)

Abb. 9.20. Heinrich Nöth.

Heinrich Nöth wurde am 20. Juni 1928 in München als Sohn des Kammervirtuosen (Hornist) Professor Hans Nöth geboren. Von 1947 – 1948 arbeitete er im sog. Bautrupp an dem Wiederaufbau der Universität München und 1948 begann er sein Chemiestudium an dieser Universität. Schon 1952 folgte die Diplomarbeit bei Professor Egon Wiberg „Über höhere Oxide des Rutheniums und Eisens" und 1954 die Promotion „Zur Kenntnis von Hydriden und Komplexhydriden der III. Hauptgruppe des Periodensystems". Von 1956 – 1957 arbeitete er als Forschungschemiker (research officer) bei Imperial Chemical Indus-

560 M. Pfisterer, G. Nagorsen, *Z. Naturforsch.* **1980**, *35 b*, 703; 1983, 38 b, 811

561 R. Pobel, R. Frankovsky, D. Johrendt, *Z. Naturforsch.* **2013**, *68 b*, 581.

562 W. Heiniger, K. Polborn, G. Nagorsen, *Z. Naturforsch.* **1988**, *43*, 857.

563 T. Nemetschek, H. O. Becker, G. Nagorsen, *Naturwiss.* **1966**, *53*, 611.

564 G. Nagorsen, H. Meyer, *Angew. Chem.* **1980**, *92*, 1071 und dort zitierte Literatur.

tries in England. Nach der Rückkehr an das Münchner Wiberg-Institut konnte sich Nöth im Jahr 1962 mit dem Thema „Beiträge zur Chemie der Bor-Stickstoff-Verbindungen und der Subverbindungen des Bors" habilitieren. Im Jahr 1965 wurde er zum a. o. Professor für Anorganische Chemie der Universität München ernannt (als Nachfolger von E. O. Fischer, der an die TH München berufen wurde) und 1966 folgte er einem Ruf an die Universität Marburg als ordentlicher Professor. Im Jahr 1969 wurde er Nachfolger seines akademischen Lehrers Egon Wiberg an der LMU und gemeinsam mit Armin Weiß und Wolfgang Beck Vorstand des Instituts für Anorganische Chemie. An der LMU wirkte er als Dekan (1983 – 1985), Mitglied des Senats (1986) und lange Jahre (1981 – 1994) als Mitglied der einflussreichen Haushaltskommission.

Von 1990 – 2009 war er ständiger Gastprofessor am Centro de Investigacion y de Estudios Avancados del Instituto Nacional in Mexico City. Einen Ruf an die Technische Hochschule Stuttgart als Nachfolger des hoch angesehenen Josef Goubeau hat er 1970 abgelehnt.

Sein Rat und seine überaus große Tatkraft und sein Organisationstalent war bei ungewöhnlich vielen Gremien (18), wissenschaftlichen Gesellschaften (7), Akademien (8) und Zeitschriften hoch geschätzt und hatte großes Gewicht. So war Nöth z. B. Mitglied von Gremien der GDCh, des Fonds der Chemischen Industrie, der Deutschen Forschungsgemeinschaft, des Deutschen Museums, des Bayerischen Staatsministeriums für Wissenschaft und Kunst, der Gesellschaft deutscher Ärzte und Naturforscher, der Max-Planck-Gesellschaft. Er war Herausgeber und Mitglied des Herausgebergremiums von 12 angesehenen Zeitschriften. Er wurde für drei Perioden zum Präsidenten der Bayerischen Akademie der Wissenschaften und zweimal zum Präsidenten der Gesellschaft Deutscher Chemiker gewählt. Es ist sehr erstaunlich und bewundernswert, wie viel Großes Nöth geleistet hat.

Nöth hat 150 Doktoranden zur Promotion geführt. Eine ganze Reihe seiner Schülern sind ihrem Vorbild gefolgt und haben die akademische Laufbahn eingeschlagen und wurden auf Lehrstühle berufen[565] oder

565 Heinrich Vahrenkamp (Freiburg), Günter Schmid (Essen), Jörg Lorberth (Marburg), Bernd Wrackmeyer (Bayreuth), Gerald Linti (Heidelberg), Matthias Wagner (Frankfurt), Ingo Krossing (Freiburg), Nils Metzler-Nolte (Bochum).

haben höchste Positionen in der Wirtschaft erreicht, wie Rudolf Staudigl als Vorstand der Wacker Chemie München.

In der Traueranzeige der Schüler von Heinrich Nöth in der *Süddeutschen Zeitung* stand:

> „Als herausragender Wissenschaftler vermittelte er mit nie ruhendem Einsatz die Faszination der chemischen Forschung. Er war für uns nicht nur der Chef im Forschungsteam, sondern Ideengeber, Motivator, Ratgeber, Versteher und Harmonisierer: Dabei war er fordernd, antreibend, ausdauernd und begeisternd. Vieles, was wir später im Berufsleben umsetzten, folgte den Gedanken, die er uns vorgab. Mit großer Dankbarkeit gedenken wir unseres Chefs".

In der Forschung stand die Borchemie im Mittelpunkt seiner Arbeiten, die in 950 Publikationen niedergelegt sind,[566] von diesen waren 274 „Contributions to the chemistry of boron".[567] Nöth gilt als „Meister" der Borchemie. Nach seiner Emeritierung 1996 hat Nöth 350 Publikationen herausgebracht, was wohl einmalig ist. Die Arbeitsgebiete wurden von ihm selbst im Jahr 2008 wie folgt beschrieben.

Arbeitsgebiete von H. Nöth[568]

1. Kationenchemie des Bors

Erste Boraziniumsalze $(R_2NH)_2BX_2$ (1960)
Erste zweifach koordinierte Diaminobor-, amino-organyl- und Diorganylbor-Kationen $[R_2N{=}B{=}NR_2]^+$, $[R_2N{=}B\text{-}R]^+$ und R_2B^+.Erste dreifach koordinierte Bor-Kationen $[X_2BL]^+$ (X = Hal, R; L = py)

566 Beispielsweise P. Kölle, H. Nöth, *Chem. Rev.* **1985**, *85*, 399. — H. Nöth. *Angew. Chem., Int. Ed.* **1988**, *27*, 1603. — H. Nöth: *Molecular Clusters of the Main Group Elements* (Eds. M. Driess, H. Nöth). Wiley-VCH, Weinheim, **2004**. — E. Wiberg, H. Nöth, R. Uson, *Z. Naturforsch.* **1958**, *11 b*, 490. — M. Bremer, H. Nöth, M. Warchhold, *Eur. J. Inorg. Chem.* **2003**, 111. — J. C. G. Ruiz, H. Nöth, M. Warchhold: The Chemistry of Metal Tetrahydroborates. *Eur. J. Inorg. Chem.* **2008**, 251.

567 H. Nöth, T. Täger, *Z. Naturforsch.* **2010**, *65 b*, 173.

568 Mitteilung an den Autor.

2. Chemie des zweifach koordinierten Bors

Synthese der ersten Amino-imino-borane R_2N-B≡NR-und R_2N≡B-R-Verbindungen insbesondere mit der 2,2,6,6-Tetramethylpiperidino-Gruppe als sterisch stabilisierender Gruppe. Studium zahlreicher Additions-und Cycloadditionsprodukte zu neuen Fünf-und Sechsring-Heterocyclen.
Erste Verbindungen mit Bor-Kohlenstoff-Doppelbindung, Studium von Additions-und Cycloadditionsreaktionen; Reaktionen mit Metallcarbonylen, Synthese von Komplexen mit Borabutadienen. Synthese der ersten Verbindungen mit B=P-Doppelbindungen.

3. Chemie von Polyboranen ohne Mehrzentrenbindungen

Synthese und Charakterisierung der Keten-Aminopolyborane $B_n(NR_2)_{n+2}$ (n = 2 – 8) sowie Synthese des sechsgliedrigen $B_6(NMe_2)_6$, (als Lehrbuchbeispiel für Polyborverbindungen ohne Mehrzentrenbindungen) mit B-N-Einfachbindungen. Synthese davon abgeleiteter Derivate $B_n(NR_2)_nX_2$ (X = Halogen, OR, SR, PR_2, R etc).

Diorganyl-bis(piperidino)diboran(4)-Verbindungen können mit Li oder Na zu Salzen des Anions $[pip(R)B{=}BR(pip)]^{2-}$ reduziert werden, die über eine Bor-Bor-Doppelbindung verfügen.

4. Chemie der Borazine

Erste Synthesen von Borazinen mit B-Ge-, B-Sn-, B-Mn-und B-Fe-Bindungen. Isolierung und strukturelle Charakterisierung von N-Lithio-borazinen als Ether-und Amin-komplexe. Studium der Konkurrenz von N-Lithioborazin-und Lithiumborazinat-Bildung ($Li[R_4B_3N_3H_3]$). Synthese und strukturelle Charakterisierung von nicht planaren Borazinen bzw. der Verzerrung des Borazinrings durch ungleich lange BN-Bindungen, Synthese von Borazinyldiazenen (Analoga zu Azobenzolen), der Borazinrest verursacht eine hypsochrome Verschiebung.

5. Chemie von Phosphinoboranen

Erste Synthesen von monomeren Phosphinoboranen. Synthese von Bor-Phosphor-Clustern, insbesondere mit dem P_2B_3-Gerüst. Übergangsmetallkomplexe von vier- bzw. sechsgliedrigen BP-Heterocyclen und deren Übergangmetallkomplexe, z. B. *i*-$Pr_3P_3B_3Me_3Cr(CO)_3$.

6. Chemie der Tetrahydridoborate

Synthese zahlreicher Alkalimetalltetrahydroborat-Komplexe mit Ethern und Aminen. Einkernige Verbindungen können in Abhängigkeit von Art und Anzahl der Ligandenzentren mono-, di-oder tridentate BH_4-Gruppen enthalten, z. B $NaBH_4$(5-Krone-10) mit Na-H-B Bindung, $LiBH_4(MeNCH_2)_3$ mit LiH_2B-Bindung, $LiBH_4(THF)_3$ mit LiH_3B-Bindung. In mehrkernigen Alkalimetalltetrahydroboraten verbrückt die BH4-Gruppe zwei-oder drei Metallatome über M-H-B und / oder MH_2BHM-Bindungen. Es können aber sogar alle 4 H-Atome der Boranat-Gruppe zwei oder drei Metall-Ionen binden: Schönstes Beispiel ist bisher das polymere $NaBH_4(O(CH_2CH_2)NH)$ (es bildet eine Raumnetzstruktur) in dem die Baueinheite $NaHBH_3Na$, NaH_2BH_2Na. NaHBHNa sowie $NaHBH_3NaH_3BHNa$ auftreten.

7. Chemie von Tetrahydroaluminaten (Alanate)

Die Untersuchung des Lösungszustands von LiAlH4 in verschiedenen Ethern wurde mittels ^{1}H-, ^{7}Li-sowie ^{27}Al Kernresonanzspektroskopie und elektrischer Leitfähigkeitsmessungen untersucht. In der Reihe OEt_2, Dioxan, THF nimmt die Ionenpaarbildung ($Li^+ + Li(AlH_4)_2^-$) zu. Ausführlich untersucht wurden Komplexverbindungen des $Mg(AlH_4)_2$. Alle enthalten hexakoordiniertes Mg. Das AlH_4-Anion bildet $MgH_{23}Al$-Brücken. In dimeren Komplexen liegen MgHAlHMg-Einfachbrückenbindungen vor. Im Zuge von Untersuchungen über die bis dato strukturell unaufgeklärten Lithium-hydrido-amino-aluminaten und

Lithium-hydrido-organyloxo-aluminate konnte die Struktur des „Noyori-Reagenzes" (Lithium hydridodinaphtholato-aluminat) aufgeklärt werden. Es erwies sich als eine Mischung von drei Aluminat-Komplexen mit pentakoordiniertem Li_2[HAlbi-nap)$_2$]$_4$THF als Hauptkomponente.

8. Chemie des Aluminiums

Es gelang uns erstmals mit der Tetramethylpiperidino-Gruppe zahlreiche Derivate vom Typ tmp_2AlX darzustellen. Die Halogenverbindungen mit X = Cl, Br und Jod sind die ersten monomeren Bis(amino)aluminiumhalogenide. Das Fluorid ist hingegen dimer mit Verbrückung über die F-Atome. Auch die OR-, SR-, PR2 und Organylderivate sind alle monomer. Dargestellt werden konnten auch die ersten dreifach koordinierten Al-Kationen vom Typ tmp_2AlL^+. Die Enthalogenierung von tmp_2AlBr mit Na führt zu tmp_2AL-$Altmp_2$ mit der längsten bisher bekannter Al-Al-Bindung.

9. Metall-Boryl-Verbindungen

In den 60er Jahren wurden mit $(CO)_5MnB(NMe_2)_2$ das erste Übergangsmetallboryl dargestellt. Es folgten Verbindungen mit Ni-B-, Co-B-, und Fe-B-Bindung, deren Strukturen damals aber noch nicht mit Röntgenstrukturanalyse aufgeklärt werden konnten. Ende der 90er Jahre wurden zahlreiche Borylkomplexe mit $(RO)_2B$-Gruppen oder $R(RO)_2B$-, RClB-, BR2-und Cl_2B-Gruppen am Mn, Re, Fe, Pt, und Pd synthetisiert und z. T. röntgenstrukturanalytisch charakterisiert. Umsetzungen von z. B. $(CO)_5Mn$-BCl_2 mit $NaMn(CO)_5$ führten zu $ClB[Mn(CO)_5]2$; die Dreifachmetallierung am Bor zu $B[Mn(CO)_5)_3$ gelang nicht. Die Synthese von Stannylboranen X_2B-SnR_3 und $XB(SnR_3)_2$ gelang durch Umsetzung der entsprechenden Borhalogenide mit $LiSnR_3$Verbindungen. Die Verbindungen zersetzen sich leicht unter Abspaltung von X_2BR.

10. Physikalische Methoden

Einige Jahre beschäftigten wir uns mit Laser-getriebenen Reaktionen in der Gasphase, in der Hoffnung laserspezifische Reaktionen in der Borchemie realisieren zu können. Im Falle der Umsetzung von BMe_3 mit H_2S (Anregung der BC-Valenzschwingung) gelang die Synthese von Me_2BSH. Diboran selbst geht bei der CO_2-Laserbestrahlung in Dekaboran über.

Unsere Arbeitsgruppe war eine der ersten, die Multikernresonanzspektroskopie betrieben hat, vor allem natürlich ^{11}B-Kernresonanzspektroskopie, aber auch ^{10}B-NMR-Spektroskopie (zur Aufklärung von Reaktionsmechanismen). Andere Kerne waren ^{7}Li, ^{17}O, ^{15}N, ^{27}Al, ^{31}P, ^{69}Ga neben ^{1}H, ^{13}C und ^{31}P. Dies war nur dank der DFG möglich, die Mittel für das erste Fourier-Transformgerät in Deutschland zur Verfügung stellte.

Zum „Hobby" entwickelte sich die Röntgenstrukturanalyse, insbesondere nachdem wir das erste Gerät in Deutschland hatten, das über einen Flächendetektor verfügte. Mit diesem Gerät haben wir die Strukturen von über 1900 Verbindungen bestimmt, auch für andere Arbeitskreise im Institut und für Kollegen in Russland, Amerika, Ungarn, und vor allem Mexico. Etwa 300 Strukturbestimmungen warten noch aufs Publizieren.

Ergänzend sei erwähnt, dass Nöth die Strukturen der Wibergschen „Doppelhydride" röntgenographisch gelöst hat.[569]

Zum Andenken an Egon Wiberg hat Nöth 1989 die „Wiberg-Vorlesung" gegründet und seit dieser Zeit wird jedes Jahr ein angesehener Anorganiker eingeladen, um über seine Arbeiten zu berichten.

2001 hat Nöth aus Anlass des 100. Geburtstags von Wiberg eine Wiberg-Vorlesung über „Boranate und Alanate: Damals und Heute" gehalten.

Ein weiteres sehr beachtenswertes Highlight aus Nöths Forschung ist die Entdeckung der Rhodium-katalysierten Hydroborierung von Alkenen

569 Beispielsweise Wiberg et al. **1958**, Bremeret al. **2003**, Ruizet al. **2008**, s. Anm. 566 auf S. 201.

und Alkinen,[570] die nach 1985 eine Flut von Arbeiten, auch zur Theorie dieser Reaktionen, ausgelöst hat.

Nöth war einer der angesehensten und erfolgreichsten Wissenschaftler in der Welt und hat die Chemie in Deutschland lange Jahre entscheidend geprägt. Er fand große Anerkennung und wurde durch viele höchste Auszeichnungen geehrt:

seit 1975	Mitglied der Bayerischen Akademie der Wissenschaften
seit 1980	Korrespondierendes Mitglied der Akademie der Wissenschaften zu Göttingen
seit 1984	Mitglied der Deutschen Akademie der Naturforscher Leopoldina
seit 1993	Korrespondierendes Mitglied der Österreichischen Akademie der Wissenschaften
seit 1993	Korrespondierendes Mitglied der Mexikanischen AdW
seit 1994	Auswärtiges Mitglied der Russischen Akademie der Wissenschaften
seit 2004	Mitglied der Sudetendeutschen Akademie der Wissenschaften
seit 2005	Mitglied von ACATEC Akademie der Technikwissenschaften
1964	Dozentenstipendium des Fonds der Chemischen Industrie
1976	Alfred Stock-Gedächtnis-Preis der GDCh
1977	Centenary Lectureship der Royal Society of Chemistry, London
1981	Ehrenmitglied der Royal Society of Chemistry, London
1982	Distinguished Professor of Chemistry, Ohio State University, USA
1983	Distinguished Professor of Chemistry, University of Leeds, England
1988	Ehrendoktorwürde der Universität Marburg
1989	Ehrendoktorat der Universität Leeds
1991	Maximiliansorden für Wissenschaft und Kunst
1993	Ehrenmitglied der Gesellschaft Österereichischer Chemiker
1995	Ehrenmitglied der Gesellschaft Deutscher Chemiker (die höchste Auszeichnung, die die GDCh vergeben kann)
1996	Inorganic Synthesis Award of IMEBORON
1997	Kurnakov Medaille, Kurnakov Institut der Russischen Akademie der Wissenschaften
1998	Präsident der Bayerischen Akademie der Wissenschaften
2001	Bayerische Verfassungsmedaille in Silber
2005	Bayerische Verfassungsmedaille in Gold
2006	Ameboron Award, Boron in the American Conferences

570 D. Männing, H. Nöth, *Angew. Chem.* **1985**, *97*, 854.

2009 Bundesverdienstkreuz 1. Klasse der Bundesrepublik Deutschland
2012 Als letzte Auszeichnung hat sich Nöth über den Eintrag in das Goldene Buch der Gemeinde Grünwald, seinem Heimatort, gefreut.

Er war von 1988–1989 und nochmals von 1992–1993 Präsident der Gesellschaft Deutscher Chemiker. Ein Höhepunkt seiner Karriere war die dreimalige Wahl zum Präsidenten der Bayerischen Akademie der Wissenschaften (1998–2006), als zweiter Chemiker nach Justus von Liebig.[571] Von den Bayerischen Auszeichnungen sind besonders die Bayerische Verfassungsmedaille in Gold, eine sehr selten vergebene Auszeichnung, und der Maximiliansorden für Wissenschaft und Kunst („der bayerische Nobelpreis") herauszustellen.

Neben der Chemie galt die Liebe von Nöth der Musik, z. B. beim Klavierspiel und dem Besuch von Konzerten, und der Pflege seiner Gärten in Grünwald und am Chiemsee.

Nöth ist am 26. Juni 2015, sechs Tage nach seinem 87. Geburtstag, in Grünwald bei München gestorben.[572]

Nachrufe wurden von seinen Schülern G. Linti, J. Lorberth, G. Schmid und H. Vahrenkamp[573] sowie von der GDCh[574] verfasst. Am 23. November 2015 fand in der Bayerischen Akademie der Wissenschaften in München eine feierliche Veranstaltung zum Gedenken an Heinrich Nöth statt. Der Präsident Professor Karl-Heinz Hoffmann würdigte die großen Verdienste Nöths um die Akademie und sein erster Doktorand Günter Schmid gab einen eindrucksvollen Überblick über den wissenschaftlichen Lebensweg von H. Nöth.[575]

---

571 Bayerische Akademie der Wissenschaften, Pressemitteilungen **2003**/PM Nr. 20/0.

572 Zur Biographie über Heinrich Nöth siehe z. B. Bayerische Akademie **2003**, s. Anm. 572. — A. Schmidpeter, W. E. McEwen, *Heteroatom Chemistry* **1998**, *9*, 355. — W. Bronger, K. Dehnicke, W. Hanke, *Eur. J. Inorg. Chem.* **2003**, *629*, 1105. — *Z. Anorg. Allg. Chem.* **2008**, *634*, 1241. — H. Schmidbaur, R. Pöttgen, G. Maas, T. Lindel, A. Schier, G. Müller, T. Greifeld, *Z. Naturforsch.* **2013**, *68 b*, Heft 5/6.

573 G. Linti, *Angew. Chem., Int. Ed.* **2015**, *35*, 10072; *Angew. Chem.* **2015**, *127*, 10210. — J. Lorberth, G. Schmid, H. Vahrenkamp: Würdigung von Professor Heinrich Nöth, Ehrendoktor der Philipps-Universität Marburg (Internet).

574 R. Hoer, *Nachr. Chem.* **2015**, *63*, 1124.

575 Günter Schmid: Nachruf Heinrich Nöth, **2016** › <https://badw.de/fileadmin/nachrufe/N%C3%B6th%20Heinrich.pdf>.

9.41 Peter Paetzold (* 1935)[576]

Peter Ingram Paetzold wurde am 16. März 1935 in Plau (Mecklenburg) geboren. Nach dem Besuch eines Münchner naturwissenschaftlichen Gymnasiums („Oberrealschule") wandte er sich ab Herbst 1954 dem Studium Chemie an der Ludwig-Maximilians-Universität in München zu, wo er 1961 mit einer Arbeit über „Die thermische Zersetzung von Organoboraziden R_2BN_3" bei Egon Wiberg promoviert wurde. Mit einer Arbeit „Zusammenhang zwischen Struktur und Stabilität von Boraziden" erwarb er 1966 die venia legendi. Nur wenig später wurde der neugebackene Universitätsdozent (HS1) auf einen Lehrstuhl an der Rheinisch-Westfälischen Technischen Hochschule Aachen berufen. Im Dezember 1968 zum ordentlichen Professor ernannt und zum Institutsdirektor bestellt, verblieb er in diesem Amt bis zu seiner Emeritierung im Jahre 2000.

In der Forschung, deren Ergebnisse in 180 Publikationen niedergelegt sind, steht die Molekülchemie des Bors mit einer Vielzahl von neuartigen Bor-Stickstoff-und Bor-Wasserstoff-Verbindungen im Mittelpunkt. Von den Organoboraziden R_2BN_3[577] führte der Weg zu den Iminoboranen RB=NR,[578] deren Eigenschaften in Analogie zu den isoelektronischen Alkinen RCCR systematisch untersucht wurden, insbesondere auch die Stabilisierung zu den stabileren Produkten $(RBNR)_n$, in Analogie zu den CC-Produkten $(RCCR)_n$ Cyclobutadien (n = 2), Benzol (n = 3), Dewar-Benzol (n = 3), Cyclooctatetraen (n = 4) bzw. Polyacethylenen.[579] Die Beschäftigung mit den ungesättigten Dreiringen NB_2R_3[580] führte zum Auffinden einer BB-Bindung, die gegnüber den Lewissäuren H^+, BH_3 u. a. als Base reagiert. Bei der Synthese etlicher Azaborane $N_aB_bH_c$ wurde als Höhepunkt eine Verbindung $NB_{11}H_{12}$ gefunden, bei der das N-Atom im ikosaedrisch gebauten NB_{11}-Skelett an 5 Boratome gebunden ist.[581] In

576 Diese Biographie wurde von Herrn Paetzold selbst verfasst.

577 P. Paetzold, *Fortschr. Chem. Forsch.* **1967**, *8*, 437.

578 P. Paetzold, *Adv. Inorg. Chem.* **1987**, *31*, 123.

579 P. Paetzold, *Phosphorus, Sulfur Silicon Relat. Elem.* **1994**, *93 - 94*, 39.

580 M. Müller, P. Paetzold, *Coord. Chem. Rev.* **1998**, *176*, 135.

581 P. Paetzold, J. Müller, F. Meyer, H.-P. Hansen, *Pure Appl. Chem.* **1994**, *66*, 255. — P. Paetzold, *Eur. J. Inorg. Chem.* **1998**, 143. — P. Paetzold in: *Molecular Clusters of the Main Group Elements* (Eds.: M. Driess, H. Nöth). Wiley-VCH, Weinheim, **2004**.

der Reihe der Homoboran-Cluster wurde mit $B_4H_2R_4$ die erste neutrale closo-Verbindung erhalten;[582] daneben wurden auch die Struktur sowie neue Reaktionen des closo-Undecaborats $B_{11}H_{12}^{2-}$ untersucht.[583] Die meisten dieser Ergebnisse kann man in 17 Übersichtsartikeln einsehen. Im Jahr 1998 wurde er dafür mit dem Alfred Stock-Preis der Gesellschaft Deutscher Chemiker ausgezeichnet.

In der Lehre hat er sich auf Vorträge spezialisiert, deren Inhalt er zusätzlich zum gesprochenen Wort mit Kreide auf der Tafel präsentiert. Zwei Lehrbücher stammen aus seiner Feder.[584] Seine überaus erfolgreichen Schüler Holger Braunschweig und Franc Meyer besetzten Lehrstühle in Würzburg bzw. Göttingen.

Im Privatleben interessiert sich Peter Paetzold lebhaft für die europäische Musik vom Mittelalter bis zur Gegenwart. Die Unterhaltungsmusik ist ihm insoweit nicht fremd, als er sein Studium durch das Zupfen des Kontrabasses in einer Tanzband finanziert hat.

9.42 Hans Rudolf Pfaendler (*1945)

Hans Rudolf Pfaendler wurde am 30. Mai 1945 in St. Gallen (Schweiz) geboren. Er studierte Chemie an der Universität Basel und erhielt 1968 das Diplom. Im Jahr 1971 wurde er mit einer Arbeit „Nachweis und Stereochemie von Vinylkationen"[585] bei Professor C. A. Grob in Basel promoviert. In seiner Postdoktorandenzeit bei Professor Hiroshi Tanida in Osaka befasste er sich u. a. mit der Kinetik von [6+4] Cycloadditionsreaktionen.[586] Von 1973 – 1980 arbeitete er am Woodward Research Insti-

582 T. Mennekes, A. Neu, P. Paetzold in: *Contemporary Boron Chemistry* (Eds.: M. G. Davidson et al.). The Royal Society of Chemistry, Cambridge, **2000**, 187.

583 O. Vokov, P. Paetzold, *J. Organomet. Chem.* **2003**, *680*, 301. — P. Paetzold, J. Müller, F. Meyer, P. Lomme, *Pure Appl. Chem.* **2003**, *75*, 1255.

584 P. Paetzold: *Einführung in die Allgemeine Chemie*. Vieweg, Braunschweig und Wiesbaden, **1974;** Nachdruck Riese Springer Verlag, Aachen, **1998**. — P. Paetzold: *Chemie - Eine Einführung*. Walter de Gruyter, Berlin und New York, **2009** (mit Anorganischer, Organischer und Physikalischer Chemie).

585 C. A. Grob, H. R. Pfaendler, *Helv. Chim. Acta* **1970**, *53*, 2130 – 2134; **1971**, *54*, 2060 – 2068.

586 H. R. Pfaendler, H. Tanida, *Helv. Chim. Acta* **1973**, *56*, 543 – 549; 1972, 55, 3062 – 3064.

tute in Basel über ß-Laktamantibiotika[587] und anschließend von 1980–1982 bei Ciba-Geigy in Basel über Penemcarbonsäuren. Im Jahr 1982 wurde er als C2-Professor an die LMU berufen. Im Jahr 2010 wurde er von seinen Pflichten an der LMU entbunden. 2015 hat Pfaendler eine Firma CarbaLux GmbH (Egling) gegründet.

Seine *Forschungsinteressen* sind: Synthese von ß-Laktamantibiotika und ß-Laktamasehemmern, von Oxazolidinon-Antibiotika, von Cytostatika, von neuen Formaldehyd-Derivaten, von mutagenen Verbindungen und neuerdings die Entwicklung von Tests auf Antibiotikaresistenz.

In seiner Forschung stehen die Arbeiten über ß-Laktamantibiotika und über deren (häufig hohe) biologische Aktivität im Vordergrund. Fast die Hälfte seiner Publikationen befasst sich mit diesem Thema (Peneme, Oxa- und Carbapeneme).[588] Auch die Chemie der Grundkörper dieser Antibiotika, die Azetidin-2-one hat Pfaendler untersucht.[589] Ein weiteres, von Pfaendler bearbeitetes Gebiet ist die Chemie der mutagenen Fecapentaene,[590] deren Struktur als all-trans erkannt wurde.[591]

Neuartige cytotoxische Verbindungen wurden mit Fluorauracil- und Cisplatin-Derivaten entdeckt, die langkettige Alkanol-Substituenten besitzen.[592] Äther-Lipide,[593] neue Formaldehyd-Derivate[594] sowie die vicinale

587 H. R. Pfaendler, J. Gostel, R. B. Woodward: A new class of ß-lactam antibiotics. Synthesis of racemic and enantiomeric penem carboxylic acids. *J. Am. Chem. Soc.* **1979**, *101*, 6306–6310; **1980**, *102*, 2039–2043.

588 H. R. Pfaendler, W. Hendel: Stable oxapenem-3-carboxylic acid – a new class of ß-lactam antibiotics. *Z. Naturforsch.* **1992**, *47b*, 1037–1049. — H. R. Pfaendler, C. Medicus, Synthesis and antbacterial activity of a most stable penem antibiotic, *Bioorg. Med. Chem. Lett.* **1997**, *7*, 623–628. — H. R. Pfaendler, F. Weisner, K. Metzger, *Bioorg. Med. Chem. Lett.* **1993**, *3*, 2211–2218. — I. N. Simpson, C. J. Urch, G. Hagen, R. Albrecht, B. Sprinkart, H. R. Pfaendler, *J. Antibiotics* **2003**, *56*, 838–847.

589 H. R. Pfaendler, H. Hoppe, *Heterocycles* **1985**, *23*, 265–272.

590 H. R. Pfaendler, F. K. Maier, S. Klar, *J. Am. Chem. Soc.* **1986**, *108*, 1338–1339. — W. Göggelmann, F. K. Maier, H. R. Pfaendler, *Mut. Res. Lett.* **1986**, *174*, 165–167.

591 J. Baptista, J. J. Krepinsky, H. R. Pfaendler, *Angew. Chem.* **1987**, *99*, 1183–1184.

592 H. R. Pfaendler, A. Klingl: Long chain fatty alcohol substituents in antineoplastic agents, PCT Int. Appl. (**2003**), WO 2003055864 A1 2003710.

593 H. R. Pfaendler, F. X. Mueller, *Synthesis* **1992**, 350–352.

594 R. Hartung, G. Golz, S. Schlaf, G. Silvennoinen, K. Polborn, P. Mayer, H. R. Pfaendler: A simple and efficient preparation of novel formaldehyde derivatives.

Aminierung von terminalen Olefinen und ein cis-Dichloroplatin-Komplex mit 9,10-Diamino-1-decanol[595] stammen aus seinem Arbeitskreis.

Starke Beachtung verdienen seine aktuellen Arbeiten zur Entwicklung von Tests auf Antibiotikaresistenz, die durch bakterielle Enzyme entsteht. Die Resistenz von Antibiotika bei bakteriellen Infektionen wird heute – nach dem Klimawandel – als eine der größten Bedrohungen der Menschheit betrachtet. Für den Test wurden erstmals fluoreszierende Antibiotika (Carbapeneme) synthetisiert. Bei vorliegender Carbapenemase wird durch diese das ß-Laktamantibiotikum rasch abgebaut und die Fluoreszenz erlischt, was mit einer Labor-UV-Lampe beobachtet werden kann, während bei Abwesenheit des Enzyms die Fluoreszenz erhalten bleibt.[596] So können resistente Bakterien von Antbiotika-empfindlichen Bakterien unterschieden werden.

Viele Ergebnisse aus dem Arbeitskreis Pfaendler sind in Patentanmeldungen beschrieben.

9.43 Klaus-Jürgen Range (1938–2004)

Klaus-Jürgen Range wurde am 20. Dezember 1938 in Berlin-Zehlendorf geboren. 1956 begann er das Chemiestudium an der Humboldt-Universität Berlin, das er ab 1958 an der Freien Universität Berlin fortsetzte und 1963 mit einer Diplomarbeit „Über Reaktionen in Fluorid-haltigen Alkalisilikatschmelzen“[597] bei Professor K. R. Mehnert im Mineralogischen Institut der FU Berlin abschloss. Anschließend begann er am Anorganisch-Chemischen Institut der Universität Heidelberg unter Leitung von Armin Weiß seine Doktorarbeit. Er wurde 1966 mit einer Arbeit über „Untersuchungen über das Verhalten von Kaolin bei hohen Drucken und über Titan auf Gitterplätzen des Kaolinits“[598] promoviert. Er folgte

Synthesis **2009**, 495–501.

595 H. R. Pfaendler, A. Klingl, *Helv. Chim. Acta* **2005**, *88*, 1486–1490.

596 H. R. Pfaendler, G. Golz: Fluorescent carbapenems useful for the detection of bacterial carbapenemase, PCT Int. Appl. (**2012**), WO 2012003955 A1 20120112. — H. R. Pfaendler, G. Golz: Fluorescent carbapenems, U. S (**2016**), US 9296752 B2 20160329.

597 K.-J. Range, A. Willgallis, *Radex-Rundschau* **1964**, 75.

598 K.-J. Range, A. Weiss, *Ber. Dtsch. Keram. Ges.* **1969**, *46*, 231 und 629.

im Dezember 1965 seinem Doktorvater an die Universität München, war Wissenschaftlicher Assistent und hat am Lehrstuhl Weiß die Hochdruckabteilung aufgebaut. Er hat sich 1970 mit einer Arbeit „Untersuchungen zur Hochdruck-Strukturchemie ternärer Chalkogenide mit tetraedrisch koordinierten Kationen und über Tonmineralien von Kaolinit-Halloysit Typ“[599] habilitiert und wurde 1972 zum Wissenschaftlichen Rat ernannt. Im Jahr 1975 wurde er auf einen ordentlichen Lehrstuhl für Chemie an der Universität Regensburg berufen. Er ist am 4. April 2004 gestorben.

Das Arbeitsgebiet von Klaus-Jürgen Range umfasste die präparative Festkörperchemie, d.h. die Synthese und Charakterisierung anorganischer Feststoffe und er war ein hervorragender Vertreter dieses Gebiets. Methodisch standen dabei Reaktionen unter extrem hohen Druck[600] und hohen Temperaturen[601] im Vordergrund, auch ergänzt durch Röntgenbeugung unter währenden hohen Druck und Hochdruck-DTA. Die meist unter extremen Druck neu dargestellten Verbindungen wurden in der Regel durch Röntgenbeugung strukturell charakterisiert, auch im Hinblick auf ihre mögliche Verwendung als Halbleiter, Hochtemperatursupraleiter oder als keramische Werkstoffe.

Die Forschungsthemen waren u. a.:

- Synthese und Struktur von zahlreichen binären,[602] ternären[603] Sulfiden, Seleniden und Telluriden sowie quaternären Chalkogeniden und Chalkogen-Halogeniden.[604] Dabei wurden viele neuen Verbindungen der seltenen Erdmetalle hergestellt.

599 K.-J. Range, *Chem.-Ztg., Chem. Appar.* **1971**, *95*, 3.

600 K.-J.-Range: Festkörperchemie unter hohem Druck (Übersichtsartikel). *Chem. Unserer Zeit* **1976**, *10*, 180.

601 Beispielsweise M. Andratschke, K.-J. Range, *Materials Science Forum* **2001**, 378.

602 Beispielsweise K.-J. Range, A. Gietl, M. Andratschke, *Z. Kristallographie* **1997**, *212*, 138. — K.-J. Range, K. G. Lange, H. Drexler, *Adv. Inorg. Chem.* **1984**, *3*, 171. — K. J. Range, C. Eglmeier, *J. Less-Common Met.* **1991**, *171*, L27.

603 Beispielsweise K. J. Range, U. Klement, G. Doell, E. Bucher, J. R. Baumann, *Z. Naturforsch.* **1991**, *46 b*, 1122. — B. Panzer, K. J. Jürgen, M. Zabel, *J. Less-Common Met.* **1985**, *106*, 305.

604 K.-J. Range, K. Handrick, *Z. Naturforsch.* **1988**, *43 b*, 153. — N. Berand, H. Haeuseler, K.-L. Range. *Z. Naturforsch.* **1996**, *51 b*, 785.

- Intermetallische Phasen, z. B. von Mg und Sn,[605] von Platin und Gold mit Aluminium oder Magnesium,[606] $MgEr_2$ und $MgTb_2$,[607] von Gold-Alkali-Legierungen.[608]
- Synthese und Struktur von Verbindungen der Edelmetalle, z. B. intermetallische Verbindungen von Platin mit Aluminium, von Platin mit Alkalimetallen, Dicyanoaurate und Dicyanoargentate.[609]
- Oxide z.B PtO_2[610] und Oxometallate von Vanadin (15 Publikationen, z. B.[611]), von Moybdän, Wolfram,[612] Rhenium[613] und Gold[614]
- Quantenmechanische *ab-initio*-Rechnungen, z. B. DFT-Studien an Goldalkali-Legierungen.
- Einfluss von Cu, Ni und anderen Fremdatomen auf Silizium-Halbleiter („gettering efficiency").[615]

Seine bedeutenden Forschungsergebnisse hat Range in ca. 260 Publikationen niedergelegt.

605 K.-J. Range, G. H. Grosch, M. Andratschke, *J. Alloys and Compounds* **1996**, *244*, 170.

606 K.-J. Range, P. Hafner, *J. Alloys and Compounds* **1997**, *183*, 3430. — K.-J. Range, E. G. Christl, *J. Less-Common Met.* **1988**, *136*, 277.

607 M. A. Ebner, K. J. Range, *J. Alloys and Compounds* **1996**, *236*, 34.

608 G. H. Grosch, K.-J. Range, *J. Alloys and Compounds* **1996**, *233*, 30, 39.

609 A. Stier, K.-J. Range, *Z. Naturforsch.* **1996**, *51 b*, 698. — A. Stier, K.-J. Range. Z. Kristallographie 1997, 212, 51. — S. Kuehnel, K.-J. Range. *Z. Naturforsch.* **1993**, *48 b*, 133. — R. Schubert, K. J. Range, Z. Naturforsch, 1990, 45 b, 1118.

610 K. J. Range, F. Rau, U. Klement, A. M.Heyns, *Material Res. Bulletin* **1987**, *22*, 1541.

611 R. Hoffman, R. Hoppe, K. Bauer, K.-J. Range, *J. Less-Common Met.* **1990**, *161*, 279. — W. Abriel, C. Garbe, F. Rau, K.-J. Range, *Z. Kristallographie* **1986**, *176*, 113.

612 K.-J. Range, A. Faessler, *Acta Crystallogr. C* **1990**, *46*, 488. — K. J. Range, H. Haase, *Acta Crystallogr. C* **1990**, *46*, 317.

613 Beispielsweise K.-J. Range, A. Atzesdorfer, *Z. Naturforsch.* **1993**, *48 b*, 237.

614 C. Steiner, M. Andratschke, K. L-Range, *Z. Naturforsch.* **1996**, *51 b*, 811.

615 R. Hoelzl, K. J. Range, L. Fabry, *Appl. Physics A* **2002**, *75*, 591, 525. — R. Hoelzl, A. Huber, L. Fabry, K.-J. Range, M. Blietz, *Appl. Physics A* **2001**, *72*, 351.

9.44 Jürgen Sauer (1931–2007)

Jürgen Sauer wurde am 11. Juni 1931 in Halle (Saale) geboren. Im WS 1950/51 begann er das Studium der Chemie an der Universität München und 1957 wurde er dort bei Rolf Huisgen mit einer Arbeit über „Nucleophile Substitution über Arine“ promoviert.[616] In seinem anschliessenden Postdoc-Aufenthalt bei R. B. Woodward an der Harvard University konnte er wesentlich zur Totalsynthese von Chlorophyll beitragen. Zurück in München, hat sich Sauer 1964 – auch mit Hilfe eines Habilitanden-Stipendiums der DFG – an der Universität München habilitiert mit einer Arbeit über „Kinetik und Mechanismus der Diels-Alder-Reaktion“[617] und er wurde 1966 zum Universitätsdozenten ernannt. Im Jahr 1968 folgte er einem Ruf als Ordentlicher Professor für Chemie an die neu gegründete Universität Regensburg und er wurde gleich nach seinem Amtsantritt zum Dekan der Naturwissenschaflichen Fakultät gewählt. Er hat sich hoch verdient gemacht um den Aufbau der Chemie und um den chemischen Unterricht an der neuen Universität Regensburg, unter anderem auch durch die Berufung hervorragender Kollegen (Gottfried Märkl für Organische Chemie, Henri Brunner für Anorganische Chemie). Hierzu ist auch das mit Hünig und Märkl verfasste Buch „Integriertes Organisches Praktikum“ zu zählen.[618] In den Jahren 1991–1993 war Sauer Prorektor der Universität Regensburg. Er wurde 1999 emeritiert.

In seiner Forschung, deren Ergebnisse in 204 Publikationen niedergelegt sind, treten seine bedeutenden Ergebnisse zur Diels-Alder-Reaktion,[619] über[620] Cycloadditionen[621] und über 1,2,4,5-Tetrazine[622] hervor.

616 R. Huisgen, J. Sauer, *Angew. Chem.* **1960**, *72*, 91.

617 J. Sauer, *Angew. Chem.* **1967**, *79*, 76.

618 J. Sauer, S. H. Hünig, G. Märkl: *Integriertes Organisches Praktikum*. Wiley, Hoboken, **1979**.

619 J. Sauer, R. Sustmann, *Angew. Chem.* **1980**, *92*, 773.

620 U. Rohr, J. Schatz, J. Sauer, *Eur. J. Org. Chem.* **1998**, 2875.

621 J. Sauer, D. K. Heldmann, J. Hetzenegger, J. Krauthan, H. Sichert, J. Schuster, *Eur. J. Org. Chem.* **1998**, 2885.

622 J. Sauer: 1,2,4,5-Tetrazines. Chap. 6.21 in *Comprehensive Heterocyclic Chemistry II, Vol. 6* (Eds.: A. R. Katritzky, C. W. Rees, and E. F. V. Scriven). Elsevier, Oxford, **1996**, 901–955.

Eine sehr bewegende und sehr schöne und ausführliche Übersicht über den Lebensweg und die wissenschaftlichen Arbeiten von Jürgen Sauer wurde von seinem Doktorvater und Freund Rolf Huisgen gegeben.[623] In Anerkennung seiner Lebensleistung hat die Fakultät Chemie und Pharmazie der LMU seine Doktor-Urkunde 2007 erneuert. Jürgen Sauer ist am 10. März 2007 gestorben.

9.45 Herbert Schäfer (1933–1986)

Herbert Schäfer wurde am 31. Dezember 1933 in Hessenthal (Kreis Aschaffenburg) geboren. Er begann 1953 an der Technischen Hochschule Darmstadt das Chemiestudium, das er 1961 mit der Dissertation „Über ternäre Chalkogenide mit Elementen der III. und V. Hauptgruppe“[624] bei Professor Armin Weiß abschloss. Im gleichen Jahr folgte er seinem Doktorvater an das Chemische Institut der Universität Heidelberg. Ab Oktober 1963 verbrachte er für ein Jahr einen Forschungsaufenthalt am Department of Physical Chemistry an der University of North Carolina in Chapel Hill, USA. Nach seiner Rückkehr nach Heidelberg war er Wissenschaftlicher Assistent und wechselte 1965 mit Armin Weiß an die Universität München. 1966 wurde er an der LMU zum Wissenschaftlichen Assistenten ernannt und er hat sich 1968 an der LMU für das Fach Anorganische Chemie über „Die Silizide der Alkali-und Erdalkalimetalle und ihre Beziehung zu den Zintlphasen“[625] habilitiert. 1969 wurde er zum Wissenschaftlichen Rat ernannt und 1971 folgte er einem Ruf als ordentlicher Professor an die Technische Hochschule Darmstadt und bezog das berühmte Eduard-Zintl-Institut. Herbert Schäfer ist überraschend 1986 im Alter von nur 52 Jahren gestorben.

623 R. Huisgen, *Angew. Chem.* **2011**, *123*, 9707.

624 A. Weiß, H. Schäfer: Zur Kenntnis von Aluminiumthiophosphat, von Bortetrathiophosphat, von Tetrathioarsenat. *Naturwiss.* **1960**, *47*, 495 — *Z. Naturforsch.* **1963**, *18 b*, 81, 665.

625 Beispielsweise H. Schäfer, K. Janzon, A. Weiss: $BaSi_2$, eine Phase mit isolierten Si4-Tetraedern. *Angew. Chem.* **1963**, *75*, 451. — H. Axel, H. Schäfer, A. Weiß, Kristallstruktur von Strontiumdisilizid. *Angew. Chem.* **1965**, *77*, 258.

In der Forschung hat sich Herbert Schäfer zunächst mit Armin Weiß mit den Siliciden und Germaniden der Alkali- und Erdalkalimetalle befasst, die sich durch hoch interessante Strukturen auszeichnen. Er ist ein Pionier auf dem Gebiet der Zintl-Phasen, ein nach wie vor außerordentlich wichtiges und hoch aktuelles Konzept in der Festkörperchemie.[626] In nur wenigen Jahren hat er 250 bedeutende Publikationen über die Strukturen einer Vielzahl von binären und vor allem ternären Verbindungen der Alkali-und Erdalkalimetalle mit Elementen der III. – VI. Hauptgruppe herausgebracht und konnte – u.a. zusammen mit Brigitte Eisenmann – das Zintl-Konzept mit der (8-N)-Regel für die Bindigkeit der Halbmetalle wesentlich erweitern.[627] Als Beispiele für neue Zintl-Phasen aus seinen letzten Jahren seien Sr_3GaSb_3,[628] Ba_2Sb_3,[629] $Ca_{14}AlSb_{11}$[630] genannt. Die Arbeit über Verbindungen des Typs $A(II)_8B(III)_{16}B(IV)_{30}$ (A = Sr, Ba; B(II) = Al, Ga; B(IV) = Si, Ge, Sn) fand ungewöhnlich große Resonanz.[631] Auch Übergangsmetallhaltige Verbindungen wurden untersucht.[632]

626 Vgl. z.B.: L. M. Scherf, A. J. Karttunen, O. Pecher, P. C. M. M. Magusin, C. P. Grey, T. F. Fässler, *Angew. Chem.* **2016**, *128*, 1087.

627 Review: H. Schäfer, B. Eisenmann, W. Müller: Zintl-Phasen: Übergangsformen zwischen Metall- und Ionenbindung. *Angew. Chem.* **1973**, *85*, 742. — H. Schäfer, B. Eisenmann: On the transition between metallic and ionic bonding: compounds of the non-noble metals with the metalloids and concepts to understand their structures. *Rev. Inorg. Chem.* **1981**, *3*, 29. — H. Schäfer: Semimetal Clustering in Intermetallic Phases (review). *J. Solid State Chem.* **1985**, *57*, 97. — H. Schäfer: On the problem of polar intermetallic compounds – the stimulation of E. Zintl's work for the modern chemistry of intermetallics (review). *Annu. Rev. Mater. Sci.* **1985**, *15*, 1.

628 G. Cordier, H. Schäfer, M. Stelter, *Z. Naturforsch.* **1987**, *42 b*, 1268.

629 B. Eisenmann, H. Jordan, H. Schäfer, *Z. Naturforsch.* **1985**, *40 b*, 1603.

630 G. Cordier, H. Schäfer, M. Stelter, *Z. Anorg. Allg. Chem.* **1984**, *519*, 183.

631 B. Eisenmann, H. Schäfer, R. Zagler, *J. Less-Common Met.* **1986**, *118*, 43.

632 H. F. Klein, M. Gass, U. Koch, B. Eisenmann, H. Schäfer, *Z. Naturforsch.* **1988**, *43 b*, 830. — B. Eisenmann, H. Schäfer, *J. Less-Common Met.* **1986**, *123*, 89. — G. Cordier, H. Schäfer, P. Woll, *Z. Naturforsch.* **1985**, *40 b*, 1097.

9.46 Wilhelm Schlenk (1879–1943)

Wilhelm Schlenk wurde am 22. März 1879 in München geboren. Er studierte Chemie an der Universität München und wurde 1906 im „Staatslabor" von Adolf von Baeyer mit einer Arbeit „Über Metall-Isobutyr-Adine und ihre Salze" bei Oskar Piloty promoviert. Nach einer kurzen Tätigkeit in einer chemischen Fabrik wurde er 1906 Unterrichtsassistent in München, hat sich 1910 habilitiert und war von 1910–1913 an der Universität München als Privatdozent tätig. Anschließend nahm er eine Stelle als außerordentlicher Professor und Abteilungsvorstand für Organische Chemie an der Universität Jena an, wo die bekannten Chemiker Ludwig Knorr und Ludwig Wolff wirkten. Im Jahr 1918 wurde er als Nachfolger von Guido Goldschmiedt und als o. Professor an die Universität Wien berufen und 1921 folgte er einem Ruf auf den renommierten Lehrstuhl für Chemie von Emil Fischer an der Universität Berlin, nachdem Richard Willstätter und Heinrich Wieland dieses Angebot abgelehnt hatten. Er stand 1925 mit Heinrich Wieland auf der Berufungsliste für die Nachfolge von Willstätter in München.

Als ein überzeugter, mutiger Demokrat lehnte Schlenk die Ideologie des Nationalsozialismus ab. Daher wurde er 1935 als Ordinarius an die Universität Tübingen versetzt und 1942 sogar aus der Deutschen Chemischen Gesellschaft, deren Vizepräsident (1922) und Vorsitzender (1926–1928) er war, wegen mangelnder Regimetreue ausgeschlossen. Fehlende Unterstützung durch Mitarbeiter wegen seiner bekannt ablehnenden Haltung gegenüber dem Nationalsozialismus können auch verantwortlich dafür sein, dass ab etwa 1931 keine Publikation von ihm mehr erschien. Schlenk ist am 28. April 1943 im Alter von 64 Jahren in Tübingen gestorben.

Über Wilhelm Schlenk, den brillanten Chemiker und Mitbegründer und Pionier der Metallorganischen Chemie sind zwei sehr eingehende und bewegende Nachrufe von R. Anwander (Tübingen) und Th. T. Tidwell (Toronto) erschienen.[633] Den meisten Chemikern ist der Name Schlenk

633 Th. T. Tidwell: Wilhelm Schlenks Leben und Werk. Aufstieg und Fall eines brillianten Wissenschaftlers. *Angew. Chem.* **2001**, *113*, 343. — Ders.: The Man behind the Flask. *Angew. Chem., Int. Ed.* **2001**, *40*, 331. — R. Anwander: Schlenk in Tübingen. *Nachr. Chem.* **2011**, *59*, 951.

durch die von ihm für die Chemie höchst luftempfindlicher Substanzen eingeführte und heute viel verwendete „Schlenk-Technik" mit dem „Schlenk-Rohr"[634] bekannt. Durch eine Reihe von Aufsehen erregenden und bahnbrechenden Arbeiten von hoher Experimentierkunst, wie die Synthese von stabilen Triarylmethyl-Radikalen,[635] des ersten Diradikals[636] und der Nachweis der Radikalstruktur von Benzophenon-Natrium[637] machte sich Schlenk sehr rasch einen Namen; er wurde für den Nobelpreis nominiert. Weitere Höhepunkte aus seinen grundlegenden metallorganischen Arbeiten sind das mit seinem Sohn entdeckte „Schlenk-Gleichgewicht" in Lösungen von Grignard-Reagentien[638] sowie vor allem die Synthese der Lithium- und Natrium-alkyle und -phenyle.[639] Zum Andenken an Wilhelm Schlenk wurde von der GDCh der Arfvedson-Schlenk-Preis für herausragende Arbeiten zur Lithium-Chemie (gestiftet von der Chemetall) eingerichtet (Arfwedson hat 1817 das Lithium entdeckt). Die Universität Tübingen würdigt Wilhelm Schlenk mit der Schlenk-Lecture (Sponsor BASF).[640]

Schlenk war Mitglied der Leopoldina und der Preußischen, der Österreichischen und der Bayerischen Akademie der Wissenschaften und er wurde 1917 mit dem Lieben-Preis ausgezeichnet. Erfolgreiche akademische Schüler waren Eugen Müller (Tübingen), Ernst Bergmann (Israel) und Hermann Mark (Berlin, Wien, USA). Er hat ein zweibändiges „Ausführliches Lehrbuch der Organischen Chemie" verfasst.[641]

634 W. Schlenk in *Methoden der organischen Chemie (Houben-Weyl)*, Bd. 4. Thieme, 2. Aufl., **1924**, 720.

635 W. Schlenk, T. Weikel, A. Herzenstein, *Liebigs Ann. Chem.* **1910**, *372*, 1.

636 W. Schlenk, M. Brauns, *Ber. Dtsch. Chem. Ges.* **1915**, *48*, 661.

637 W. Schlenk, T. Weickel, *Ber. Dtsch. Chem. Ges.* **1911**, *44*, 1182.

638 W. Schlenk, W. Schlenk, Jr., *Ber. Dtsch. Chem. Ges.* **1929**, *62B*, 920.

639 W. Schlenk, J. Holtz, *Ber. Dtsch. Chem. Ges.* **1917**, *50*, 262.

640 J. A. Gladysz, R. Anwander, *Organometallics* **2012**, *31*, 773.

641 W. Schlenk: *Ausführliches Lehrbuch der Organischen Chemie*. 2 Bde. Deuticke, Leipzig, Wien, **1932**.

9.47 Alfred Schmidpeter (1929 – 2019)

Abb. 9.21. Alfred Schmidpeter.

Alfred Schmidpeter wurde am 14. Dezember 1929 in München geboren. Er begann 1949 das Chemiestudium an der LMU und wurde 1960 mit einer Arbeit über „Substitutionsreaktionen an Borazanen und Boroxanen“ unter Anleitung von Egon Wiberg promoviert. Anschließend war er zwei Jahre (1961 – 62) als Lecturer am Münchner College der University of Maryland tätig und kehrte 1963 als Konservator an das Anorganisch-chemische Institut der LMU zurück. Im Jahr 1969 folgte die Habilitation mit dem Thema „Azaphosphorine, eine Gruppe neuer Heterocyclen“. 1970 wurde Schmidpeter zum Akad. Direktor und 1971 zum Wissenschaftlichen Rat ernannt. 1975 wurde ihm der Titel apl. Professor verliehen. 1978 wurde er C3-Professor. Im SS 1994 und im WS 1994 / 95 betraute man ihn mit der Vertretung eines Lehrstuhls (früher H.-P. Boehm). 1995 trat er in den Ruhestand.

Schmidpeter war ein international hoch anerkannter Pionier in der Molekülchemie des Phosphors, worüber von ihm 300 Arbeiten publiziert wurden. Er hat auf Einladung der Herausgeber von „Heteroatom Chemistry“ all seine Arbeiten zusammengefasst. Schmidpeter kam zur Phosphorchemie, wie er in seinem Artikel „Molecules that we made: An Essay on Phosphorus Chemistry“[642] schreibt, über die Idee, Nitrosamine durch Wittig-Reaktion mit einem Phosphazen zu Triazenen umzusetzen. So berichtete Schmidpeter in seinen ersten Publikationen über Reaktionen von Nitrosaminen mit Elektrophilen.[643]

Die P-Chemie und vor allem die Phosphor-Stickstoff-Verbindungen haben ihn in seinem Forscherleben nie mehr losgelassen. Zunächst galt sein Interesse den cyclischen und acyclischen Phosphazenen, über die in einer Serie berichtet wurde.[644] Die Tetraaminophosphonium-

642 A. Schmidpeter, *Heteroatom. Chem.* **1999**, *10*, 529. — Siehe auch W. E. McEwen, S. Oae: A Tribute to Professor Alfred Schmidpeter on the Occasion of his 70th Birthday. *Heteroatom. Chem.* **1999**, *7*, 527 – 528.

643 A. Schmidpeter, *Chem. Ber.* **1963**, *96*, 3275.

644 Z. B. Phosphazenes LXVI: J. Hoegel, A. Schmidpeter, *Z. Anorg. Chem.* **1979**, *458*, 168.

Salze[645] sind „Lehrbuch“ Verbindungen, wichtig für die Phosphornitrid-Synthese. Sie haben auch eine „Geschichte“ an der LMU durch die Arbeiten von Klement[646] und Schnick.[647] In seinen Arbeiten tritt die „Flexibilität“ des Phosphors mit Koordinationszahlen 2, 3, 4, 5 und 6 hervor.[648] Besonders neuartig waren die vielen Azaphosphole, weitere Heterophosphole mit zweifach koordiniertem Phosphor als Analoga der klassischen Heterocyclen[649] sowie Ringe und Käfige mit PCl- und AsCl-Einheiten.[650] Dicyanophosphid[651] war ein neues Pseudohalogenid nach dem „Cyanidverschiebungssatz“ [Cl^-, SCN^-, $P(CN)_2^-$]. Es wurde als Komplexligand erkannt[652] und ergab Phosphiniden-Derivate. Starke Beachtung verdienen auch die Arbeiten über den „Abbau von weißem Phosphor durch Nucleophile. Als weitere highlights sollen z. B. die Triphosphenium-Ionen $(R_3P)_2P^+$, die Phosphaallyl-Kationen, ein Triphosphaphenalen-Ion oder Methylidenaminophosphine als neuartige 1,3-Dipole“ herausgestellt werden. Schmidpeter hat mehrere Übersichtsartikel und Handbuch-Beiträge verfasst.[653]

Als europäischer Herausgeber der Zeitschrift *Heteroatom Chemistry* hat er sich internationale Anerkennung erworben.

Schmidpeter hat sich in der Lehre für die Studierenden in hohem Maße und in selbstloser Weise verdient gemacht. Er hat die NMR-Methode am Institut für Anorganische Chemie der LMU eingeführt. Dabei bewiesen sich die ^{31}P-NMR-Spektren für seine Arbeiten als besonders wertvoll.

---

645 A. Schmidpeter, C. Weingand, *Angew. Chem.* **1969**, *81*, 573. — A. Schmidpeter, C. Weingand, *Angew. Chem.* **1968**, *80*, 234.

646 R. Klement, O. Koch, *Chem. Ber.* **1954**, *87*, 333.

647 S. Horstmannn, E. Irran, W. Schnick, *Angew. Chem.* **1997**, *109*, 1938. — S. Horstmann, E. Irran, W. Schnick, *Z. Anorg. Allg. Chem.* **1998**, *624*, 620.

648 W. E. McEwen, S. Oae, *Heteroatom. Chem.* **1999**, *10*, 527.

649 A. Schmidpeter: *Phosphorus-Carbon Heterocyclic Chemistry* (Ed.: F. Mathey), Elsevier, Oxford, **2001**, 363. — R. Bansal, K. Karaghiosoff, A. Schmidpeter, *Tetrahedron* **1994**, *50*, 7675. — A. Schmidpeter, K. Karaghiosoff, *Science of Synthesis* **2002**, *12*, 770.

650 H.-P. Schrodel, F. Breitsameter, K. Karaghiosoff, H. Nöth, A. Schmidpeter, *Phosphorus, Sulfur Silicon Relat. Elem.* **2001**, *168*, 383.

651 A. Schmidpeter, F. Zwaschka, *Angew. Chem.* **1977**, *89*, 747.

652 W. Sacher, A. Schmidpeter, W. Beck, *Z. Anorg. Allg. Chem.* **2015**, *641*, 762.

653 A. Schmidpeter in: *Comprehensive Heterocyclic Chemistry II* (Eds.: A. R. Katritzky, C. W. Rees, E. F. V. Scriven), Vol. 3, 715; Vol. 4, 771, 819. Elsevier, Oxford, **1996**.

Am 21. August 2019 ist Alfred Schmidpeter im Alter von fast 90 Jahren gestorben. Er war ein ungemein liebenswerter, von Studierenden und Kollegen hochgeschätzter und hoch geachteter Professor, der durch sein hilfsbereites und freundliches Wesen stets eine erfreuliche Atmosphäre verbreitet hat, ein „Urgestein“ der Anorganischen Chemie an der LMU, der er 60 Jahre treu geblieben ist.

9.48 Martin Schmeißer (1912–1981)

Martin Schmeißer wurde am 28. November 1912 in Gotha geboren. Er begann 1931 das Chemie-Studium an der Universität Frankfurt, das er 1936 mit seiner Doktorarbeit bei Robert Schwarz in Königsberg „Über das Germaniumphenyl“[654] abschloss. Anschließend folgte er seinem Lehrer an die Technische Hochschule Karlsruhe und begann 1938 seine selbständige Forschung an der Universität Königsberg, wo er sich 1940 „Über Bromstickstoff“[655] habilitierte. Aus einer Industrietätigkeit nach Kriegsende bei den ASTA Werken in Bielefeld holte ihn Egon Wiberg 1949 als Assistent an die Universität München. Er wurde zur „Rechten Hand seines Förderers und baut mit ihm aus den Trümmern des alten ein neues, modernes Institut“.[656] 1955 wurde er planmäßiger a. o. Professor an der Universität München und bereits 1957 wurde er als o. Professor und Direktor des Instituts für Anorganische Chemie und Nachfolger seines Doktorvaters Robert Schwarz an die Technische Hochschule Aachen berufen. An der RWTH war er Dekan der Fakultät für Allgemeine Wissenschaften (1959 / 61) und Rektor (1961 - 1963). 1965 nahm er die Geschäfte eines Gründungsrektors der Technischen Hochschule Dortmund und der Universität Dortmund wahr, wurde 1968 auf den Lehrstuhl für Anorganische Chemie an der Universität Dortmund berufen und 1968 zum Rektor der Universität Dortmund gewählt (1968 - 1976). 1979 wurde Schmeißer emeritiert. Er ist am 6. Februar 1981 in Bad Neuenahr gestorben.

654 R. Schwarz, M. Schmeißer, *Ber. Dtsch. Chem. Ges.* **1936**, *69*, 579.

655 M. Schmeißer, *Z. Anorg. Chem. Allg. Chem.* **1941**, *246*, 284.

656 U. Wannagat: Nachruf auf Martin Schmeißer, in *Jahrbuch 1981 der Rheinisch-Westfälischen Akademie der Wissenschaften.*

In der Forschung in München ist Schmeißer durch experimentell schwierigste und anspruchsvolle Arbeiten über Halogen-Stickstoff und Fluorverbindungen hervorgetreten, wie z. B. die Synthese von Nitrylhalogeniden NO_2X (X = F, Cl),[657] von Fluoriden der Halogensauerstoffsäuren XO_2F (X = Br, I),[658] sowie von „anorganischen" Acylnitraten und -perchloraten (z. B. $CrO_2(NO_3)_2$ und $CrO_2(ClO_4)_2$, die durch Umsetzung von N_2O_5 bzw. Cl_2O_6 mit CrO_3 oder CrO_2Cl_2 entstanden).[659] Schmeißer war ein begeisternder Lehrer und glänzender Redner und war bei Studenten und Kollegen aufgrund seines frohen und freundlichen Wesens hoch geschätzt und beliebt. Er verbreitete überall eine optimistische Stimmung. Darüber hinaus war er ein überaus erfolgreicher Hochschulpolitiker und geschätzter Ratgeber in Wissenschaftsfragen.

Er erhielt die Goldmedaille der RWTH und die Ehrendoktorwürde der Université de Picardie, Amiens. Von 1976 bis 77 war er Präsident der Rheinisch-Westfälischen Akademie der Wissenschaften und ein Mitglied (oft in leitender Position) vieler Organisationen. Die Stiftung der Stadt Dortmund zur Förderung der internationalen wissenschaftlichen Beziehungen der Technischen Universität Dortmund trägt seinen Namen.

9.49 Erich Schmidt (1890–1975)

Erich Schmidt wurde am 23. Juli 1890 In Berlin geboren. Er begann 1909 das Chemiestudium in Berlin am Institut von Emil Fischer. 1913 wurde er bei J. Houben mit einer Arbeit über Imino-und Hydroxyiminocarbonsäureester[660] promoviert und war dann Vorlesungsassistent bei S. Gabriel

657 M. Schmeißer, *Z. Anorg. Allg. Chem.* **1947**, *255*, 33. — M Schmeißer, S. Elischer, *Z. Naturforsch.* **1952**, *7b*, 583.

658 M. Schmeißer, F. L. Ebenhöch, *Angew. Chem.* **1954**, *66*, 230. — M. Schmeißer, E. Pammer, *Angew. Chem.* **1955**, *67*, 156. — M. Schmeißer, K. Lang, *Angew. Chem.* **1955**, *67*, 156.

659 M. Schmeißer, *Angew. Chem.* **1954**, *66*, 230 (Übersichtsartikel). — Martin Schmeißers wissenschaftliche Arbeiten sind in den *Mitteilungen aus der Universitätsbibliothek der Universität Dortmund* **1990**, Nr. 8 zusammengestellt (Bestandsverzeichnis aus dem Wissenschaftsarchiv mit Zitaten der Veröffentlichungen, Doktorarbeiten, Vorträgen, Reden, Vorlesungen).

660 J. Houben, E. Schmidt, *Ber. Dtsch. Chem. Ges.* **1914**, *46*, 2447 und 3616.

und O. Diels. Er wurde zum Militär eingezogen und war Soldat in Russland und Frankreich. Später war er im Tegeler Militärversuchsamt tätig. Nach Kriegsende 1918 wurde Schmidt planmäßiger Assistent am Berliner Universitätslaboratorium und konnte sich 1921 als einer der letzten Mitarbeitern im Arbeitskreis von Emil Fischer habilitieren. Im Jahr 1923 wurde er auf Antrag von Willstätter und Hönigschmid (nachdem diese keinen geeigneten bayerischen Dozenten gefunden hatten!) als a. o. Professor und Nachfolger von Rudolf Pummerer an die Universität München berufen. Im Jahr 1933 wurde die jüdische Abstammung seiner Ehefrau bekannt und sein Sohn wurde als Mischling 1. Grades bezeichnet. So wollte seine Frau Deutschland verlassen, was zunächst aus wirtschaftlichen Gründen nicht möglich erschien. Mit Hilfe von einflussreichen Angehörigen der I. G. Farbenindustrie stimmte die Reichsbank zu, dass Schmidt seiner Frau regelmäßig Geld nach England überweisen konnte, jedoch war hierfür die Scheidung von seiner Frau und sein Eintritt in die Partei Voraussetzung. So ließ sich Schmidt von seiner Ehefrau in gutem Einvernehmen scheiden und er wurde formales Mitglied der NSDAP.

Schmidt war bei seinen Kollegen als entschiedener Gegner des Nationalsozialismus wohl bekannt. Er hat Geheimrat Wieland bei seiner Fürsorge um die rassisch Verfolgten im Chemischen Institut unterstützt. Die Partei zweifelte an seiner politischen Zuverlässigkeit und ließ wiederholt Hausdurchsuchungen in Wohnung und Laboratorium vornehmen; ihm wurde der Reisepass entzogen und er geriet sogar in Untersuchungshaft. Als „jüdisch versippt“, wurde er (als möglicher Nachfolger von W. Wislicenus) für die o. Professur für Holzforschung an der Technischen Hochschule Dresden von der Liste gestrichen. Nach diesen schlimmen Erfahrungen muss es Erich Schmidt besonders getroffen haben, dass er 1945 entlassen wurde. Dekan Clusius bewies viel Mitgefühl und hat, in Einverständnis mit dem Ministerium, den Enthebungsbrief persönlich überbracht und die schwierige Angelegenheit geregelt. Er war nach 1945 Angestellter in der Gefrierkonservenfabrik Pankofer in München. 1947 wurde er als „Entlasteter“ rehabilitiert und wieder zum a. o. Professor ernannt. Seit 1944 bis zum Wiederaufbau der Chemischen Institute hatte Schmidt ein Ausweichlabor im Kloster St. Zeno in Bad Reichenhall.

Erich Schmidt war bei seinen Kollegen hochgeschätzt. Dekan Rollwagen hat in einem berührenden Glückwunschschreiben zu seinem 65. Geburtstag 1955 herausgestellt, dass „viele Kollegen Erich Schmidt ins Herz geschlossen haben und dass er eine menschliche Atmosphäre geschaffen hat, in der sich jeder, der ihn näher kennenlernen durfte, glücklich gefühlt hat". Schmidt hat sich mit großer Hingabe dem chemischen Unterricht gewidmet. Seine „synoptisch" orientierten, mit vielen einprägsamen Formulierungen und mit Hinweisen auf historische und aktuelle Vorgänge gewürzten Vorlesungen waren berühmt und sind bei seinen Zuhörern unvergessen. Der eigenen experimentellen Arbeit leidenschaftlich zugetan, wirkte er auch nach seiner Emeritierung im Jahr 1955 noch täglich im Labor. Er ist am 20. Mai 1975 gestorben.

Die Forschungsarbeiten von Erich Schmidt, deren Ergebnisse in ca. 120 Publikationen (darunter Patente) niedergelegt sind, wurden nach seiner Doktorarbeit durch den Krieg unterbrochen. Nach dem Krieg befasste er sich in einer Serie (11 Publikationen)[661] z. B. mit der Synthese und der Reaktivität von Tetranitromethan und Halogenotrinitromethanen $XC(NO)_3$ (X = Cl, Br, I). Im Jahr 1921 begann Schmidt seine bedeutenden Arbeiten über die Abtrennung von „Krusten aus pflanzlichen Inkrusten zur Reindarstellung pflanzlicher Skelettsubstanzen",[662] d. h. die Abtrennung von Lignin aus Holz mittels Chlordioxid zur Gewinnung der reinen Polysaccharide. Bereits in seiner ersten Arbeit über die Einwirkung von Chlordioxid auf organische Stoffe[663] schuf er die Grundlagen für die technische Verwendung von Chlordioxid zur Bleiche von Cellulose und Fasern. Als der „Vater der Chlordioxid-Bleiche von Zellstoffen" wurde Schmidt 1965 vom Verein der Zellstoff- und Papier-Chemiker und -Ingenieure mit der „Alexander-Mitscherlich-Denkmünze" ausgezeichnet. ClO_2 wird heute in Megatonnen zur Bleiche in der Textil- und Papierindustrie und zur Desinfektion hergestellt. In einer Reihe von Arbeiten hat Schmidt

661 E. Schmidt, *Ber. Dtsch. Chem. Ges.* **1919**, *52 B*, 400. — E. Schmidt, R. Schumacher, H. Kuhlmann, *Ber. Dtsch. Chem. Ges.* **1921**, *54 B*, 1483. — E. Schmidt, R. Schumacher, W. Bajen, A. Wagner, *Ber. Dtsch. Chem. Ges.* **1922**, *55 B*, 1751. — E. Schmidt, W. Bartholome, *Ber. Dtsch. Chem. Ges.* **1924**, *57 B*, 2039.

662 E. Schmidt, E. Graumann, *Ber. Dtsch. Chem. Ges.* **1921**, *54 B*, 1860.

663 E. Schmidt, K. Braunsdorf, *Ber. Dtsch. Chem. Ges.* **1922**, *55 B*, 1529.

das Verfahren zur Gewinnung reiner Polysaccharide (der „Skelettsubstanzen") vertieft[664] und unter anderem eine Methode zur quantitativen Trennung der beiden Polysaccharide Cellulose und Xylan entwickelt.[665] Weiterhin hat er sich mit der Konstitution und der Chemie von Cellulose (z. B. aus Baumwolle) befasst.[666] Ein weiteres größeres Arbeitsgebiet war die Synthese von aliphatischen Carbodiimiden aus Thioharnstoffen[667] und von Isothiocyanaten aus Ammoniumdithiocarbamaten[668] durch Entschwefelung und Oxidation mit HgO, Hypochlorit oder Chlorit. In einer der letzten Publikationen von Erich Schmidt wurden Reaktionen von Carbodiimiden und Isothiocyanaten vorgestellt.[669]

9.50 Max Schmidt (1925–2002)

Max Schmidt wurde am 13. Oktober 1925 in Vöhringen (Kreis Illertissen) geboren. Bei seiner Einberufung zum Wehrdienst erhielt er 1943 den Reifevermerk der Ulmer Oberschule. Nach seiner Entlassung aus der Kriegsgefangenschaft im September 1945 arbeitete er als Volontär im Laboratorium der Firma Mack in Illertissen bei Professor Zeile, bis im Frühjahr 1946 die Universität München wieder geöffnet wurde. Dort begann er im ersten Nachkriegssemester das Chemiestudium, welches er 1951 bei Professor Egon Wiberg mit einer Doktorarbeit über Hydride

664 E. Schmidt, K. Meinel, E. Zintl, *Ber. Dtsch. Chem. Ges.* **1927**, *60 B*, 503. — Y. C. Tang, W. Jande-Beur, *Naturwiss.* **1930**, *18*, 734.

665 E. Schmidt, W. Jandebeur, M. Hecker, E. Coffari, E.-J- Stoetzer, K. Meinel, *Ber. Dtsch. Chem. Ges.* **1937**, *70 B*, 2345.

666 E. Schmidt, R. Schnegg, M. Hecker, *Naturwiss.* **1933**, *21*, 206. — E. Schmidt, W. Jandebeur, M. Hecker, R. Schnegg, M. Atterer, W. Hahn, J. W. Pedlow, *Ber. Dtsch. Chem. Ges.* **1936**, *69 B*, 366.

667 E. Schmidt, F. Hitzler, E. Lahde, R. Herbeck, M. Pezzati, *Ber. Dtsch. Chem. Ges.* **1938**, *71 B*, 1933. — E. Schmidt, M. Seefelder, R. G. Jennen, W. Striewsky, H. von Martius, *Liebigs Ann. Chem.* **1951**, *571*, 83. — E. Schmidt, D. Ross, J. Kittl, H. H. von Dusel, K. Wamsler, *Liebigs Ann. Chem.* **1957**, *612*, 112.

668 E. Schmidt, L. Fehr, *Liebigs Ann. Chem.* **1959**, *621*, 1. — E. Schmidt, E. Kammerl, D. Ross, F. Zaller, *Liebigs Ann. Chem.* **1955**, *594*, 233.

669 E. Schmidt, E. Daebritz, K. Thulke, *Liebigs Ann. Chem.* **1965**, *685*, 161. — E. Schmidt, K. Thulke, *Liebigs Ann. Chem.* **1963**, *663*, 46.

des Galliums, Indiums und Thalliums[670] abschließen konnte. Nach einem einjährigen Forschungsaufenthalt an den Universitäten Durham und Newcastle in England wurde Schmidt 1953 zum wissenschaftlichen Assistenten an der Universität München ernannt, wo er sich 1956 mit einer Arbeit über eine neue Klasse von Schwefelsäuren, den Sulfandisulfonsäuren,[671] habilitiert hat.

Mit seinem großen Organisationstalent konnte er maßgeblich den Wiederaufbau der chemischen Institute (1955 – 1959) gestalten. Im Jahr 1962 folgte er einem Ruf auf einen neu eingerichteten Lehrstuhl für Anorganische Chemie an der Universität Marburg. 1965 wurde er an die Universität Würzburg berufen, wo er bis zu seiner Emeritierung im Jahr 1994 überaus erfolgreich tätig war, zunächst als Dekan (1968 / 69 und 1977 / 79), dann als langjähriger und hoch geschätzter Vizepräsident (1982 – 1994). Seine glänzende Vorlesung über Anorganische Experimentalchemie begeisterte die Studenten und aus dem Manuskript dieser Vorlesung entstand sein weit verbreitetes und sehr verständlich abgefasstes Lehrbuch Anorganische Chemie I und II.[672]

Max Schmidt war für seine Mitarbeiter ein großes Vorbild und so schlossen sich bedeutende Chemiker, die später auf Lehrstühle berufen wurden, seinem Arbeitskreis als Doktoranden an: Hubert Schmidbaur (TU München), Herbert Schumann (TU Berlin), Otto J. Scherer (Kaiserslautern), Walter Siebert (Heidelberg), Peter Jutzi (Bielefeld), Markus Wieber (Würzburg), W. A. Schenk (Würzburg), G. Talsky (TU München).

In der Forschung hat Max Schmidt zunächst eine ganze Reihe von Publikationen mit Egon Wiberg über Hydride von Gallium, Indium und Thallium herausgebracht. Als eigenes Thema hat er dann die Schwefelchemie gewählt, die fest mit seinem Namen verbunden bleibt. So hat er in seiner Habilitationsarbeit erstmals wasserfreie Thioschwefelsäure[673] synthetisiert und dann die (Poly)sulfanmono- und -disulfonsäuren. Der Verfasser dieser Zeilen erinnert sich gut an den eindrucksvollen Vortrag von

670 E. Wiberg, M. Schmidt, *Z. Naturforsch.* **1951**, *6 b*, 171, 577.

671 M. Schmidt, *Z. Anorg. Allg. Chem.* **1957**, *289*, 158, 193.

672 M. Schmidt: *Anorganische Chemie.* 2 Bde. Bibliograph. Inst., Mannheim, **1967**.

673 M. Schmidt, *Z. Anorg. Allg. Chem.* **1957**, *289*, 141. — M. Schmidt, G. Talsky, *Chem. Ber.* **1959**, *92*, 1526.

Max Schmidt in München über diese neue Klasse von Schwefelsäuren (1956). Schmidt arbeitete viel über schwefelhaltige Polymere[674] (Polysulfane, Chlorsulfane) und über neue Schwefelringe (S_{12}, S_9),[675] über Silanolester von Anorganischen Säuren,[676] auch z. B. über Organylsilizium-, Organylgermanium- und Organylzinnverbindungen.[677] Große Anerkennung fanden seine wichtigen und für die Praxis bedeutsamen Untersuchungen zur Entschwefelung von Erdöl, Kohle und Erdgas als Methode zur Gewinnung von elementarem Schwefel. Seine Verfahren zur Rauchgasentschwefelung in Kraftwerken wurden patentiert.

Seine bedeutenden Arbeiten (mit insgesamt 300 Publikationen) fanden die verdiente Anerkennung durch eine Reihe von Auszeichnungen:

- Chemie-Preis der Akademie der Wissenschaften zu Göttingen (1960)
- Dozentenpreis des Fonds der Chemischen Industrie (1959)
- Alfred-Stock-Gedächtnis-Preis der Gesellschaft Deutscher Chemiker (1972)
- Ehrendoktorwürde der Universität Marburg (1985)
- Bundesverdienstkreuz 1. Klasse (1986)
- Bayerischer Verdienstorden (1994)
- Verdienstmedaille „Bene Merenti" in Gold der Universität Würzburg (1995)

Max Schmidt ist am 22. April 2002 in Würzburg gestorben. Sein Schüler Professor Hubert Schmidbaur hat über die große und überaus liebenswerte Persönlichkeit Max Schmidt sehr bewegende Nachrufe verfasst.[678]

674 M. Schmidt, *Inorg. Macromol. Polymers* **1970**, *1*, 101.

675 Beispielsweise M. Schmidt, W. Eckart, *Angew. Chem., Int. Ed.* **1966**, *5*, 964.

676 Beispielsweise M. Schmidt, H. Schmidbaur, *Chem. Ber.* **1962**, *95*, 47.

677 Beispielsweise M. Schmidt, H. Schumann, *Chem. Ber.* **1963**, *96*, 780. — M. Wieber, M. Schmidt, *Angew. Chem.* **1962**, *74*, 902.

678 H. Schmidbaur, *Nachr. Chem.* **2002**, *50*, 870. — H. Schmidbaur: *Schmidt, Max.* In: Neue Deutsche Biographie **2007**, *23*, 209–210, Online-Version: › <https://www.deutsche-biographie.de/pnd128962127.html>.

9.51 Hansgeorg Schnöckel (* 1941)

Hansgeorg Schnöckel wurde am 9. Mai 1941 in Marienburg in Westpreußen geboren. Nach der Vertreibung kam er über Eschwege (Hessen), nach Wilhelmshaven und begann 1961 an der Westfälischen Wilhelms-Universität Münster das Chemiestudium, das er mit seiner Promotion über „Spektroskopische Untersuchungen an ausgewählten Borverbindungen" bei Professor H. J. Becher im Jahr 1970 abschließen konnte. Anschließend wurde er wissenschaftlicher Asssistent, dann 1975 wissenschaftlicher Angestellter am Anorganisch-Chemischen Institut der Universität Münster. Im Jahr 1981 erhielt er die venia legendi für Anorganische Chemie und 1987 wurde er zum außerplanmäßigen Professor ernannt. 1989 folgte er einem Ruf als Universitätsprofessor (C 3) für Anorganische Chemie an der Universität München. Im Jahr 1993 wurde er als C4-Professor auf den Lehrstuhl für Analytische Chemie an der Universität Karlsruhe berufen. Den Weggang von Schnöckel haben die Kollegen in München sehr bedauert. Einen ehrenvollen Ruf auf die Ordentliche Universitätsprofessur für Anorganische Chemie an der TU Wien (Nachfolge von Victor Gutmann) hat Schnöckel 1992 abgelehnt. 2007 wurde er in Karlsruhe emeritiert.

Ausgestattet mit einem, durch seinen Doktorvater Becher vermittelten, großen Wissen und Verständnis über Schwingungsspektroskopie befasste sich Schnöckel nach seiner Doktorarbeit mit der Isolierung und dem spektroskopischen Nachweis von reaktiven, ungewöhnlichen Spezies in der Matrix von festen Edelgasen.[679] Interessante Beispiele für ungewöhnliche Bindungsverhältnisse sind die Hochtemperaturmoleküle SiO,[680] SiS, AlF, AlCl und AlBr und deren Reaktionen in festem Argon, z. B. zu molekularem O=Si=O und S=Si=S.[681] Die Gallium- und Aluminium-

679 H. Schnöckel, St. Schunck, *Chem. Unserer Zeit* **1987**, *21*, 73.

680 H. Schnöckel, *Z. Anorg. Allg. Chem.* **1980**, *460*, 37.

681 H. Schnöckel, *Angew. Chem.* **1978**, *90*, 638. — H. Schnöckel, R. Köppe, *J. Am. Chem. Soc.* **1989**, *111*, 4583. — H. Schnöckel, J. Mol. Struct. 1978, 50, 267, 275, M. Tacke, H. Schnöckel, *Inorg. Chem.* **1990**, *28*, 2895. — H. Schnöckel, C. Klemp, in *Inorganic Chemistry Highlights* (Eds.: G. Meyer, D. Naumann, L. Wesemann), Wiley-VCH, Weinheim, **2002**, 245.

Monochloride wurden im folgenden wichtige Ausgangsverbindungen für die Synthese von metallloiden Cluster, d. h. molekularen metallreichen Zwischenstufen auf dem Weg zu festem Metall wie z. B. $Al_4(C_5Me_5)_4$,[682] $Ga_6Cp^*_6$,[683] $Al_{77}R_{20}^-$ (R = $N(SiMe_3)_2$.[684] Die experimentellen Arbeiten wurde von *ab-initio*-Rechnungen begleitet, wie z. B. bei der Bildung des Wasserstoff-Kupfer(I)-chlorid-Komplexes in der Matrix.[685] Ein schönes „metallorganisches" Ergebnis ist, dass sich monomeres AlCp* wie ein Carben-Ligand als 2-Elektronendonor in Metallcarbonylen verhält, z. B. in $Cp^*AlCr(CO)_5$.[686] Schnöckel ist besonders durch seine grundlegenden Arbeiten über „metalloide, d. h. metallähnliche Cluster" von Gallium und Aluminium hervorgetreten, die z. B. 84 Ga-Atome enthalten und interessante Strukturen und sogar Supraleitfähigkeit zeigen.[687] Sie sind mit Abmessungen bis in den Nanomaßstab Modelle, d. h. Momentaufnahmen für molekulare Spezies auf dem Weg zum Metall. Auch Al-Cluster mit Heteroatomen wurden synthetisiert, z. B. $SiAl_8(AlCp^*)_6$ und zuletzt gelang es sogar metalloide Magnesium-Cluster nachzuweisen und deren Bedeutung als Intermediate bei der Bildung von Grignard-Verbindungen zu zeigen.[688]

---

682 C. Dohmeier, C. Robl, M. Tacke, H. Schnöckel, *Angew. Chem., Int. Ed.* **1991**, *30*, 564.

683 D. Loos, E. Baum, A. Ecker, H. Schnöckel, A. J. Downs, *Angew. Chem., Int. Ed.* **1997**, *36*, 860.

684 A. Ecker, E. Weckert, H: Schnöckel, *Nature* **1997**, *387*, 379.

685 H. S. Plitt, M. Bauer, R. Ahlrichs, H. Schnöckel, *Angew. Chem., Int. Ed.* **1991**, *30*, 832.

686 Q. Yu, A. Purath, A. Donchev, H. Schnöckel, *J. Organomet. Chem.* **1999**, *584*, 94 und dort zitierte Literatur.

687 H. Schnöckel: Formation, structure and bonding of metalloid Al and Ga clusters. A challenge for chemical efforts in nanosciences. *Dalton Trans.* **2008**, 4344.

688 T. Kruczynski, F. Henke, M. Neumaier, K. H. Bowen, H. Schnöckel: Many Mg-Mg bonds form the core of the $Mg_{16}Cp^*_8Br_4K$ cluster anion: The key to a reassessment of the Grignard Reagent (GR) formation process? *Chemical Science* **2016**, *7*, 1543-1547. — J. Arras, T. Kruczynski, J. Bresien, A. Schulz, H. Schnöckel: Magnesium(I) Halide versus Magnesium Metal: Differences in Reaction Energy and Reactivity Monitored in Reduction Processes of P-Cl Bondes. *Angew. Chem., Int. Ed.* **2019**, *58*, 716-721.

Schnöckel hat mehrere Übersichtsartikel über seine metalloiden Ga- und Al-Cluster verfasst.[689] Sein wissenschaftliches Werk wurde in 260 Publikationen herausgebracht. Für seine bedeutsamen Arbeiten wurde er 2004 von der Gesellschaft Deutscher Chemiker mit dem Alfred-Stock-Preis geehrt.

9.52 Gerhard N. Schrauzer (1932–2014)

Schrauzer wurde am 12. Januar 1932 in Franzensbad (im damaligen Böhmen) geboren und kam 1949 nach München, wo er 1951 mit dem Chemiestudium an der LMU begann. Er wurde 1956 mit einer Arbeit über komplexe Hydride bei Egon Wiberg promoviert. Nach einem zweijährigen Postdoc-Aufenthalt (1957–1959) in den USA kehrte er wieder nach München zur Habilitation zurück. 1963 ging er zum Shell Development Center in Emeryville, California und dann 1966 als Full Professor an die University of California, San Diego.

In der Forschung beschäftigte sich Schrauzer zunächst mit der metallorganischen Chemie, z. B. mit Nickel(0)-Komplexen von Chinonen und von Acrylonitril.[690] Viel Beachtung fanden seine interessanten „Cobaloxime" als Modellverbindungen für Vitamin B_{12} und dessen Reaktionen.[691] Reduzierte Cobaltoxime erwiesen sich als Supernucleophile.[692] Eine Reihe von Arbeiten war „The chemical Evolution of Nitrogenase" gewidmet, also der Bildung von Ammoniak aus Stickstoff.[693] In vielen Studien seit

689 H. Schnöckel, *Dalton Trans.* **2005**, 331. — H. Schnöckel, A. Schnepf, *Adv. Organomet. Chem.* **2001**, *47*, 235. — A. Schnepf, H. Schnöckel, *Angew. Chem., Int. Ed.* **2002**, *41*, 3532. — H. Schnöckel: Structures and properties of metalloid Al and Ga clusters open our eyes to the diversity and complexity of fundamental chemical and physical processes during formation and dissolution of metals. *Chem. Rev.* **2010**, *110*, 4125–4163.

690 G. N. Schrauzer, H. Thyret, *Theor. Chim. Acta* **1963**, *1*, 172: G. N. Schrauzer, S. Eichler, D. A. Brown, *Chem. Ber.* **1962**, *95*, 642.

691 G. N. Schrauzer, J. Kohnle, *Chem. Ber.* **1964**, *97*, 3056. — G. N. Schrauzer, L. Lian-Pin, *J. Am. Chem. Soc.* **1968**, *90*, 6541.

692 G. N. Schrauzer, E. Deutsch, *J. Am. Chem. Soc.* **1969**, *91*, 3341.

693 G. N. Schrauzer, J. G. Palmer, *Z. Naturforsch.* **2001**, *56 b*, 1354: G. N. Schrauzer, *Angew. Chem., Int. Ed. Engl.* **1975**, *14*, 514 und dort zit. Lit.

etwa 1975, bis in die letzten Lebensjahre, betonte Schrauzer die Bedeutung von Selen für die Prävention (und möglicherweise auch Therapie) von Krebs[694] und für andere Krankheiten. Auch die Wirkung von anderen Spurenelementen (Li) auf den Menschen hat er diskutiert.[695] Sein Schriftenverzeichnis umfasst 450 Publikationen.[696]

9.53 Georg-Maria Schwab (1899–1984)

Georg-Maria Schwab wurde am 3. Februar 1899 als Sohn bayerischer Eltern in Berlin geboren. Von 1917 bis Anfang 1919 diente er im Heer und teilweise an der Westfront als Eisenbahnpionier. Nach seiner Entlassung nahm er das Studium der Chemie an der Universität Berlin auf, wo er u. a. Vorlesungen von Nernst, Pschorr, Paneth, Riesenfeld, Haber und Laue hörte. Er wurde 1923 Im Laboratorium von Nernst mit einer Arbeit „Über Ozon" unter Anleitung von Riesenfeld promoviert. In seiner Doktorarbeit favorisierte er die „kettenförmige Struktur" von Ozon und er konnte die Existenz der damals diskutierten Sauerstoff-Spezies O_4 („Oxozon") widerlegen.[697] Von 1923 - 1925 war er Assistent bei Bodenstein. Anschließend wechselte er nach Würzburg zu Dimroth, wo er sich 1927 mit einer Arbeit über die katalytische Spaltung von Methan und Ammoniak[698] habilitierte. „Die thermische Spaltung von Methan am Glühdraht" war seine „erste Begegnung mit der Katalyse."[699] 1928 wurde er von Heinrich Wieland an das Laboratorium des Staates der Bayerischen Akademie der Wissenschaften und an die Universität München berufen. Dort wurde er

694 Beispielsweise G. N. Schrauzer, P. F. Surai, *Crit. Rev. Biotech.* **2009**, *29*, 2. — G. N. Schrauzer, *Pure Appl. Chem.* **2006**, *78*, 105.

695 G. N. Schrauzer, *Biochem. Trace El.* **1984**, *3*, 17.

696 Siehe z. B. G. N. Schrauzer UCSD Profiles.

697 G.-M. Schwab, *Z. Physik. Chem.* **1924**, *110*, 599, E. Riesenfeld. — G.-M. Schwab, *Ber. Dtsch. Chem. Ges.* **1922**, *55 B*, 2088.

698 G.-M. Schwab, E. Pietsch, *Z. Phys. Chem.* **1926**, *121*, 189; **1927**, *126*, 473. — G.-M. Schwab, *Z. Physik. Chem.* **1927**, *128*, 161.

699 J. H. Block, Vortrag Seventh Int. Summer Institute in Surface Chemistry ISSIS 1985 Milwaukee Wisconsin, July 22, **1985**. — J. H. Block in *Chemistry and Physics of Solid Surfaces VI*. Springer Series in Surface Sciences, Vol. 5. Springer, Berlin, Heidelberg, **1986**, 1.

als Nachfolger von Zintl zum Konservator ernannt und war Vorsteher der Abteilung für den chemischen Unterricht der Mediziner. Anfang 1933 wurde er unter der letzten bayerischen Staatsregierung zum a. o. Professor ernannt.

Seine weitere Laufbahn stagnierte jedoch infolge der rassischen Verfolgung der „Mischlinge" unter den Nazigesetzen. 1938 wurde ihm aus Abstammungsgründen die Lehrerlaubnis entzogen. Laut Schreiben des Bayerischen Staatsministeriums für Unterricht und Kultus vom 28.2.1938 „änderte sich nichts an dem Beamtenverhältnis des Dr. Schwab als Konservator am chemischen Laboratorium des Staates in München". Im April 1939 erhielt Schwab ein Angebot, in einem neuen chemisch-wissenschaftlichen Institut „Nikolaos Kanellopoulos" in Piräus bei Athen wissenschaftlich zu arbeiten und bat um Beurlaubung für das Sommersemester 1939, was vom Staatsministerium abgelehnt wurde. Im September 1939 hat Schwab dann den Rektor der Universität um Entlassung aus dem Beamtenverhältnis als Konservator gebeten, da er keine Möglichkeit für einen beruflichen Aufstieg sah. Dieser Antrag wurde von Heinrich Wieland unterstützt. Wieland schrieb an den Rektor, „dass Herr Schwab für die Geltung der deutschen Wissenschaft an seiner neuen Wirkungsstätte in Athen mehr tun kann, als auf dem kleinen Posten, der ihm hier geblieben ist und er hat befürwortet, dass Herrn Schwab ein ehrenvoller Abschied aus dem Staatsdienst bewilligt wird". Im März 1940 teilte das Staatsministerium mit, dass „der Führer den Konservator Dr. Schwab auf seinen Antrag entlassen hat". Schwab übersiedelte 1939 mit seiner Frau Elly Agallidis nach Griechenland und übernahm die Leitung der wissenschaftlichen Forschungsabteilung des neu gegründeten Instituts „Nikolaos Canellopoulos" in Piräus bei Athen. In diesem Institut konnte er seine Forschungsarbeiten fortsetzen, obgleich ihm während der deutschen Besetzung Griechenlands in steigendem Maße materielle und und persönliche Schwierigkeiten entstanden: 1942 wurde ihm der deutsche Pass entzogen und seine Veröffentlichungen in der deutschen wissenschaftlichen Presse verhindert (wobei Wilhelm Klemm eine unrühmliche Rolle spielte). Nach der Befreiung Griechenlands konnte er dann seine Veröffentlichungen in den ausländischen und auch den deutschen Zeitschriften wieder aufnehmen. Im WS 1949/50 wurde er zum ordentlichen

Professor an der Technischen Hochschule Athen gewählt und im SS 1949 war er Gastprofessor an der Technischen Hochschule Darmstadt.[700]

1950 wurde Schwab auf den Lehrstuhl für Physikalische Chemie und zum Vorstand des Instituts für Physikalische Chemie an der Universität München berufen. Rektor Gerlach hat sich sehr um eine Wohnung für die Familie Schwab bemüht. 1955/56 war er Dekan der großen Naturwissenschaftlichen Fakultät. 1967 wurde er emeritiert und hat seinen Lehrstuhl einige Jahre bis zu dessen Wiederbesetzung weiter vertreten. Auch nach seiner Emeritierung nahm Schwab mit großem Interesse am wissenschaftlichen Leben der Universität teil, z. B. bei den Sitzungen der späteren Fakultät Chemie und Pharmazie.

Schwab war ein hervorragender akademischer Lehrer und ein begeisternder Wissenschaftler und auch wegen seiner Güte und Herzenswärme schlossen sich ungewöhnlich viele Doktoranden seinem Arbeitskreis an. Für viele seiner Doktoranden war er das Vorbild einer akademische Laufbahn.[701] Er war ein wirklicher Doktor-Vater.

Die wissenschaftlichen Arbeiten von Schwab, die in 349 Publikationen niedergelegt ist, umfassen ein breites Spektrum in vielen Bereichen der physikalischen Chemie, wie Reaktionen im festen Zustand, Anorganische Chromatographie,[702] Photochlorierung.

Höchstes internationales Ansehen erwarb er sich durch seine Arbeiten zur Katalyse und Reaktionskinetik. J. H. Block hat in einem Nachruf auf seinen Doktorvater Schwab dessen grundlegenden Arbeiten über die heterogene Katalyse herausgestellt: Sein 1931 erschienenes Buch „Katalyse vom Standpunkt der chemischen Kinetik“ wurde früh ein klassisches Werk, das in viele Sprachen übersetzt wurde.[703]

Das von Schwab herausgegebene „Handbuch der Katalyse“ macht ihn zum „Meister“ der Katalyse. Schon früh entwickelte er die Idee der aktiven

700 Diese Angaben stammen im Wesentlichen aus seinem von ihm selbst verfassten Lebenslauf.

701 J. H. Block (Berlin), H. Noller (Wien), J. Voitländer (LMU), R. Sizmann (LMU), Knözinger, Zundel, Gossner (LMU).

702 G.-M. Schwab, *Naturwiss.* **1937**, *25*, 44. — G.-M. Schwab, K. Jockers, *Angew. Chem.* **1937**, *50*, 546. — G.-M. Schwab, *Discussions Faraday Soc.* 1949, No. 7, 170.

703 G.-M. Schwab: *Katalyse vom Standpunkt der Chemischen Kinetik.* Julius Springer, Berlin, **1931**.

Zentren in seiner Theorie, die er „Adlineation“ nannte.[704] Der gefundene Zusammenhang zwischen der Elektronenkonzentration des Katalysators mit dessen Aktivität war der Beginn der Diskussion über den elektronischen Einfluss auf Katalysatoren.[705]

Sein Kollege J. Voitländer nannte u.a. weitere besonders hervorzuhebende Arbeiten:

- Katalyse der Para-Orthowasserstoff-Umwandlung[706] und Nachweis von Radikalen durch die Parawasserstoff-Methode.[707]
- Reaktionen an dotierten Halbleitern.[708] Verstärkung der Katalyse durch dotierte Träger.[709]
- Mechanismus des Wasserstoff-Deuterium Austausches. Katalytische Aktivität nach Behandlung mit Alpha-,[710] Gamma- und Röntgen-Strahlen.[711]
- Zusammenhang zwischen Katalyse und Phasenübergängen.[712]
- Einfluss eines äußeren magnetischen Feldes[713] auf die Katalysatoraktivität.
- Elektronenübergänge in Mischkatalysatoren.[714]

704 G.-M. Schwab, E. Pietsch, *Z. Physik. Chem.* **1928**, *1*, 386. — G.-M. Schwab, E. Pietsch, *Z. Elektrochem. Angew. Phys. Chem.* **1929**, *35*, 573.

705 G.-M. Schwab, G. Holz, *Naturwiss.* **1943**, *31*, 345. — G.-M. Schwab, *Trans. Faraday Soc.* **1946**, *42*, 689.

706 G.-M. Schwab, J. Voitländer, *Naturwiss.* **1953**, *40*, 439. — G.-M. Schwab, E. O. Fischer, J. Voitländer, *Naturwiss.* **1954**, *41*, 228 G.-M. Schwab, J. Voitländer, V. Penka, *Z. Physik. Chem.* **1963**, *36*, 378.

707 G.-M. Schwab, N. Agliardi, *Ber. Dtsch. Chem. Ges.* **1940**, *73 B*, 95. — G.-M. Schwab, E. Schwab-Agallidis, *Naturwiss.* **1940**, *28*, 412.

708 G.-M. Schwab, C. Nissl-Flechtner, H. Knözinger, *Chem. Ber.* **1960**, *93*, 2755. — G.-M. Schwab, B. Dadlhuber, E. Wall, *Z. Phys. Chem.* **1963**, *37*, 99.

709 G.-M. Schwab, *Angew. Chem.* **1961**, *73*, 399. — G.-M. Schwab, J. Block, D. Schultze, *Angew. Chem.* **1959**, *71*, 101. — G.-M. Schwab, G. Mutzbauer, *Z. Physik. Chem.* **1962**, *32*, 367. — E. Noller, E. Hantke, G.-M. Schwab, *Z. Physik. Chem.* **1963**, *36*, 103.

710 G.-M. Schwab, R. Sizmann, N. Todo, *Z. Naturforsch.* **1961**, *16 A*, 985. — J. Ritz, G.-M. Schwab, *Z. Physik. Chem.* **1963**, *39*, 45.

711 G. W. Mach, G.-M. Schwab, R. Sizmann, *J. Cat.* **1969**, *14*, 261.

712 G.-M. Schwab, E. Schwab-Agallidis, *Kolloid-Zeitschrift* **1944**, *109*, 99.

713 G.-M. Schwab, A. Kaiser, *Z. Physik. Chem.* **1959**, *22*, 220. — J. Jugel, G.-M. Schwab, J. Voitländer, *J. Chem. Phys.* **1983**, *78*, 4755.

714 G.-M. Schwab, *Adv. Cat.* **1978**, *27*, 1. — G.-M. Schwab, *Fortschritte Chemischer Forschung* **1972**, *25*, 105.

- Inverse Katalysatoren.[715]

Er war Coautor (mit Eggert und Hock) eines Lehrbuchs der Physikalischen Chemie[716] und hat regelmäßig Übersichtsartikel über die Entwicklung der Katalyse[717] und der chemischen Kinetik[718] verfasst. Mit seiner Frau (seine frühere Doktorandin Elly Agallidis) hat er eine Reihe von Arbeiten publiziert.[719] Frau Schwab hat auch nach dem Tod ihres Mannes viele Jahre aktiv am wissenschaftlichen und gesellschaftlichen Leben der Fakultät teilgenommen.

Schwab wurde von seinen Schülern und seinen Kollegen sehr verehrt und erhielt viele höchste Auszeichnungen:

- Ehrendoktorwürden der Universitäten Sorbonne in Paris, der FU Berlin, in Hamburg und der Universität Liege,
- Verleihung des Titels „Professor Honorarie“ der Universität von Venuezuela Caracas
- Verleihung des „Offizierkreuzes des Ordens Georg I“ durch den König der Hellenen,
- den Offizier-Orden der belgischen Krone,
- die Liebig-Denkmünze der Gesellschaft Deutscher Chemiker.

Er war Mitglied der Bayerischen Akademie der Wissenschaften, der „Leopoldina“ in Halle, der Akademien in Wien und in Heidelberg und Präsident der Deutschen Bunsengesellschaft (1955/56).

Georg-Maria Schwab war eine ganz besondere, außerordentlich heitere, hilfsbereite und humorvolle Persönlichkeit. Berühmt sind seine Schüttel-

715 G.-M. Schwab, B. Matthes, *Z. Physik. Chem.* **1975**, *94*, 243.

716 J. Eggert, L. Hock, G.-M. Schwab: *Lehrbuch der physikalischen Chemie in elementarer Darstellung*. Hirzel, Stuttgart, 8. Aufl. **1960**.

717 G.-M. Schwab, *Chimia* **1948**, *2*, 1. — G.-M. Schwab, *Adv. Cat.* **1950**, *2*, 251. — G.-M. Schwab, *Angew. Chem.* **1955**, *67*, 433. — G.-M. Schwab, *Pure and Appl. Chem.* **1962**, *5*, 655. — G.-M. Schwab, *Chimia* **1953**, *7*, 101.

718 G. -M. Schwab, *Rete (Strukturgeschichte der Naturwissenschaften)* **1972**, *1*, 125.

719 G.-M. Schwab, E. Agallidis, *Z. Physik. Chem.* **1938**, *B 41*, 59. — M.- G. Schwab, E. Schwab-Agallidis, N. Agliardi, *Ber. Dtsch. Chem. Ges.* **1940**, *73 B*, 279. — G.-M. Schwab, E. Schwab-Agallidis, *Ber. Dtsch. Chem. Ges.* **1943**, *76 B*, 1228.

reime bei vielen Gelegenheiten, z. B. bei Damenreden. Sehr originell war z. B. eine Damenrede auf Frau Hieber bei der Feier eines runden Geburtstags seines Kollegen Walter Hieber (Hieber war nicht verheiratet). Sogar noch im hohem Alter war Schwab ein begeisterter Bergsteiger mit seinen Schülern und Freunden. Er war ein Pionier für den Ski-Sport in Bayern.

Er ist am 23. Dezember 1984 in München gestorben. Bewegende Nachrufe wurden von seinen Schülern und Freunden J. H. Block und J. Voitländer verfasst.[720]

9.54 Wolfgang Steglich (* 1933)

Wolfgang Steglich wurde am 12. August 1933 in Kamenz (Sachsen) geboren und begann 1951 sein Chemiestudium an der TU Berlin. Im Jahr 1958 wechselte er an die Technische Hochschule München und wurde 1960 bei Friedrich Weygand über „Peptidsynthesen mit aktivierten Estern von Carbobenzoxyaminosäuren in Eisessig und Entcarbobenzoxylierung mit Trifluoressigsäure“ promoviert. Nach einem Forschungsaufenthalt (1962/63) bei D. H. R. Barton am Imperial College in London mit Arbeiten über die Biosynthese der Opiumalkaloide folgte 1965 die Habilitation an der TH München (Chemie der Oxazolone und Pseudooxazolone). Von 1969 – 1971 hatte er die Verwaltung des Weygandschen Lehrstuhls inne und wurde 1971 als Ordentlicher Professor für Organische Chemie an die TU Berlin berufen. Im Jahr 1975 folgte er dem Ruf als Ordentlicher Professor und Direktor des Instituts für Organische Chemie an die Universität Bonn (als Nachfolger von Professor Rudolf Tschesche). Schließlich trat er 1991 die ehrenvolle Nachfolge von Professor Rolf Huisgen an der Ludwig-Maximilians-Universität in München an. Er wurde 2001 emeritiert.

Für seine zahlreichen hervorragenden Forschungsarbeiten erhielt Steglich viele Auszeichnungen: Karl-Winnacker-Stipendium (1970 – 1971), Emil-Fischer-Medaille der Gesellschaft Deutscher Chemiker (1986), Adolf-Windaus-Medaille der Universität Göttingen (1989), Karl-Heinz-Beckurts-Preis (1996), Richard-Kuhn-Medaille der GDCh (1997), Bundes-

720 Block **1985** und **1986**, s. Anm. 699 auf S. 231. — J. Voitländer, *Jahrbuch der Bayerischen Akademie der Wissenschaften* **1985**, 233.

verdienstkreuz am Band (2000). Er ist Ehrendoktor der Humboldt-Universität Berlin (1998), Honorary Professor of the Shanghai Institute of Materia Medica, Mitglied der Chinese Academy of Science, Mitglied der Bayerischen Akademie der Wissenschaften und der Deutschen Akademie der Naturforscher Leopoldina. Die chemische Literatur hat er als Herausgeber der *Zeitschrift für Naturforschung Teil B und C* (seit 1973), von *Chemische Berichte* (1975 - 1980) und von *Tetrahedron* und *Tetrahedron Letters* (1980 - 2001) geprägt.

Schon zu Beginn seines Chemie-Studiums in Berlin fand Steglich großes Interesse an Naturstoffen, und schrieb 1954 im Alter von 21 Jahren dem großen Naturstoffchemiker R. B. Woodward einen Brief mit einem Vorschlag für die Totalsynthese von Strychnin, den Woodward in seiner Antwort an Steglich „certainly ingenious in a number of respects" nannte.[721] Die Naturstoff-Chemie blieb bis zu seiner Emeritierung der Schwerpunkt seiner Arbeiten. So waren die Isolierung, Strukturaufklärung, Synthese und Biosynthese der biologisch aktiven Substanzen und Farbstoffe in Pilzen und Schleimpilzen Gegenstand seiner überaus erfolgreichen Forschung: Seine Arbeiten brachten immer wieder eine erstaunliche Vielfalt von Verbindungstypen und Strukturen aus den Pilzen ans Licht, z. B. von bisher unbekannten Heterocyclen bis zu Arzneimitteln oder neuartigen Eisen-Komplexen.[722] Ein hochinteressantes Beispiel ist

721 Der Briefwechsel mit R. B. Woodward wurde kürzlich von J. I. Seeman beschrieben: J. Seeman, *Helv. Chim. Acta* **2017**, *100*, e1700183.

722 In einem „prächtigen" Artikel hat Klaus Roth die von Steglich und Mitarbeitern aufgeklärten Inhaltsstoffe von Pilzen beschrieben. K. Roth: Es kochen Maitre Steglich und seine Küchenbrigade Pilzragout nach Chemiker Art. *Chem. Unserer Zeit* **2015**, *49*, 196-212 und dort zitierte Arbeiten von Steglich und Mitarb. — M. Gill, W. Steglich: Pigments of fungi (Macromycetes), *Progr. Chem. Org. Nat. Prod.* **1987**, *51*, 1 - 317. — O. Sterner, B. Steffan, W. Steglich: Novel azepine derivatives from the pungent mushroom *Chalciporus piperatus*, *Tetrahedron* **1987**, *43*, 1078 - 1082. — W. Steglich: Slime moulds (Myxomycetes) as a source of new biologically active metabolites. *Pure Appl. Chem.* **1989**, *61*, 281 - 288. — W. Steglich, *Chem. Unserer Zeit* **1975**, *9*, 117. — M. Lang, P. Spiteller, V. Hellwig, W. Steglich, *Angew. Chem.* **2001**, *113*, 1749. — F. von Nussbaum, P. Spiteller, M. Rüth, W. Steglich, G. Wanner, B. Gamblin, L. Stievano, F. E. Wagner, *Angew. Chem.* **1998**, *110*, 3483.

die Isolierung von 2H-Azepin-Derivaten aus dem Pfefferröhrling,[723] an die sich die erste Synthese des bis dahin unbekannten *2H*-Azepins[724] sowie die Aufklärung der Biosynthese der *2H*-Azepin-Alkaloide anschloss.[725] Zusammen mit dem Biochemiker Timm Anke gelang ihm die Strukturaufklärung und Synthese der fungiziden Stobilurine, die als Leitstrukturen für eine neue Klasse von heute weltweit angewendeten Fungiziden dienten.[726] Steglich befasste sich auch mit der Isolierung und Synthese von Alkaloiden aus Meeresorganismen.[727]

Seine schönen, grundlegenden wissenschaftlichen Arbeiten sind in 663 Publikationen dokumentiert.

Steglich hat mit seinen Doktoranden auch sehr bedeutende Beiträge zur Organischen Synthese erbracht: Das Steglich-Reagenz 4-(Dimethylamino)pyridin (DMAP) ist ein viel eingesetzter Katalysator für die Veresterung mit Dicyclocarbodiimid (DCC).[728] Mit α-Halogenoglycin-Derivaten können Aminosäuren und Peptide modifiziert werden.[729] Mit seinem Freund Wolfgang Beck und dessen Mitarbeitern hat er eine Reihe von Arbeiten zur biometallorganischen Chemie herausgebracht.[730]

---

723 O. Sterner, B. Steffan, W. Steglich, *Tetrahedron* **1987**, *43*, 1075 - 1082.

724 D. Hamprecht, K. Polborn, W. Steglich, *Angew. Chem.* **1995**, *107*, 1639 - 1641.

725 P. Spiteller, D. Hamprecht, W. Steglich, *J. Am. Chem. Soc.* **2001**, *123*, 4837 - 4838.

726 H. Sauter, W. Steglich, T. Anke: Strobilurins. Evolution of a new class of active substances. *Angew. Chem., Int. Ed.* **1999**, *38*, 1328 - 1349; *Angew. Chem.* **1999**, *111*, 1416 - 1438.

727 A. Herlt, L. Mander, W. Rombang, R. Rumampuk, S. Soemitro, W. Steglich, P. Tarigan, F. von Nussbaum, *Tetrahedron* **2004**, *60*, 6101 - 6104.

728 W. Steglich, G. Höfle, *Angew. Chem.* **1969**, *81*, 1001. — G. Höfle, W. Steglich, H. Vorbrüggen: 4-Dialkylaminopyridines as highly active acylation catalysts. *Angew. Chem., Int. Ed.* **1978**, *17*, 569 - 583; *Angew. Chem.* **1978**, *90*, 602-615. — M. R. Heinrich, H. S. Klisa, H. Mayr, W. Steglich, H. Zipse: Enhancing the catalytic activity of 4-(dialkylamino)pyridines by conformational fixation. *Angew. Chem., Int. Ed.* **2003**, *42*, 4826 - 4828; *Angew. Chem.* **2003**, *115*, 4975 - 4977. — S. Xu, I. Held, B. Kempf, H. Mayr, W. Steglich, H. Zipse: The DMPA-catalyzed acetylation of alcohols. A mechanistic study. *Chem. Eur. Chem.* **2005**, *11*, 4751 - 4757.

729 W. Steglich, M. Jäger, S. Jaroch, P. Zistler, *Pure Appl. Chem.* **1994**, *66*, 2167 - 2170. — R. Kober, W. Steglich, *Liebigs Ann. Chem.* **1983**, 599 - 609.

730 Beispielsweise: K. Severin, W. Beck, G. Trojandt, K. Polborn, W. Steglich: Macrobicyclic titanium(IV) complexes with C3-symmetric synthetic peptides. *Angew.*

Im Department Chemie der LMU hat sich Steglich große Anerkennung erworben. Er ist auf Grund seines liebenswerten, freundlichen und hilfsbereiten Wesens hochgeschätzt. Steglich hat z. B. besondere Verdienste um die Vorbereitung des Umzugs der Fakultät nach Großhadern, der dann 1999 sehr erfolgreich verlief.

9.55 Bernward Stuke (1921–2011)

Bernward Stuke wurde am 6. Juni 1921 in Bremen geboren. Er begann 1941 das Chemiestudium an der Universität München, wurde aber gleich zum Wehrdienst eingezogen. Bei einem Studienurlaub konnte er 1944 das Studium mit dem Diplomexamen abschließen. Nach der Rückkehr aus der Kriegsgefangenschaft fertigte er 1946 unter Anleitung von Professor Helmuth Hausen, einem technischen Thermodynamiker an der Technischen Hochschule München, seine Diplomarbeit mit dem Thema „Berechnung des Wärmeaustausches in Regeneratoren mit zylindrischen und kugelförmigem Füllmaterial".[731] Im Jahr 1947 begann er im Institut für Physikalische Chemie der LMU seine Doktorarbeit. Nach dem überraschenden Weggang von Professor Klaus Clusius wählte er selbständig ein Promotionsthema und wurde 1950 mit der Arbeit „Zur Struktur und Systematik von Trennverfahren" promoviert. Als G.-M. Schwab nach München kam, wurde er 1950 zum Wissenschaftlichen Assistenten, 1957 zum Oberassistenten ernannt. Er hat sich 1954 mit der Arbeit „Die Bewegung von Gasblasen und Flüssigkeitstropfen" habilitiert.[732] Im Jahr 1960 wurde ihm die Amtsbezeichnung „außerplanmäßiger Professor" verliehen und 1962 wurde ihm eine Diätendozentur übertragen. Er wurde 1965 auf eine HS2-Stelle, 1970 auf eine HS3-Stelle eingewiesen. 1978 wurde er C3-Professor. 1986 trat er in den Ruhestand.

Chem., Int. Ed. **1995**, *34*, 1449–1451. — B. Kayser, K. Polborn, W. Steglich: W. Beck, Introduction of organometallic fragments into a-amino acids by reaction of a-bromoglycine derivatives with anionic transition metal compounds. *Chem. Ber./Recueil* **1997**, *130*, 171–177. — H. Dialer, W. Steglich, W. Beck: 2-Cyclopentadienylglycine, a new amino acid and its use for complex formation. *Tetrahedron* **2001**, *57*, 4855–4861.

731 B. Stuke, *Angew. Chem.* **1948**, *B 20*, 262.

732 B. Stuke, *Angew. Chem.* **1952**, *64*, 614. — B. Stuke, *Naturwiss.* **1952**, *39*, 325.

In der Forschung befasste er sich zunächst mit Themen aus der Chemischen Verfahrenstechnik, z. B. über chemische Austauschverfahren,[733] über Grenzflächen Flüssiggas,[734] Rektifikation in Füllkörperkolonnen mit Inertgas-Zumischung.[735]

Im Anschluss an die Bearbeitung von Problemen der Oberflächenthermodynamik fand die allgemeine Thermodynamik sein Interesse z. B. die Erweiterung der Gibbs-Gleichung[736] und die Erweiterung der Fundamentalgleichung der Kontinuumsmechanik.[737] Seine wissenschaftlichen Aktivitäten fanden ihre Entsprechung in einer Reihe von Vorlesungen (vor allem für Physiker) über Thermodynamik, Kontinuumsmechanik, Ähnlichkeitstheorie und Rheologie. Über viele Jahre hat er das Praktikum in Physikalischer Chemie geleitet und auch die Vorlesung „Einführung in die mathematische Behandlung der Naturwissenschaften" gehalten.

In den Zeiten der Studentenunruhen (um 1970) war er ein ungemein aufrechter, standhafter, mutiger, auch streitbarer Verteidiger des Bewährten und scheute auch nicht die Auseinandersetzung mit dem Rektor und Prorektor, die ihm zu nachgiebig erschienen gegenüber einer radikalen Studentengruppierung. Als origineller, eigenständiger Wissenschaftler war er ein in der Fakultät sehr angesehener Kollege.[738]

9.56 Karlheinz Sünkel (* 1955)

Karlheinz Sünkel wurde am 2. Oktober 1955 in München geboren. Er studierte Chemie an der LMU von WS 1974/75 bis 1979 (Diplom) und wurde 1982 mit einer Arbeit bei Professor Wolfgang Beck über „Darstellung und Reaktionen von Metallorganischen Verbindungen mit schwach koordinierten Anionen" (BF_4^-, AsF_6^- und SbF_6^-) promoviert. Anschlie-

733 B. Stuke, *Z. Elektrochem.* **1953**, *57*, 655.

734 W. Schwindt, B. Stuke, *Angew. Chem., Int. Ed.* **1957**, *16*, 537. — B. Stuke, *Z. Elektrochem.* **1959**, *63*, 240.

735 R. Sitzmann, B. Stuke, *Chemie Ingenieur Technik* **1955**, *27*, 669.

736 B. Stuke, *Z. Naturforsch.* **1975**, *30 a*, 1433.

737 B. Stuke, *Phys. Lett.* **1966**, *21*, 649. — B. Stuke, *Z. Naturforsch.* **1993**, *48 a*, 883. — B. Stuke, *Z. Naturforsch.* **1996**, *51 a*, 1007.

738 Die vorstehenden Ausführungen gehen im Wesentlichen auf eine Ansprache von Professor J. Voitländer anlässlich des 65. Geburtstags von B. Stuke zurück.

ßend (1983) verbrachte er einen einjährigen Postdoktor-Aufenthalt bei Professor Robert Bau an der University of Los Angeles, California (UCLA). Er hat sich 1990 habilitiert und wurde 1994 zum Akademischen Oberrat und 1998 zum apl. Professor an der LMU ernannt. Im Jahr 2019 wurde er von seinen Pflichten entbunden.

In der Forschung hat er sich mit der Röntgenstrukturanalyse vertraut gemacht und bestimmte mit dieser Methode die Struktur zahlreicher Komplexe (Metallorganische Lewis-Säuren, Metallkomplexe mit biologisch wichtigen Liganden, Kohenwasserstoffverbrückte Komplexe), die im Arbeitskreis von Professor Beck synthetisiert wurden. 1988 brachte er mit Beck einen viel zitierten Übersichtsartikel über Metallkomplexe mit schwach koordinierenden Anionen heraus.[739]

Als eigenes Arbeitsgebiet wählte er sich die Komplexchemie von perhalogenierten Cyclopentadien und perhalogenierten Alkinen und deren Reaktivität. Diese Chemie hat allgemein zu den Komplexen mit ring-funktionalisierten Cyclopentadienyl-Liganden geführt. In präparativ sehr anspruchsvollen Arbeiten wurde die oxidative Addition von Dichloracetylen an Nickel (0)-, Palladium (0)- und Platin (0)-Verbindungen studiert, wobei Komplexe mit M-CC-Cl Bindung sowie Acetylid-verbrückte Komplexe isoliert werden konnten.[740] In systematischen Studien hat Sünkel die Chemie der ringfunktionalisierten Cyclopentadienyl-Komplexe aufgebaut mit der zwei Stufen-Strategie (Lithiierung des perhalogenierten Cyclopentadienyl-Liganden mit Li-alkylen und nachfolgende Reaktion mit Elektrophilen). Als Ausgangsverbindungen wurden die Pentahalocyopentadienyle, Ferrocen, Cymantren- und Ruthenocen mit C_5Cl_5 und C_5Br_5-Liganden[741] eingesetzt. Sünkel konnte mit seinen Mitarbeitern eine Vielzahl von Substituenten (R) in den Cp-Liganden einführen (R = H, F, Me, CN, CHO, COCl, CO_2H, $CONH_2$, NCO, N_3, NH_2, OMe, $SiMe_3$, $SiHMe_2$, $SiMe_2OR$, SMe, SH, SePh, PMe_2, $SnMe_3$) unter Bildung

739 W. Beck, K. Sünkel, *Chem. Rev.* **1988**, *88*, 1405 - 1421.

740 K. Sünkel, U. Birk, *Polyhedron* **1999**, *18*, 3187 - 3197. — K. Sünkel, U. Birk, C. Robl, *Organometallics* **1994**, *13*, 1679 - 1687. — K. Sünkel, *J. Organomet. Chem.* **1992**, *436*, 101 - 108; **1988**, *348*, C12 - C14.

741 Review: Coordination chemistry of pentahalocyclopentadienyls, *Chem. Ber. / Recueil* **1997**, *130*, 1721 - 1730.

der Komplexe mit ($C_{5-n}R_n$) – Liganden).[742] Besondere Beachtung verdienen die perfunktionalisierten Cymantrene und Ferrocene mit Pentakis-silyl-,[743] Pentakis(dimethylphosphino)-[744] und Pentakis-mercapto-cyclopentadienyl-[745] C_5R_5-Liganden (R = $SiMe_3$, $SiMe_2H$, PMe_3, SMe) sowie das 1,2,3,4,5-Pentafluoroferrocen $Fe(C_5H_5)(C_5F_5)$, das durch Röntgenstrukturanalyse und Elektronenbeugung (im Gas) charakterisiert werden konnte und nach dem lange gesucht worden war.[746] Auch konnten mit der Zweistufenstrategie mehrkernige Komplexe aufgebaut werden mit $M(PPh_3)^+$ (M=Au, Ag),[747] $TiCp_2^+$, MCp_2Cl^+ (M=Ti, Zr, Hf), $M(PPh_3)_2Cl^+$ (M=Pd, Pt)[748] als Elektrophile. Auch wurde der Mechanismus des Metall-Halogen-Austausches von Ring-halogenierten Metallocenen studiert.[749] Mehrkernige Komplexe und Koordinationspolymere konnten mit Pentakis(methylthio)cymantren (als Chelatligand),[750] Pyridylmetallocenen[751] sowie mit dem Pentacyanocyclopentadienyl-anion (bildet Polymere) erhalten werden.[752]

---

742 Beispielsweise K. Sünkel, D. Motz, *Chem. Ber.* **1988**, *121*, 799 – 801. — K. Sünkel, D. Steiner, *J. Organomet. Chem.* **1989**, *368*, 67 – 76.

743 K. Sünkel, J. Hofmann, J. Coord. Chem. 1993, 30, 261 – 261. — K. Sünkel, J. Hofmann, *Organometallics* **1992**, *11*, 2923 – 3925.

744 K. Sünkel, C. Stramm, S. Soheli, *J. Chem. Soc. Dalton Trans.* **1999**, 4299 – 4302.

745 T. Blockhaus, C. Klein-Hessling, P. M. Zehetmaier, F. Zott, H. Jangra, K. Karaghiosoff, K. Sünkel, *Chem. Eur. J.* **2019**, *25*, 12684 – 12688, K. Sünkel, D. Motz, *Angew. Chem.* **1988**, *100*, 970 – 971.

746 K. Sünkel, S. Weigand, A. Hoffmann, S. Blomeyer, C. G. Reuter, Y. V. Vishnevskiy, N. W. Mitzel, *J. Am. Chem. Soc.* **2015**, *137*, 126-129.

747 K. Sünkel, U. Birk, *J. Organomet. Chem.* **1993**, *458*, 181-186. — K. Sünkel, A. Blum, U. Birk, W. Kempinger, S. Soheli, *Polyhedron* **1997**, *16*, 2681 – 2687.

748 K. Sünkel, S. Bernhartzeder, U. Birk, S. Soheli, *Polyhedron* **2011**, *30*, 1281 – 1288.

749 K. Sünkel, W. Kempinger, J. Hofmann, *J. Organomet. Chem.* **1994**, *475*, 201 – 209.

750 K. Sünkel, A. Blum, K. Polborn, E. Lippmann, Chelate complexes of pentakis(methylthio)cymantrene with metal carbonyls, *Chem. Ber.* **1990**, *123*, 1227 – 1231, with Palladium(II) and Platinum(II), *Z. Naturforsch.* **1995**, *50 b*, 1307 – 1318.

751 K. Sünkel, S. Weigand, 2-Pyridylmetallocenes.part III. Mercuration of 2-pyridylferrocene, K. Sünkel, S. Weigand, *Polyhedron* **2012**, *44*, 133 – 137. — R. Branzan, k. Sünkel: 2-Pyridylmetallocenes.part VI, Cycloplatination of 1,1'-Dipyridylferrocene. *Z. Anorg. Allg. Chem.* **2017**, *643*, 1364 – 1367.

752 K. Sünkel, D. Reimann, Silver coordination polymer with $C_5(CN)_5$ bridges, *Z. Naturforsch.* **2013**, *68 b*, 546-550. — P. R. Nimax, D. Reimann, Solvent effects

Ein weiteres Thema in Sünkels Forschung ist, gemeinsam mit M. Graf und H.-C. Böttcher, die Chemie von cyclometallierten Rhodium- und Iridium-Komplexen, die sich als sehr ertragreich erwies. Die chloroverbrückten Komplexe $(L)_2M(\mu\text{-}Cl)_2M(L)_2$ (M = Rh, Ir; L = 2-(p-tolyl)pyridinato) reagieren bereitwillig mit verschiedenartigen Liganden wie z. B. 9,10-diaminophenanthren,[753] Bipyridine,[754] Phenanthrolin,[755] Biuret,[756] Peptiden und Aminosäuren[757] unter Spaltung der Chlorobrücken. Mit Metzler-Nolte wurde die biologische (cyctotoxische) Aktivität der erhaltenen Komplexe geprüft.

Das Schriftenverzeichnis von Karlheinz Sünkel umfasst 145 Publikationen, die sich stets durch große Exaktheit der Experimente und kritische Behandlung der Ergebnisse auszeichnen.

9.57 Günter Szeimies (*1936)

Abb. 9.22. Günter Szeimies.

Günter Szeimies wurde am 11. November 1936 in Inse (Ostpreußen) geboren. 1948 gelangte er nach Pfarrkirchen (Niederbayern) und 1952 nach München. Im WS 1957/58 begann er das Chemiestudium an der LMU; 1964 wurde er bei Professor Rolf Huisgen mit der Arbeit „Beiträge zu den 1,3-Dipolaren Cycloadditionen organischer Azide" promoviert. Von 1966 bis 1968 verbrachte er einen Postdoc-Aufenthalt bei Professor

on the crystal structure od silver pentacyanocyclipentadinide: supramolecular isomerism and solvent coordination, *Dalton Trans.* **2018**, *47*, 8476-8482; 2019, 48, 751. — P. R. Nimax, K. Sünkel, Salts of substituted tetracyanocyclopentadienides $[C_5(CN)_4X]^-$. Chemistry Select, 2018, 3, 3330-3337. — *Dalton Trans.* **2018**, *47*, 409-417.

753 M. Graf, D. Siegmund, N. Metzler-Nolte, K. Sünkel, *Z. Anorg. Allg. Chem.* **2019**, *645*, 1068-1071.

754 M. Graf, D. Siegmund, N. Metzler-Nolte, K. Sünkel, H.-C. Böttcher, *Inorg. Chim. Acta* **2019**, *487*, 9-14; **2018**, *471*, 265-271.

755 M. Graf, Y. Gothe, N. Metzler-Nolte, R. Czerwieniec, K. Sünkel, *J. Organometal. Chem.* **2014**, *765*, 46-52.

756 M. Graf, K. Sünkel, R. Czerwieniec, H.-C. Böttcher, *J. Organomet. Chem.* **2013**, 745-746, 341-346.

757 M. Graf, K. Sünkel, *Inorg. Chim. Acta* **2011**, *379*, 40-43; **2011**, *371*, 42-46.

Kenneth B. Wiberg an der Yale-University, New Haven, Conn. (USA). Wieder in München hat er sich an der LMU, gefördert von R. Huisgen, habilitiert (Thema: „Azacyclopropylcarbinyl-Systeme“). 1980 wurde er zum Professor C2, 1992 zum Professor C3 ernannt. Im Jahr 1993 folgte er einem Ruf als C4-Professor an die Humboldt-Universität zu Berlin. Nach seiner Entpflichtung 2003 kehrte er nach München zurück.

Die Kinetik der Cycloadditionen von organischen Aziden an CC-Mehrfachbindungen, ein Ergebnis aus seiner Doktorarbeit, war ein entscheidender Beitrag zur Huisgen-Chemie der 1,3-Dipolaren Cycloadditionen[758] und die Veröffentlichung hierzu gehört wohl zu den meist zitierten Publikationen (570 Zitate!)

Sein eigenes *Forschungsgebiet* umfasst die Synthese und Reaktivität hochgespannter carbocyclischer Systeme (besonders mit Derivaten des Bicycl[1.1.0]butans, des Quadricyclans und des Homocubans). Die Einführung einer CC-Doppelbindung zwischen den kleinen Ringen dieser Verbindungen führte in allen Fällen zu kurzlebigen, hochreaktiven Zwischenstufen (zu Derivaten des 1,3-Bicycl[1.1.0]butens,[759] zu Dehydroquadricyclanen,[760] zu Homocuben[761]), deren Existenz durch Abfangreaktionen gesichert werden konnte.

Über die erhöhte Acidität der Brückenkopf-Wasserstoffatome in Bicyclobutanen und im Qaudricyclan ließen sich nach Metallierung mit Organolithiumbasen und nach Lithium / Magnesium-Metallaustausch Nickel-(0)-katalysierte Kupplungsreaktionen durchführen, die zahlreiche neue Deivate dieser Kohlenwasserstoffe leicht zugänglich machten.[762]

Eine neue Synthese des [1.1.1]Propellans[763] hat die Entwicklung der Chemie dieses Kohlenwasserstoffs weltweit beflügelt.

Eine Reihe von Mitarbeitern hat Günther Szeimies für die akademische Laufbahn begeistert. Seine ehemaligen Doktoranden Dieter Schlüter

758 R. Huisgen, G. Szeimies, L. Möbius, *Chem. Ber.* **1967**, *100*, 2494 – 2507.

759 G. Szeimies, *Chimia* **1981**, *35*, 243.

760 G. Szeimies, *J. Prakt. Chem.* **1998**, *240*, 11 – 19.

761 J. Schäfer, G. Szeimies, *Terahedron Lett.* **1988**, 5253. — K. Rosendorfer, O. Jarosch, K. Polborn, G. Szeimies, *Liebigs Ann.* **1995**, 1765 – 1771.

762 G. Kottirsch, G. Szeimies, *Chem. Ber.* **1990**, *123*, 1495.

763 K. Semmler, G. Szeimies, J. Belzner, *J. Am. Chem. Soc.* **1985**, *107*, 6410. — F. Alber, G. Szeimioes, *Chem. Ber.* **1992**, *125*, 757.

(ETH Zürich), Uwe Bunz (Heidelberg), Stephen Hashmi (Heidelberg) und Joachim Podlech (Karlsruhe) sind erfolgreiche Hochschullehrer und Forscher.

9.58 Ivar Ugi (1930–2005)

Ivar Karl Ugi wurde am 5. September 1930 in Arensburg auf der Insel Saaremaa in Estland geboren. Er kam 1941 nach Deutschland und begann 1949 das Studium der Chemie und Mathematik an der Universität Tübingen. Er wechselte 1951 an die Universität München und wurde 1954 mit einer Arbeit bei Professor Rolf Huisgen promoviert. Als wissenschaftlicher Assistent bei Huisgen hat er sich 1959 mit dem Thema „Arylpentazole und Isocyanide" an der LMU habilitiert. Von 1962–1968 war er in der Industrie bei der Bayer AG, zuletzt als Vorsitzender der Kommission für Grundlagenforschung und Direktor der Zentralen Forschung tätig, dann folgte er einem Ruf als Professor an der University of Southern California in Los Angeles, USA, und wurde schließlich 1971 als Nachfolger von Friedrich Weygand auf den Lehrstuhl für Organische Chemie (Hans-Fischer-Lehrstuhl) an der Technischen Universität München berufen. Er ist am 29. September 2005 nach langer Krankheit in München gestorben.

Ivar Ugi war ein außerordentlich produktiver (über 400 Publikationen) und phantasievoller Forscher mit beispielloser Kreativität und Originalität. Ein erster spektakulärer Erfolg war der Nachweis der Existenz von Pentazol, der die „Lösung eines klassischen Problems der organischen Stickstoffchemie" brachte.[764] Während seiner Habilitationszeit entdeckte er die „Ugi-Reaktion", d. i. die Vierkomponentenkondensation (4-CC) mit den Komponenten Carbonylverbindung (Keton oder Aldehyd), Amin, Isocyanid und einer Carbonsäure, die sich zu Peptiden (im weitesten Sinne) umsetzen.[765] Die weitere Entwicklung der Ugi-Reaktion, die Mehrkomponentenreaktionen (MCR) mit Isocyaniden („Ugi-Chemie") führte

764 R. Huisgen, I. Ugi: Pentazole: I. Die Lösung eines klassischen Problems der organischen Stickstoffchemie. *Chem. Ber.* **1957**, *90*, 2914.

765 I. Ugi, R. Meyr, U. Fetzer, C. Steinbrückner: Versuche mit Isonitrilen. *Angew. Chem.* **1959**, *71*, 386. — I. Ugi, C. Steinbrückner: Über ein neues Kondensations-Prinzip. *Angew. Chem.* **1960**, *72*, 167.

zu einer Vielzahl von Produkten, die auch für die pharmazeutische Industrie von großer Bedeutung sind. Insbesondere können mit einem kleinen Set von Ausgangsverbindungen in kurzer Zeit große „Bibliotheken" für die Wirkstoff-Forschung aufgebaut werden.[766] Weitere große Erfolge erzielte Ugi bei der Synthese und Chemie der Isocyanide,[767] bei der Synthese von chiralen Ferrocen-Verbindungen und ihrer Anwendung für stereoselektive Ugi-Reaktionen,[768] bei der Entwicklung von neuen organischen Phosphorverbindungen und Phosphorylierungsreagentien[769] und von Schutzgruppen für die Peptid-Synthese.[770] Ugi hatte großes Interesse und Begeisterung für die Anwendung der Mathematik (mit einem „abstrakten algebraischen Modell der Chemie")[771] und der Gruppentheorie[772] sowie der Computer[773] in der Chemie, wobei er viel mit dem Mathematiker James Dugundji und auch mit dem Theoretiker Ernst Ruch zusammenarbeitete. Eine Reihe von Mitarbeitern aus seinem Arbeitskreis haben Firmen für die Anwendung der Mehrkomponentenreaktionen gegründet.

Die großen wissenschaftlichen Leistungen von Ivar Ugi wurden vielfach ausgezeichnet. Für die Entwicklung der Mehrkomponentenreaktionen und von mathematischen Modellen für die Chemie erhielt er den Chemiepreis der Akademie zu Göttingen (1964), den Philip-Morris-Preis, Challenge Future Prize (1988), die Emil-Fischer Medaille der GDCh

766 I. Ugi: Von Isocyaniden via Vierkomponeneten-Kondensationen zu Antibiotika-Synthesen. *Angew. Chem.* **1982**, *94*, 826. — A. Dömling, I. Ugi: Mulikomponentenreaktionen mit Isocyaniden. *Angew. Chem.* **2000**, *112*, 3300. — A. Dömling: Recent Developments in Isocyanide Based Multicomponent Reactions in Applied Chemistry. *Chem. Rev.* **2006**, *106*, 17.

767 I. Ugi: *Isonitrile Chemistry*. Academic Press, New York, **1971**. — G. Skorna, I. Ugi: Isonitril-Synthesen mit Diphosgen. *Angew. Chem.* **1977**, *89*, 267.

768 Beispielsweise G. Eberle, I. Lagerlund, I. Ugi, R. Urban, *Tetrahedron* **1978**, *34*, 977.

769 Beispielsweise W. Richter, R. Karl, I. Ugi, *Tetrahedron* **1990**, *46*, 3167.

770 Beispielsweise H. Eckert, G. N. Schrauzer, I. Ugi, *Tetrahedron* **1975**, *31*, 139. — H. Eckert, I. Ugi, *J. Organomet. Chem.* **1976**, *118*, C59.

771 J. Dugundij, I. Ugi, *Top. Curr. Chem.* **1973**, *39*, 19.

772 E. Ruch, I. Ugi, *Theoret. Chim. Acta* **1966**, *4*, 287. — I. Ugi, D. Marquarding, H. Klusacek, P. Gillespie, F. Ramirez, *Acc. Chem. Res.* **1971**, *4*, 288.

773 Beispielsweise I. Ugi, J. Bauer, K. Bley, A. Dengler, E. Fontain, M. Knauer, S. Lohberger: Computer assisted Syntheses, a Status Report. *J. Mol. Struct.: THEOCHEM* **1991**, *230*, 23.

(1992), die Max-Bergmann-Medaille (1999) und die erste Ugi-Dugundij-Medaille (für die Anwendung der Mathematik in der Chemie) Er war Mitglied der Königlich Schwedischen Akademie der Wissenschaften und der Akademie der Wissenschaften seines Geburtslandes Estland und Honorary Member of the Academy of Science in New York.

Bewegende Nachrufe auf das Werk und die Persönlichkeit von Ivar Ugi stammen von seinen Schülern.[774] Weitere Informationen über Ugi finden sich im Internet (u. a. eine vollständige Liste der Publikationen).[775]

9.59 Heinrich Vahrenkamp (*1940)

Heinrich Vahrenkamp wurde am 20. Mai 1940 in Dortmund geboren. Er begann 1960 sein Chemiestudium an der Universität Bonn und wechselte 1962 nach dem Vordiplom an die Universität München, wo er 1967 mit einer Arbeit bei Heinrich Nöth über „Chemische und Spektroskopische Untersuchungen an Borverbindungen" promoviert wurde. Anschließend ging er als postdoctoral fellow zu Professor L. F. Dahl, University of Wisconsin, Madison, USA, auch um sich mit der Röntgenstrukturanalyse vertraut zu machen. Im Jahr 1969 kehrte er wieder nach München zurück und wurde 1971 zum Akademischen Rat ernannt. Vahrenkamp hat sich 1972 mit einer Arbeit über Metallorganische Lewis-Basen habilitiert und wurde bereits 1973 auf den Lehrstuhl für Anorganische Chemie II an der Universität Freiburg berufen, wo er 2005 emeritiert wurde.

In der Forschung, deren Ergebnisse in 466 Publikationen niedergelegt sind, hat Vahrenkamp über die Chemie der Hauptgruppenelemente, der Cluster (Metall-Metallbindung), über Elektronentransfer überaus erfolgreich gearbeitet. Besonders die Chemie und Biochemie des Zinks ist mit

774 P. Lemmen, E. Fontain, J. Bauer: Ivar K. Ugi (1930 – 2005) – Mehrkomponentenreaktionen, Computer- und Phosphorchemie. *Angew. Chem.* **2006**, *118*, 199. — H. Eckert, *TUM Mitteilungen* **2005**, Nr. 5.

775 Publication List of Prof. Dr. Ivar Karl Ugi. *Heterocycles* **2007**, *73*, 15 – 46. Online: ›<https://www.heterocycles.jp/newlibrary/downloads/PDF/02657/73/1>. — C. Priesner: Ugi, Ivar, in: *Neue Deutsche Biographie* **2016**, *26*, 529 – 530. Online-Version: ›<https://www.deutsche-biographie.de/pnd122531574.html>.

seinem Namen verbunden. Er hat über dieses Gebiet eine ganze Reihe von Übersichtsartikel verfasst.[776]

Mit seinem Doktorvater H. Nöth hat er u. a. Kernresonanz-Untersuchungen an Boranen publiziert,[777] später zahlreiche Arbeiten über Schwefel-, Phosphor-, Arsen-haltige mehrkernige Metallcarbonyle[778] und mit Dahl, dreikernige Molybdän-carbonyle.[779] In Freiburg entwickelte er systematisch die Chemie der metallorganischen Cluster. Schon früh interessierte sich Vahrenkamp für die Chemie des Zinks, die zur Synthese und Strukturbestimmung von Zink-Peptid-Komplexen und insbesondere von Zink-Enzym-Modellen für das Studium des Mechanismus von Zink-Enzymen führte.[780] Seine herausragenden Arbeiten wurden durch die Verleihung des Wilhelm-Klemm-Preises der GDCh (2005) und des Max-Planck-Forschungs-Preises (1991) gewürdigt.

Vahrenkamp hat die Stiftung „Heinrich Vahrenkamp Foundation" gegründet, welche Kinder in den armen Ländern in South East Asia, besonders in Myanmar und Thailand, bei ihrer Ausbildung unterstützt.

---

776 H. Vahrenkamp: Zink, ein langweiliges Element. *Chem. Unserer Zeit* **1988**, *22*, 73. — H. Vahrenkamp: What do we know about the metal-metal bond. *Angew. Chem., Int. Ed.* **1978**, *17*, 379. — H. Vahrenkamp: Isoelektronnische Beziehungen in der Chemie von Mehrkernkomplexen. *J. Organomet. Chem.* **1990**, *400*, 107. — H. Vahrenkamp, A. Geiß, G. N. Richardson: Cyanide-bridged oligonuclear complexes: features and attractions. *J. Chem. Soc. Dalton Trans.* **1997**, 3643. — Im Internet sind sehr detaillierte Angaben über Heinrich Vahrenkamp und seine wissenschaftlichen Erfolge mit einer vollständigen Liste seiner Publikationen zugänglich › <http://www.h-vahrenkamp.de/>.

777 H. Nöth, H. Vahrenkamp, *Chem. Ber.* **1966**, *99*, 1049 (die erste Publikation von Vahrenkamp).

778 Beispielsweise W. Ehrl, H. Vahrenkamp, *Chem. Ber.* **1973**, *103*, 1471.

779 P. J. Vergamini, H. Vahrenkamp, L. F. Dahl, *J. Am. Chem. Soc.* **1971**, *93*, 6327.

780 H. Vahrenkamp: Why does Nature use Zinc – A Personal View. *Dalton Trans.* **2007**, 4751.

9.60 Jürgen Voitländer (* 1930)

Jürgen Voitländer wurde am 16. Februar 1930 in Erlangen geboren. Nach einem Jahr Aufbauarbeit an der Technischen Hochschule München begann er dort im SS 1948 das Studium der Physik. Nach zwei Semestern wechselte er an die Universität München, wo er sich intensiv mit der theoretischen Physik beschäftigte und 1954 die Diplomhauptprüfung ablegte. Er wurde 1954 mit einer Arbeit bei Georg-Maria Schwab über „Studien zur Parawasserstoffumwandlung in Lösung" promoviert.[781] Mit einem Stipendium der Deutschen Forschungsgemeinschaft und später als Wissenschaftlicher Assistent (ab 1961) arbeitete er an seiner Habilitationsarbeit. Nach einem Forschungsaufenthalt bei Professor P. O. Löwdin in Schweden (1963) hat er sich mit dem Thema „Hochfrequenzspektroskopische Untersuchungen an metall-organischen Verbindungen" im Jahr 1964 habilitiert. 1967 wurde er zum Universitätsdozenten ernannt. Doch schon 1969, acht Jahre nach seiner Habilitation, ernannte man ihn auf Grund seiner besonderen wissenschaftlichen Leistungen vorzeitig zum apl. Professor. 1970 erhielt Voitländer einen Ruf auf den Lehrstuhl für Physikalische Chemie an der Universität Marburg und 1973 einen Ruf auf den neugeschaffenen Lehrstuhl für Physikalische Chemie II an der Universität München. 1992/93 war er Dekan der Fakultät Chemie und Pharmazie an der LMU. Er wurde 1977 zum Ordentlichen Mitglied der Bayerischen Akademie der Wissenschaften gewählt. Im Jahr 1998 wurde er emeritiert und hat seinen Lehrstuhl noch zwei Semester lang vertreten.

Die wissenschaftlichen Arbeiten von Jürgen Voitländer, die in ca. 170 Publikationen niedergelegt sind, umfassen ein außerordentlich breites und vielschichtiges Gebiet aus der Chemie und Physik von Molekülen und Festkörpern. In vielen Fällen wurden mit seinen grundlegenden Arbeiten Pionierleistungen erbracht. Wichtige Themen, die ihn zum Teil ihn über Jahrzehnte fesselten, sind:

- Ortho-Para-Wasserstoffumwandlung durch metallorganische Verbindungen wie Metallocenen

781 G.-M. Schwab, E. O. Fischer, J. Voitländer, *Naturwiss.* **1954**, *41*, 228. — G.-M. Schwab, J. Voitländer, *Z. Physik. Chem.* **1955**, *2*, 341.

- Elektronische Struktur sowie magnetische und optische Eigenschaften von Sandwich-Komplexen wie Ferrocen mit ESR und ENDOR Spektroskopie[782]
- Kernquadrupol-Doppelresonanz-Spektroskopie und ODMR-Untersuchungen an Bor-Stickstoff-Verbindungen[783]
- Untersuchungen zur elektronischen Struktur von Metallen, von Legierungen sowie von Metall-Wasserstoff-Systemen wie Palladium-Wasserstoff[784]
- Theorie des Magnetismus, der elektrischen Leitfähigkeit und der NMR-Parameter von metallischen Systemen[785]
- Experimente und Theorie zur Knight-Verschiebung in Metallen[786]

782 Beispielsweise M. Nussbaum, J. Voitländer: Electron paramagnetic resonance of organometallic sandwich compounds I. *Z. Naturforsch.* **1965**, *20 a*, 1411.

783 K. Wiedemann, J. Voitländer: Quadrupole effects of boron-11-nuclear resonance in boron-nitrogen compounds. I. Experimental results. *Z. Naturforsch.* **1969**, *24 a*, 566. — F. W. Deeg, C. Bräuchle, J. Voitländer: Distribution and Conjugation of the π-Electrons in the Triplet State of some BNC-Heterocycles. *Chem. Phys.* **1982**, *64*, 427-436. — A. Lötz, J. Voitländer, J. A. Smith V. Hyn, H. Nöth: The electronic structure of borazine as seen by ^{10}B, ^{11}B and ^{14}N nuclear quadrupole double resonance. *Chem. Phys.* **1986**, *103*, 317. — A. Lötz, J. Voitländer, The nuclear quadrupole coupling of ^{10}B and ^{11}B in the carboranes $B_{10}C_2H_{12}$. *J. Chem. Phys.* **1991**, *95*, 3208.

784 Beispielsweise W. Sänger, J. Voitländer: Comparison between the magnetic susceptibilities of palladium-silver and single phase palladium hydride. *J. Magnetism and Magnetic Materials* **1987**, *71*, 111. — J. Banhart, H. Ebert, R. Küntzler, J. Voitländer: Electronic properties of single-phased metastable silver-copper alloys. *Phys. Rev. B: Condensed Matter and Materials Phys.* **1992**, *46*, 9968. — H. Ebert, J. Abart, J. Voitländer: Magnetic and NMR properties of the sysem silver-platinum. *J. Phys. F: Metal Phys.* **1984**, *14*, 749. — M. Deng, H. Freyer, S. Mankovsky, H. Ebert, J. Voitländer: Magnetic Susceptibiliy and Knight Shift of PdH. *Solid State Commun.* **2010**, *150*, 1262-1267.

785 Beispielsweise J. Banhart, H. Ebert, J. Voitländer, H. Winter: Diamagnetic susceptibility of pure metals and binary alloys. *J. Magnetism and Magnetic Materials* **1986**, *61*, 221.

786 H. Ebert, H. Winter, J. Voitländer: A real-space formulation for the spin and orbital contributions to the Knight shift in metallic systems. *J. Physics F: Metal Physics* **1986**, *16*, 1133. — P. Gräf, H. Ebert, H. Akai, J. Voitländer: Experimental and theoretical investigations of the Knight shift of Pd and Ag in the alloy system Pd_xAg_{1-x}. *Hyperfine Interactions* **1993**, *80*, 1011.

- Spinfluktuation in paramagnetischen Übergangsmetallen[787]
- ODMR-spektroskopische Untersuchungen des Triplettzustandes organischer Moleküle / elektronische Delokalisierung und ihre theoretische Deutung.[788]

Ein hervorstechendes Merkmal der Arbeiten von Voitländer ist, dass Fragestellungen immer sowohl experimentell wie auch theoretisch beantwortet werden. Experimentell standen dabei vor allem magnetische Resonanzmethoden im Vordergrund. Für die Anwendung neuester Technik und für spezielle Problemstellungen war es häufig unbedingt notwendig, neue Spektrometer selbst zu bauen. So entstand in seinem Arbeitskreis eine Reihe von Geräten im Eigenbau:[789]

- MASER *(Microwave Application by Stimulated Emission of Radiation)*
- ESR-Spekrometer
- Magnetische Waage
- NQR-Spektrometer (Kernquadruporesonanz)

787 W. Weber, R. Kirchner, J. Voitländer: From the Hubbard model to classical spinfluctuations theory. *Phys. Rev. B: Condensed Matter and Materials Phys.* **1994**, *50*, 1090.

788 C. Bräuchle, J. Voitländer: The Zero-Field Splitting Parameters D of the Triplet State T_1 of Benzenoid Hydrocarbons described in Terms of Basic Molecular Subunits. *Tetrahedron* **1982**, *38*, 279-285. — M. Gehrtz, C. Bräuchle, J. Voitländer: The Lowest Excited Triplet State of Acetone: Zero-Field Splitting and Kinetics. *Chem. Phys. Lett.* **1982**, *91*, 217-221. — P. V. Trentini, J. Voitländer, C. Bräuchle: Resonance theoretical descriptions of magnetic zero field splitting energies of benzoid hydrocarbons. *Mol. Phys.* **1991**, *74*, 553. — B. Bomfleur, M. Sironi, M. Raymond, J. Voitländer: Ab initio calculation of the zero-field splitting parameter D of benzene and naphthalene. *J. Chem. Phys.* **2000**, *112*, 1066.

789 F. Reiter, J. Voitländer: Nuclear quadrupole resonance spectrometer for the frequency range 250-1100 MHz: *J. Phys. E: Scientific Instruments* **1973**, *6*, 276. — H. Domdey, J. Voitländer: An ESR superheterodyne spectrometer suitable for microwave transmission measurements on metals. *Z. Naturforsch.* **1974**, *29a*, 949. — C. Bräuchle, H. Kabza, J. Voitländer: Use of an Signal Averager with Minicomputer Facilities for the Control, Data Recording and Evaluation with a Selfmade ODMR-Spectrometer System. *J. Phys. E: Scientific Instruments* **1980**, *13*, 302-305.

- Kernquadrupol-Doppelresonanzspektrometer
- Sweepbares NMR-Spektrometer (magnetische Kernresonanz) für extrem breite Linien von Festkörpern
- ODMR-Spekrometer (Optical Detection of Magnetic Resonance)
- ENDOR-Spektrometer (Electron-Nuclear-Double-Resonance)
- Spektrometer für ENDOR im Nullfeld.

9.61 Fritz Weigel (1926–1986)

Fritz Weigel wurde am 19. Juli 1926 in Nürnberg geboren. Nach Militärdienst und Kriegsgefangenschaft (1944–1946) legte er 1947 das Abitur ab und begann sein Chemiestudium an der Universität Göttingen. Die Diplomarbeit folgte 1951–1953 unter Anleitung von Fritz Straßmann und die Doktorarbeit (1954–1956) unter Anleitung von W. Geilmann mit dem Thema „Ein Beitrag zur Halbmikroanalyse" an der Universität Mainz. Nach einem einjährigen Forschungsaufenthalt (1957) als postdoctoral fellow bei G. T. Seaborg und B. B. Cunningham an der Berkeley University of California wurde Weigel von Egon Wiberg an die LMU geholt, um ein radiochemisches Labor, nach den in den USA gewonnenen Erfahrungen, im Institut für Anorganische Chemie einzurichten. Im Jahr 1965 hat sich Weigel mit einer Arbeit „Präparative und röntgenographische Untersuchungen an stark radioaktiven Stoffen" habilitiert. Er wurde 1969 zum Universitätsdozenten und 1971 zum apl. Professor ernannt. Der Ernennung zum Wissenschaftlichen Rat (1976) und Leiter der Abteilung Radiochemie folgte die Überleitung zum C3-Professor im Jahr 1979 (als Nachfolger von Franz Wille). Er ist am 10. Oktober 1986 in München gestorben.

In der Forschung ist Weigel durch systematische Arbeiten über die chemischen und thermodynamischen Eigenschaften von Verbindungen der Radioelemente und der Lanthanoiden hervorgetreten, die in ca. 80 Publikationen niedergelegt sind Er hat sich insbesondere mit der Chemie des Promethiums, Radiums, Protactiniums, und Americiums befasst.[790]

790 Beispielsweise F. Weigel, *Angew. Chem.* **1963**, *75*, 451. — F. Weigel, H. Hellmann, *J. less-common Met.* **1986**, *121*, 415. — R. Marquart, G. Hoffmann, F. Weigel,

Besondere Beachtung verdient die erstmalige Darstellung von metallischem Promethium.[791] Bei all seinen Arbeiten besticht die Entwicklung ausgefeilter experimenteller Methoden mit kleinsten Mengen und mit „heißen" Elementen im Sinne der klassischen anorganisch-chemischen Experimentierkunst. Seine Arbeiten wurden großzügig durch das Bundesministerium für Atomkernenergie (Minister S. Balke) gefördert.

Auf Grund seines phänomenales Gedächtnisses eignete Weigel sich ein umfangreiches Spezialwissen in der Radiochemie an. Er hat eine ganze Reihe von Übersichtsartikeln und Handbuchkapiteln z. B. über Uran, Plutonium, Promethium und die Actinidenmetalle verfasst.[792] Dem Institut für Anorganische Chemie leistete er viele Jahre als Sicherheitsbeauftragter hervorragende Dienste.

9.62 Armin Weiß (1927–2010)

Armin Weiß wurde am 5. November 1927 in Stefling (bei Regensburg) geboren. Er studierte von 1946–1950 Chemie und Pharmazie an der Phil. Theol. Hochschule Regensburg und legte 1951 die Diplomchemikerprüfung an der Universität München ab. Mit seinem Doktorvater Ulrich Hofmann wechselte er an die Technische Hochschule Darmstadt, wo er 1953 promoviert wurde. Schon nach zwei Jahren folgte 1955 die Habilitation „Über Untersuchungen von Cyan-Verbindungen einiger Übergangsmetalle". Im Jahr 1961 wurde er zum a. o. Professor an der Universität Heidelberg ernannt und 1965 auf den Lehrstuhl für Anorganische Chemie an der Universität München berufen.

Er hat als letzter Dekan der „großen" Naturwissenschaftlichen Fakultät die Ideale der Universität in schwierigen Zeiten (1972/72) verteidigt und die Fakultät vortrefflich geführt. Lange Zeit war er Baubeauftragter der Fakultät.

J. less-common Met. **1983**, *91*, 119. — F. Weigel, V. Wishnevsky, R. Schwankner, M. Eiswirth, *J. less-common Met.* **1983**, *91*, 309. — F. Weigel, *Chem. Zeitung* **1978**, *102*, 339

791 F. Weigel, *Fortschr. Chem. Forschung* **1969**, *12*, 539.

792 F. Weigel in: *Chemistry of the Actinide Elements* (Eds.: G. T. Seaborg, J. J. Katz, L. R. Morss), Vol. 1. Chapman and Hill, **1986**. — F. Weigel in: *Handbuch der Präparativen Anorganischen Chemie* (Ed.: G. Brauer), Vol. 2, Enke, Stuttgart, 3. Aufl. **1978**.

In den sechziger Jahren moderierte er im Bayerischen Fernsehen eine Serie über Chemie.

In seinen glänzenden Vorlesungen an der Universität München konnte er die Studierenden für die Chemie begeistern. Aus seinem Arbeitskreis wurden 130 Studierende promoviert und mehrere Mitarbeiter haben die akademische Laufbahn eingeschlagen.[793]

Von 1986 – 1990 war als parteiloser Abgeordneter im Bayerischen Landtag in der Fraktion der Grünen und hat sich aktiv für den Schutz der Umwelt und gegen den Bau der Wiederaufbereitungsanlage Wackersdorf (in seiner Heimat) eingesetzt. Er wurde 1996 emeritiert.

In seiner Forschung, deren Ergebnisse in 360 Publikationen niedergelegt sind,[794] und die sich durch viele überaus originelle Beiträge auszeichnet, galt sein Interesse vor allem den Eigenschaften und chemischen Reaktionen der Tonmineralien. Der Ionenaustausch, die innerkristalline Quellung und die chemischen Reaktionen in den Schichten der Schichtsilikate wurden eingehend untersucht, auch in den Schichten von Titanaten, Phosphaten, Vanadaten und Uranglimmern. Ein Meilenstein in der Forschung von Armin Weiß war die Entdeckung der Einlagerung von Harnstoff in die Schichten von Kaolinit,[795] die zu einer Erklärung für die Herstellung des extremen dünnwandigen „Eierschalen Porzellans" im alten China führte.[796] Dann wurden zahlreiche, neuartige Intercalationsverbindungen, d. h. die Intercalation von organischen Verbindungen in Silikate, aber auch in Titandioxid und Metallsulfide beschrieben.

In den frühen Arbeiten (z. T. mit seinem Bruder Alarich Weiß) hat er interessante Strukturen von Quecksilber- und Gold-Verbindungen entdeckt.[797] Er hat neue Synthese-Methoden eingeführt, wie Experimente unter hohem Druck (mit Range und Evers) und in der Kolloid-Chemie (mit Lagaly).

---

793 B. Eisenmann (Darmstadt), J. Evers (München), G. Lagaly (Kiel), K.-J. Range (Regensburg), C. Robl (Jena), H. Schäfer (Darmstadt), R. Schöllhorn (Berlin).

794 K. Beneke, G. Lagaly: Armin Weiss on the occasion of his 75th birthday. In *ECGA Newsletter* No 5, July **2002**, 27 – 53.

795 A. Weiss, *Angew. Chem.* **1961**, *73*, 736.

796 A. Weiss, *Angew. Chem.* **1963**, *75*, 755.

797 A. Weiss, G. Nagorsen, A. Weiss, *Z. Anorg. Allg. Chem.* **1953**, *274*, 151.

Einige weitere Highlights seien als Beispiele herausgestellt:

- Die Bildung von Peptiden in Silikatschichten und sein Interesse für die Rolle der Tonminerale bei der Entstehung des Lebens.
- Die Arbeiten über die Bildung und Isolierung und Einlagerung von Silikaten in der Lunge von an Silikose[798] erkrankten Arbeitern und die Synthese von Silizium-Verbindungen mit der K. Z. 6.
- Die Strukturen von vielen Metallquadrataten (mit C. Robl).[799]
- Die Einlagerung von Krypton und Xenon in Metallcyanide.[800]
- Die Herstellung von reinstem Calcium, Srontium und Barium (mit J. Evers).[801]

Bedeutend waren seine Beiträge zur Kolloidchemie der Silikate (mit Lagaly).[802] So war er 20 Jahre (1966–1986) Herausgeber der Zeitschrift *Colloid & Polymer Sciences* und von 1967–1987 Präsident der Kolloid-Gesellschaft. 1997 wurde Weiß mit dem Thomas-Graham-Preis der Kolloid-Gesellschaft ausgezeichnet.

Weitere Ehrungen waren die Verleihung der Liebig-Denkmünze der Gesellschaft Deutscher Chemiker (1981), der Ehrendoktorwürde der Lorand-Eötvös-Universität Budapest und die Ehrenmitgliedschaft der Spanischen Gesellschaft für Tone und Bodenminerale.

Armin Weiß ist am 7. Dezember 2010 in München gestorben. Sein Lebenswerk wurde in einem Nachruf von Lagaly und Beneke gewürdigt.[803]

---

798 A. Weiss, Hoppe Seyler's *Z. Physiol. Chem.* **1961**, *324*, 153.
799 C. Robl, A. Weiss, *Z. Anorg. Allg. Chem.* **1987**, *546*, 161.
800 M. Kämper, M. Wagner, A. Weiss, *Angew. Chem.* **1979**, *91*, 517.
801 Beispielsweise G. Lagaly, A. Weiss, *Angew. Chem.* **1971**, *83*, 580.
802 Beispielsweise J. Evers, G. Oehlinger, A. Weiss, *J. Less Common Met.* **1981**, *81*, 15.
803 Lagaly / Beneke **2011**, s. Anm. 48 auf S. 77.

9.63 Egon Wiberg (1901–1976)

Egon Wiberg wurde am 3. Juni 1901 in Güstrow (Mecklenburg) geboren. Er studierte ab 1921 Chemie an der Technischen Hochschule Karlsruhe und wurde 1927 mit einer Arbeit bei Stefan Goldschmidt (später o. Prof. an der TH München) zum Thema „Über den Abbau von Aminosäuren und Dipeptiden durch Hypobromit" promoviert.[804] Anschließend wurde er wissenschaftlicher Assistent von Alfred Stock und aus dem „Organiker" wurde ein begeisterter „Anorganiker". Er beschäftigte sich u. a. zunächst mit der Struktur und der Chemie der Stockschen Borwasserstoffe[805] sowie mit der Chemie von Borhalogeniden.[806] Im Jahr 1931 hat er sich in Karlsruhe habilitiert, wurde Abteilungsvorstand und apl. Professor (1936). Im Jahr 1938 wurde er mit der Vertretung der durch das Ausscheiden von Wilhelm Prandtl freigewordenen a. o. Professur an der LMU beauftragt. 1940 wurde Wiberg zum a. o. Professor ernannt. 1945 musste er aus politischen Gründen aus der Universität ausscheiden. Er wurde 1948 auf Antrag von Geheimrat Heinrich Wieland rehabilitiert. Wieland hob in einem Schreiben an Minister Hundhammer die vorbildliche (nicht ideologische, unpolitische) Leitung der Anorganischen Abteilung seines Chemischen Universitäts-Laboratoriums durch Wiberg hervor und dass er in seinem Bestreben, den auf Grund ihrer Abstammung benachteiligten Studenten zu helfen, von Wiberg stets unterstützt wurde.

Im Jahr 1951 erhielt Wiberg einen Ruf auf ein Ordinariat an der Technischen Hochschule Stuttgart. Wiederum auf Antrag von Wieland, wurden ihm aufgrund seiner großen Verdienste als Lehrer und Forscher die Rechte eines ordentlichen Professors verliehen. Im Zuge der Berufung von Rolf Huisgen als Nachfolger von Heinrich Wieland wurde 1954 das Universitäts-Laboratorium in drei Institute neu geordnet: Institut für Anorganische Chemie mit o. Professor Egon Wiberg als Vorstand, Institut

804 S. Goldschmidt, E. Wiberg, F. Nagel, K.. Martin, *Liebigs Ann. Chem.* **1927**, *456*, 1.

805 A. Stock, E. Wiberg, H. Martini, *Ber. Dtsch. Chem. Ges.* **1930**, *63*, 2927. — E. Wiberg, *Z. Anorg. Allg. Chem.* **1930**, *187*, 362. — Siehe später E. Wiberg. *Ber. Dtsch. Chem. Ges.* **1944**, *77 A*, 75.

806 Beispielsweise E. Wiberg, H. Smedsrut, *Z. Anorg. Allg. Chem.* **1935**, *225*, 204.

für Organische Chemie (Vorstand o. Professor Rolf Huisgen), Institut für Biochemie (Vorstand o. Professor Feodor Lynen).

Wiberg konnte hervorragend organisieren und erwarb sich große Verdienste um den Neubau des Instituts (1957 und 1969) und später, als Rektor der Universität (1956/57), um den Bau der Studentenstadt in Freimann, welche auf seine Initiative entstand.

Bei seinem feierlichen Amtsantritt am 23.11.1957 als Rektor hielt er seinen berühmten Festvortrag über den Stein der Weisen, der mit den Worten schloss „Liebe Kommilitonen und Kommilitoninnen! Suchen auch Sie mit heißem, reinen Herzen den Stein der Weisen. Sie werden ihn in tausendfältiger Gestalt; Sie werden ihn – nie finden".

Wiberg hat die Chemie in Deutschland in hohem Maße geprägt: durch sein umfassendes, im Jahre 1943 erschienenes, außerordentlich „modernes" Lehrbuch der Anorganischen Chemie, den „Holleman-Wiberg" (nach dem Generationen von Studierenden gelernt haben, und das von seinem Sohn Nils Wiberg erfolgreich fortgeführt wurde), durch seine überaus geistreiche und originelle fünfstündige Vorlesung „Anorganische Experimentalchemie" mit vielen anschaulichen Experimenten und durch seine verdienstvolle und erfolgreiche Tätigkeit in vielen wichtigen Gremien, Gesellschaften und Akademien (z. B. als Präsident der Gesellschaft Deutscher Chemiker 1961/62, Mitglied der Akademie der Naturforscher Leopoldina, Mitglied der Bayerischen Akademie der Wissenschaften, Mitglied im Vorstand der Dechema, der IUPAC, Mitglied von Auschüssen der DFG, des Deutschen Museums, Präsident der Gesellschaft für Naturforscher und Ärzte 1971/72).

Durch seine gütige, großzügige und helfende Art konnte sich eine Wiberg-Schule entwickeln mit bedeutenden Wissenschaftlern, die auf Lehrstühle berufen wurden: Max Schmidt (Marburg, Würzburg), Heinrich Nöth (Marburg, Wibergs Nachfolger in München), Hans Bock (Frankfurt), Eberhard Amberger (München), Alfred Schmidpeter (München), Fritz Weigel (München), Gerhard Schrauzer (San Diego), Peter Paetzold (Aachen), Johann Buchler (Darmstadt).

Das bewundernswerte Lehrer-Schüler-Verhältnis zwischen Egon Wiberg und seinen Doktoranden hat Max Schmidt (damals Priv. Doz.) in seiner Rede zum 60. Geburtstag am 27. Mai 1961 herausgestellt:

Lieber Herr Professor Wiberg!

Sie werden sicher verstehen, dass trotz der langen Reihe der Gratulanten an diesem Tag auch Ihre ehemaligen Schüler nicht fehlen wollen. Wir nennen uns alle mit Stolz Wiberg-Schüler. Uns bleibt heute nur, Ihnen zu danken. Wir durften in unserem Lehrer einen Menschen kennenlernen, der uns persönlich immer ein Vorbild bleiben wird. Aber nicht nur durch Ihre Persönlichkeit als solche, auch als Wissenschaftler haben Sie uns durch Ihre einmalig behutsame Führung in das immer wieder faszinierende Gebiet der naturwissenschaftlichen Forschung sehr viel gegeben. Wenn es für dieses Verhältnis zwischen Doktorvater und Doktorand überhaupt eine Idealform gibt, dann, so glauben wir, haben wir sie erleben dürfen, nachdem Sie uns als Mitarbeiter angenommen haben. Die weitestgehende Freiheit des einzelnen, so könnte man vielleicht das Ganze überschreiben. Sie haben uns mit bewundernswerter Kunst Freiheit gelehrt; und ein begnadeter Pädagoge ist, wer das kann. Gewährte Freiheit ist wohl ein ein direktes Maß für das gewährte Vertrauen. Je mehr Vertrauen dem Schüler von seinem Lehrer entgegengebracht wird, desto eher wird dieser auch die wissenschaftlichen Fragestellungen seines Lehrers zu seinen eigenen machen und desto mehr werden sich im fachlichen Bereich die Begriffe Schüler und Mitarbeiter überlappen dürfen. Wie haben Sie es doch immer meisterhaft verstanden, mit wenigen Worten unsere echten oder manchmal auch nur scheinbaren Probleme ins rechte Licht zu rücken, in größerem Zusammenhang zu sehen. Was wir fachlich an Ihnen so besonders bewundern, das ist eben diese Gabe der souveränen Zusammenschau der vielen Details unserer Wissenschaft zu einem großen Ganzen; und wie oft würden viele von uns so gerne, wenn wir manchmal nicht mehr weiter wissen, heute noch wie es früher so leicht war, einfach einmal, Wiberg fragen. Ich wollte damit nur andeuten unsere Dankesschuld Ihnen gegenüber, lieber Herr Professor Wiberg für dieses große Vertrauen, das Sie in uns gesetzt heben und für das dauernde Risiko der

Freiheit, das Sie dadurch für uns eingegangen sind. Diesen Dank möchte ich im Namen aller Ihrer ehemaligen Schüler verbinden mit einer Wiederholung aus allen Vorreden, die anlässlich Ihres 60. Geburtstages gehalten wurden, nämlich mit der Wiederholung unserer allerbesten Wünsche für Ihr persönliches Wohlergehen, Ihre fachliche Arbeit und Ihr fruchtbares Wirken für die akademische Jugend.

In der Forschung ist Egon Wiberg vor allem durch seine grundlegenden Arbeiten über die Wasserstoffverbindungen vieler Elemente bekannt geworden. Ausgehend von den Stockschen Borwasserstofften waren die Hydride von Gallium und Aluminium[807] Meilensteine in Wibergs Forschung. Mit großer Experimentierkunst gelang die Synthese der Hydride von Be, Mg, In, Tl, Si, As, Sb, Bi, Cu, Ag, Au, Zn, Cd, Hg, Nb. Diese Arbeiten hat Wiberg in einem Übersichtsartikel (mit 74 Publikationen aus seinem Münchner Institut) zusammengefasst.[808]

Doppel-und Tripelhydride, wie Wiberg sie nannte, waren meist Boranate (BH_4) oder Alanate (AlH_4) von Elementen, z. B. $LiAlH_4$, $Mg(BH_4)_2$. Weitere Verbindungen, die Wibergs Interesse fanden waren z. B. die Borsulfole $[B(X)S]_3$ (mit X = H, Br, I, Alkyl, Aryl, OR, NR_2, SR),[809] die Polyphosphane,[810] $(PH)_x$,[811] Azide von Be, Mg, B, Al, Si, Sn,[812] Metallsilyle.[813] Wiberg liebte das Systematisieren wie bei der Isosterie mit dem „anorganischen Benzol“ $B_3N_3H_6$[814] oder bei Versuchen über den Nachweis von

807 E. Wiberg. O. Stecher, *Angew. Chem.* **1939**, *52*, 372. — O. Stecher, E. Wiberg, *Ber. Dtsch. Chem. Ges.* **1942**, *75*, 2003. — E. Wiberg, T. Johannsen, *Naturwiss.* **1941**, *29*, 320.

808 E. Wiberg, *Angew. Chem.* **1953**, *65*, 16.

809 E. Wiberg, W. Sturm, *Angew. Chem.* **1955**, *67*, 483.

810 E. Wiberg, M. van Ghemen, G. Müller-Schiedmayer, *Angew. Chem.* **1963**, *75*, 814.

811 E. Wiberg, G. Müller-Schiedmayer, *Chem. Ber.* **1959**, *92*, 2372.

812 E. Wiberg, H. Michaud, *Z. Naturforsch.* **1954**, *9 b*, 495.

813 E. Wiberg, O. Stecher, H.-J. Andrascheck, L. Kreutzbichler, E. Staude, *Angew. Chem.* **1963**, *75*, 516. — E. Wiberg, *Naturwiss.* **1948**, *35*, 182, 212. — E. Wiberg, K. Modritzer, *Z. Naturforsch.* **1956**, *11 b*, 747.

814 E. Wiberg, G. Müller-Schiedmayer, *Z. Anorg. Allg. Chem.* **1961**, *308*, 352.

Edelgasverbindungen mit Bortrifluorid.[815] Gemeinsam mit Amberger hat er Grundlagen für die technische überaus bedeutsame Herstellung von reinsten Halbleitern (Si, BN) gelegt.[816]

Sein Schriftenverzeichnis umfasst 230 Arbeiten.

Das überaus erfolgreiche Wirken von Egon Wiberg fand in zahlreichen Ehrungen die verdiente Anerkennung durch die Verleihung der Ehrendoktorwürde der Technischen Hochschulen Aachen und Wien und des Alfred-Stock-Gedächtnis-Preises (erster Preisträger) der GDCh.

Schließlich hat der Freistaat Bayern seine Verdienste mit dem Bayerischen Verdienstorden gewürdigt.

Zu seinem Gedächtnis wurde die Egon-Wiberg-Vorlesung gegründet. Seit 1989 wird jedes Jahr ein hervorragender Forscher der Anorganischen Chemie zu einem Vortrag über seine Arbeiten eingeladen (mit der Unterstützung durch die Chemische Industrie), als ein Highlight im Sommer-Semester. Aus Anlass der 100. Wiederkehr des Geburtstags von Egon Wiberg hielt Heinrich Nöth 2001 einen Vortrag über „Boranate und Alanate: Damals und Heute".

9.64 Nils Wiberg (1934–2007)

Nils Wiberg wurde am 6. Oktober 1934 als Sohn des späteren Professors für Anorganische Chemie Egon Wiberg (1901–1976) in Karlsruhe geboren. Er legte sein Abitur 1954 an der Oberrealschule an der Frühlingsstraße ab, zusammen mit Peter Paetzold (später o. Professor in Aachen) und mit Herbert Rosendorfer (später ein erfolgreicher und hoch geschätzter Schriftsteller). Das Chemiestudium an der Ludwig-Maximilians-Universität schloss er 1961 mit der Doktorarbeit „Zur Kenntnis einer neuen Modifikation des Siliziums" ab. Im Jahr 1966 habilitierte er sich mit dem Thema „Zur Struktur und Reaktivität der Silizium-Stickstoff-Gruppierung". Im Jahr 1972 wurde ihm die Bezeichnung apl. Professor verliehen und 1978 wurde er um C3-Professor ernannt. Nils Wiberg ist München stets treu geblieben, u. a. auch wegen des in München großen Angebots an

815 E. Wiberg. K. Karbe, *Z. Anorg. Allg. Chem.* **1948**, *256*, 307.

816 E. Wiberg, E. Amberger, Patent (**1960**) DE 1075555 19600218.

kulturellen Ereignissen, an denen er mit tiefem Verständnis und Wissen und mit Freude teilgenommen hat.

Als Nachfolger seines Vaters führte er in bewundernswerter Weise den „Holleman-Wiberg“ fort. Nach diesem weltweit hochgeschätzten, und bedeutenden Lehrbuch der Anorganischen Chemie (de Gruyter) haben Generationen von Chemie-Studierenden die Anorganische Chemie gelernt. Kurz vor seinem Tod am 5. April 2007 in München konnte er noch die 102. Auflage seines Werkes in Händen halten. Es ist bemerkenswert, dass auch Ulrich Hofmann das Lehrbuch „Anorganische Chemie“ seines Vaters Karl Andreas Hofmann (Vorstand der Anorganischen Abteilung bei Adolf von Baeyer in München) erfolgreich weitergeführt hat (Vieweg, später mit W. Rüdorff). Nöth und Paetzold schrieben in ihrem Nachruf auf Nils Wiberg:

> “Nicht zuletzt setzte er sich aber auch mit seinem Lehrbuch ein Denkmal, das allerdings mehr ist als ein Lehrbuch für Studenten; es handelt sich vielmehr um ein Handbuch, das die moderne anorganische Chemie in ihrer Gesamtheit abdeckt. Es ist kaum zu glauben, dass ein einzelner Autor neben seiner herausragenden wissenschaftlichen Arbeit noch eine solche enzyklopädische Kraft entfalten konnte“.[817]

Alle Forschungsarbeiten von Nils Wiberg zeichnen sich durch hohes Niveau aus; sie wurden mit anspruchsvoller Experimentierkunst und auch mit theoretischem Hintergrund herausgebracht. Bereits das blaue, elektronenreiche Tetrakis(dimethylamino)ethylen fand großes Interesse.[818] Viele seiner Werke fanden Eingang in Lehrbücher, wie die Synthese der silylsubstituierten „Stickstoff -Ketten“, der Diimine, Hydrazine, Triazene, Azide, Tetrazdiene und deren Reaktivität. Wiberg und Mitarbeitern gelang die Isolierung der Stickstoffwasserstoffe Diimin N_2H_2[819] und Tetrazen N_4H_4.[820] Auch Azide von B, Al, Sb. Te wurden synthetisiert. Große Anerkennung und Anklang fanden seine Arbeiten über „ungesättigte“ Silicium-Verbindungen, also Verbindungen mit Si-Si Doppelbindungen und

817 H. Nöth, P. Paetzold, *Angew. Chem.* **2007**, *119*, 5140.
818 N. Wiberg, J. W. Buchler, *Angew. Chem.* **1962**, *74*, 490.
819 N. Wiberg, H. Bachhuber, G. Fischer, *Angew. Chem., Int. Ed.* **1972**, *1*, 829.
820 N. Wiberg, H. Bayer, H. Bachhuber, *Angew. Chem.* **1975**, *87*, 202.

Si-Si Dreifach-Bindungen, sowie mit Si=C, Si=N und Si=O Bindungen. Das erste Silaethen $(Me_3)_2Si{=}C(SiMe_3)_2$ konnte isoliert werden;[821] ebenso war in neuerer Zeit ein Derivat von Disilin RSiSiR mit Si-Si Dreifachbindung ein Highlight in Wibergs Forschung. Bei letzterer ungewöhnlichen Verbindung sorgte der Supersupersilyl Rest R = $(tert\text{-}Bu_3Si)_2MeSi$ für die kinetische Stabilität.[822] Nach dieser Pioniertat von Wiberg und Mitarbeitern wurde eine Reihe von weiteren Disilinen in anderen Arbeitskreisen entdeckt.[823] Der Einsatz von Supersilyl-Substituenten $-Si(\textit{tert}\text{-}Bu)_3$ brachte weitere ungesättigte Si- und auch Ge- und Sn-Verbindungen hervor und in letzter Zeit auch völlig neuartige Cluster von Hauptgruppenelementen wie Derivate von Tetrahydrotetrasilan und -german, Octasilan und -german und indan, Hexastannan sowie Polygallium Cluster.[824]

Die stets höchst originellen Forschungsergebnisse hat Nils Wiberg in 230 Publikationen niedergelegt (die gleiche Zahl von Arbeiten hat interessanterweise sein Vater Egon Wiberg veröffentlicht). Sie wurden durch die Verleihung des Dozentenstipendiums des Fonds der Chemischen Industrie, des Wacker-Silicon Preises (1988) und des Frederic Stanley Kipping Award (1992) anerkannt. Nils Wiberg ist am 5. April 2007 in München gestorben. Sein originelles Lebenswerk wurde in Nachrufen gewürdigt.[825]

9.65 Heinrich Wieland (1877–1957)

Heinrich Otto Wieland wurde am 4. Juni 1877 in Pforzheim (Baden) geboren. Er begann 1896 an der Universität München das Studium der Naturwissenschaften, studierte einige Semester in Berlin und Stuttgart und wurde 1901 mit einer Arbeit „Über Versuche zur Darstellung phenylierter

821 N. Wiberg, G. Preiner, O. Schieda, G. Fischer, *Chem. Ber.* **1981**, *114*, 3505.

822 N. Wiberg, S. K. Vasisht, G. Fischer, P. Mayer, *Z. Anorg. Allg. Chem.* **2004**, *630*, 1823.

823 D. Scheschkewitz, *Z. Anorg. Allg. Chem.* **2012**, *638*, 2381.

824 N. Wiberg, C. M. M. Finger, K. Polborn, *Angew. Chem.* **1993**, *105*, 1140. — N. Wiberg, P. P. Power in: *Molecular Clusters of the Main Group Elements* (Eds.. M. Driess, H. Nöth), 2004, 188. — G. Linti, H. Schnöckel, W. Uhl, N. Wiberg, in Molecular Clusters of the Main Group Elements (Eds. M. Driess, H. Nöth), **2004**, 126. — G. Fischer, V. Huch, P. Mayer, S. K. Vasisht, M. Veith, N. Wiberg, *Angew. Chem., Int. Ed.* **2005**, *44*. 7884.

825 M. Veith, *Nachr. Chem.* **2007**, *55*, 781.

Allene“ bei Professor Johannes Thiele im Staatslabor von Adolf von Baeyer in München promoviert. Nach einem einjährigen Aufenthalt bei Carl Dietrich Harris in Berlin begann er 1902 bei Adolf von Baeyer seine Habilitationsarbeit „Über Additionen der höheren Stickoxide an ungesättigte Verbindungen“[826] und erhielt bereits 1904 die *venia legendi*. Im Jahr 1909 wurde ihm der Titel und Rang eines außerordentlichen Professors verliehen. 1913 wurde er Abteilungsvorstand und 1914 a. o. Professor für spezielle organische Chemie im Staatslaboratorium München. Er hat 1915 einen Ruf auf die ordentliche Lehrkanzel für angewandte medizinische Chemie an der Universität Wien abgelehnt. 1917 wurde er als ordentlicher Professor für Organische Chemie an die Technische Hochschule München berufen. In den Kriegsjahren 1917 / 1918 wurde er – zusammen mit Otto Hahn, Walther Nernst, Richard Willstätter, Emil Fischer u. a. – an das Habersche Institut in Berlin dienstverpflichtet, wo Kampfstoffe entwickelt wurden. Einen ehrenvollen Ruf als Nachfolger von Emil Fischer in Berlin hat er abgelehnt und im Jahr 1921 folgte er dem Ruf als Ordinarius und Nachfolger von Ludwig Gattermann an der Universität Freiburg. Im Jahr 1925 wurde er Nachfolger von Richard Willstätter und Direktor des Staatslabors der Bayerischen Akademie der Wissenschaften, das 1938 als Chemisches Institut in die Universität München eingegliedert wurde. Mit der Ernennung wurde ihm 1926 vom Staatsminister für Unterricht und Kultus im Namen des Freistaats Bayern der Titel „Geheimer Regierungsrat“ verliehen. Auf die Anrede Geheimrat war er stolz.[827] Im Jahr 1952, im Alter von 75 Jahren, konnte er die Institutsleitung an seinen Schüler Rolf Huisgen übergeben. Er ist am 5. August 1957, kurz nach seinem 80. Geburtstag, in Starnberg gestorben.

Über Geheimrat Heinrich Wieland, seine grundlegenden wissenschaftlichen Leistungen und über seine große, einzigartige Persönlichkeit, sind ungewöhnlich viele Laudationes und Nachrufe erschienen (wie wohl – mit Ausnahme von Justus von Liebig – über keinen anderen deutschen Chemiker). Zu seinem 65. Geburtstag am 4. Juni 1942 haben seine Schüler/-innen die Arbeiten ihres hochverehrten Lehrers zusammengefasst:

826 M. Veith, *Nachr. Chem.* **2007**, 55, 781.

827 H. Hamm-Brücher: *Freiheit ist mehr als ein Wort*. Kiepenheuer & Witsch, Köln, **1996**.

Elisabeth Dane berichtete über „Die Arbeiten Wielands auf dem Gebiet der Steroide,[828] Wilhelm Franke über „Wielands Arbeiten über die biologische Oxydation",[829] Friedrich Klages über „Die Stickstoffarbeiten von H. Wieland,[830] Clemens Schöpf über „Die Arbeiten Wielands über stickstoffhaltige Naturstoffe (Alkaloide und Pterine).[831]

Sehr ausführliche, von tiefer Zuneigung und Bewunderung geprägte Nachrufe mit Würdigungen der vielen grundlegenden Arbeiten und des Lebenswegs und der Person von Wieland wurden von seinen Schülern Rolf Huisgen,[832] Bernhard Witkop,[833] Clemens Schöpf,[834] Franz Gottwalt Fischer,[835] Gerhard Hesse[836] verfasst. Weitere Nachrufe stammen von

828 E. Dane, *Naturwiss.* **1942**, *30*, 333.

829 W. Franke, *Naturwiss.* **1942**, *30*, 342.

830 F. Klages, *Naturwiss.* **1942**, *30*, 351.

831 C. Schöpf, *Naturwiss.* **1942**, *30*, 359.

832 R. Huisgen: The Wieland Memorial Lecture. Proc. Chem. Soc. 1958, 210. — R. Huisgen: Heinrich Wieland als Mensch und Lehrer. *Angew. Chem.* **1959**, *71*, 5. — R. Huisgen: Heinrich Wieland, Ein wissenschaftlicher Universalist. *Nachr. Chem.* **2007**, *55*, 1083.. - - R. Huisgen: Jahre mit Heinrich Wieland. In: Vollmer **2008**, 1, s. Anm. 16 auf S. 30. — R. Huisgen, H.-U. Wagner: Das Wissenschaftliche Werk von Heinrich Wieland. In *Wissenschaft und Zivilcourage. Betrachtungen zu Heinrich Wieland* (Ed.: A.-B. Hertkorn) Bezirksausschuss Maxvorstadt, München, **2004**. — R. Huisgen: Erinnerungen an Heinrich Wieland und das Staatslabor in der Kriegszeit. In *Hans Leipelt und Marie-Luise Jahn - Studentischer Widerstand in der Zeit des Nationalsozialismus am Chemischen Staatslaboratorium der Universität München* (Ed.: H.-U. Wagner). Garnies, Haar / München, **2003**.

833 B. Witkop: Heinrich Wieland hundert Jahre: Sein Werk und Vermächtnis heute, *Angew. Chem.* **1977**, *89*, 575. — B. Witkop: Erinnerungen an Heinrich Wieland (1877 - 1957). Liebigs Ann. Chem,. 1992, I-XXII. — B. Witkop: Remembering Heinrich Wieland (1877 - 1957). Portrait of an Organic Chemist and Founder of Modern Biochemistry. Med. Res. Rev. 1992, 12, 195. — B. Witkop: Erinnerungen an Heinrich Wieland. In: Heinrich Wieland **2008**, s. Anm. 85 auf S. 94. — B. Witkop: Erinnerungen an Heinrich Wieland. In *Wissenschaft und Zivilcourage. Betrachtungen zu Heinrich Wieland* (Ed.: A.-B. Hertkorn). Bezirksausschuss Maxvorstadt, München, **2004**.

834 C. Schöpf: Heinrich Wieland zum Gedächtnis. *Angew. Chem.* **1959**, *71*, 1.

835 F. G. Fischer: Heinrich Wieland 4.6.1877 - 5.8.1957. *Jahrbuch der Bayerischen Akademie der Wissenschaften* **1959**, 160.

836 G. Hesse: Gedenken zum 100. Geburtstag von Heinrich Wieland am 4. Juni 1977. *Liebigs Ann. Chem.* **1977**, 1058.

seinen Kollegen Rudolf Pummerer,[837] Paul Karrer und von Lothar Jaenicke.[838] Witkop hat sämtliche Publikationen von Heinrich Wieland (390) aufgeführt. Elisabeth Vaupel (Deutsches Museum München) hat sich eingehend und sehr verdienstvoll mit der Biographie von Wieland befasst und viel recherchiert.[839] Sie hat sich vor allem auf Wielands Zeit am Haber-Institut in Berlin und auf seine Verbindung mit der Fa. Boehringer konzentriert und man gewinnt vielleicht den Eindruck, dass Vaupel auch nach dunklen Seiten im Leben von Heinrich Wieland gesucht hat. So ist es kaum vorstellbar, dass schon 4 Monate nachdem Wieland nach Berlin berufen wurde (März 1917) eine Organosarsen-Verbindung als Kampfstoff im Krieg eingesetzt wurde.[840]

Die Forschung von Heinrich Wieland war immer höchst originell, vielseitig und außerordentlich breit angelegt. Er war, wohl einer der letzten „Universalisten in der Chemie" und hatte viele Interessen. So hat er auch die „große Experimental-Vorlesung" in Anorganischer und Organischer Chemie gehalten (mit dem bewährten Hans Unterreitmeier als Assistenten, der bereits 1925 als Laborantenlehrling vom Staatslabor eingestellt wurde und später in den Experimental-Vorlesungen der Professoren Huisgen, Wiberg, Weiß und Beck bis 1970 hochgeschätzt war). Am Anfang

837 R. Pummerer: Heinrich Wieland. Lebensweg und Persönlichkeit in Geist und Gestalt. In *Biographische Beiträge zur Geschichte der Bayerischen Akademie der Wissenschaften* **1959**, Band 2, 192. — P. Karrer: Heinrich Wieland 1877 - 1957. In *Biographical Memoirs of Fellows of The Royal Society* **1958**, Vol. 4, 340.

838 L. Jaenicke: Heinrich Otto Wieland. Zu Dank und Gedenken den Bewahrern des Anstands unter dem Hakenkreuz. In: Wieland **2008**, s. Anm. 85 auf S. 94.

839 E. Vaupel: Nützliche Netzwerke und kriegswichtige Forschungsprojekte: Die Handlungsspielräume des Chemie-Nobelpreisträgers Heinrich Wieland (1877 - 1957) im dritten Reich. In *Die Universität München im Dritten Reich, Teil II* (Ed.: E. Kraus). Herbert Utz Verlag, München, **2008**. — E. Vaupel: Vernetzungen und Freiräume: Heinrich Wieland (1877 - 1957) und seine Zeit. *Angew. Chem.* **2007**, *119*, 9314. — E. Vaupel: Heinrich Wieland (1877 - 1957). Ein Chemiker im Spannungsfeld zwischen Wissenschaft und Politik. *In München leuchtet für die Wissenschaft* (Eds.: U. Leutheusser, H. Nöth). Allitera Verlag, München, **2008**. — E. Vaupel: Heinrich Wieland und die Firma C. H. Boehringer Sohn in Ingelheim / Rhein - Eine Kooperation, die allen Beteiligten nützte. In: Heinrich Wieland **2008**, s. Anm. 85 auf S. 94.

840 Darauf hat Rolf Huisgen den Verfasser dieser Zeilen hingewiesen.

von Wielands Forschung standen bis in die heutige Zeit hoch interessante Arbeiten über teilweise brisante Stickstoffverbindungen im Vordergrund. Er konnte zeigen, dass die historisch bedeutsame Knallsäure[841] existenzfähig und mit Äther destillierbar ist und Wieland hat insbesondere die Zwischenstufen bei der Bildung der Knallsäure aus Alkohol und Salpetersäure[842] aufgeklärt, wobei er Knallsäure schon richtig als Formonitril-N-oxid HCNO formulierte, aber noch annahm, dass diese zu CN–OH isomerisiert wird. Eindrucksvoll und viel bewundert sind seine zahlreichen Arbeiten über die Polymerisation der Knallsäure. Weitere Höhepunkte aus seiner „Stickstoff" Zeit sind die Synthesen der ersten Stickstoffradikale wie Ph_2N aus Tetraarylhydrazinen[843] und der ersten, heute viel studierten und als Spinsonden verwendeten Nitroxid-Radikale $(aryl)_2N$-O.[844] Als Beispiel für die Experimentierkunst von Wieland und Mitarbeiter soll die Synthese von „Methyl-nitrolsaurem Kalium H(ON)C=NOK" aufgeführt werden.[845] Die (polymere) Struktur dieses blauen hoch explosiven, heute Kalium-dintritrosomethanid $[(ON)_2CH]^-K^+$ genannten Salzes wurde kürzlich von Schulz und Mitarbeiter[846] durch Röntgenstrukturanalyse bestimmt und so wurden die Arbeiten von Wieland glänzend bestätigt.

Ab 1912 begann Wieland seine grundlegenden und außerordentlich schwierigen und anspruchsvollen Arbeiten über die Chemie von Naturstoffen, zunächst seine klassischen Arbeiten über die Konstitution der Gallensäuren, die 1927 mit dem Nobelpreis ausgezeichnet wurden und

841 H. Wieland, H. Hess, *Ber. Dtsch. Chem. Ges.* **1909**. — H. Wieland: Die Knallsäure. In: *Sammlung chemischer und chemisch-technischer Vorträge, Band XIV*. Enke, Stuttgart, **1909**, 385. — W. Beck, *Eur. J. Inorg. Chem.* **2003**, 4275 und dort zitierte Lit. — Ch. Grundmann, P. Grünanger: The Nitrile Oxides. Springer, Berlin, **1971**. — M. Winnewisser, B. Winnewisser, *Chem. Listy* **1976**, *70*, 875. — F. Kurzer, *J. Chem. Educ.* **2000**, *77*, 851.

842 H. Wieland: Eine neue Knallsäuresynthes. Über den Verlauf der Knallsäurebildung aus Alkohol und Salpetersäure. *Ber. Dtsch. Chem. Ges.* **1907**, *40*, 418.

843 H. Wieland, *Liebigs Ann. Chem.* **1911**, *381*, 200.

844 H. Wieland, M. Offenbacher, *Ber. Dtsch. Chem. Ges.* **1914**, *47*, 2111.

845 H. Wieland, H. Hess: Über Methy-nitrosolsäure und verwandte Verbindungen. *Ber. Dtsch. Chem. Ges.* **1909**, *42*, 4175.

846 H. Brand, P. Mayer, K. Polborn, A. Schulz, J. J. Weigand, *J. Am. Chem. Soc.* **2005**, *127*, 1360.

die mit Elisabeth Dane zum Abschluss gebracht und als Verbindungen mit dem Grundgerüst der Steroide erkannt werden konnten.[847] Wieland befasste sich mit Alkaloiden (Lobelia-, Morphium-, Strychnos- und Curare-Alkaloiden) sowie mit Pterinen (in Schmetterling Farbstoffen), mit den Giften in Kröten und Knollenblätterpilzen. Manche Arbeiten hat Wieland in Zusammenarbeit mit der Fa. Boehringer Ingelheim - zum beiderseitigen Vorteil - entwickelt. Heute wird die Zusammenarbeit von Universität und Industrie als besonders wichtig angesehen und z. T. sogar von der Universitätsverwaltung gefordert. Auch in dieser Hinsicht ist Wieland als Pionier zu sehen.

Durch seine zahlreichen Arbeiten (52) über den „Mechanismus der Oxidationsvorgänge (mit Wasserstoffverschiebung)“, die er selbst zu seinen wichtigsten zählte, wurde Wieland zu einem der Begründer der Biochemie; er erkannte schon die Bedeutung der Essigsäure für die Biosynthese der Fette. Sein Schwiegersohn Feodor Lynen wurde für seine Arbeiten über die „aktivierte Essigsäure“ mit dem Nobelpreis (1964) belohnt.

Generationen von Chemiestudenten haben das organische Praktikum nach dem Gattermann-Wieland-Buch „Die Praxis des Organischen Chemikers“ absolviert, das Wieland seit 1925 betreute, später mit seinem Sohn Theodor Wieland.

Alle Zeitzeugen[848] und Biographen[849] rühmen die große Persönlichkeit Heinrich Wieland und stellen insbesondere seine mutige, tapfere und

847 H. Wieland, E. Dane, *Z. Physiolog. Chem.* **1933**, *216*, 91. — H. Wieland, *Ber. Dtsch. Chem. Ges.* **1934**, *67*, 27.

848 H. Hamm-Brücher, *Chem. Unserer Zeit* **2004**, *37*, 422. — H. Hamm-Brücher in *Erlebte und gelebte Universität. Die Universität München im 19. und 20. Jahrhundert* (Eds.: R. vom Bruch, R. A. Müller). W. Ludwig, Pfaffenhofen, **1986**, S.354. — H. Hamm-Brücher: Baumeister der Organischen Chemie, Heinrich Wieland war nicht nur Nobelpreisträger, sondern auch ein mutiger Dissident. *Süddeutsche Zeitung* **1977**. — G. Freise, H. Hamm-Brücher: Erinnerungen an Heinrich Wieland. *Chem. Unserer Zeit* **1977**, *11*, 143. — G. Freise: Der Nobelpreisträger Heinrich Wieland. Ein Beispiel für Zivilcourage in der Zeit des Nationalsozialismus, Vortrag in Pforzheim 14.11.**1988**.

849 Litten **1998**, s. Anm. 5 auf S. 9. — H. Will, *Feodor Lynen*, Biographie, Wiley-VCH Weinheim **2011**. — A.-B. Hartkorn: *Wissenschaft und Zivilvourage*. Bezirksausschuss Maxvorstadt, München, **2004**. — U. Kaufmann: *Heinrich Wieland - ein unbeugsamer Wissenschaftler*. Bezirksausschuss Maxvorstadt, München, **2004**. —

unbeugsame Haltung während der Zeit des Nationalsozialismus heraus. Wieland hat – wie auch sein „anorganischer" Kollege an der TH München Walter Hieber[850] – Mitarbeiter vor dem Kriegsdienst bewahrt, weil sie für kriegswichtige Projekte unabkömmlich seien (kriegswichtig stimmte natürlich nicht). Insbesondere hat er eine Reihe von „halbjüdischen" und damit gefährdeten Studierenden und Doktoranden/-innen (bis zu 25) während der Nazi-Zeit geschützt und dafür gesorgt, dass sie ihre Doktorarbeit an seinem Laboratorium ausführen konnten. Hamm-Brücher nennt Wieland einen Schutzengel und in der Presse ist er die „Lichtgestalt" in der Universität München während des Dritten Reichs. Wieland war kein Widerstandskämpfer, konnte aber als entschiedener und bekannter Gegner des Nationalsozialismus in den schwierigen Zeiten viel Gutes tun und segensreich wirken, auch für seine Dozenten während des Krieges und nach Kriegende. Davon zeugt die herausgegebene Dienstzimmer-Korrespondenz in den Jahren 1945 – 1951.[851] Der Hitler-Gruß war am Staatslabor – wie auch im „Grüß Gott"-Institut von Walter Hieber an der TH München – nicht üblich und Wieland hat auch seine dienstlichen Briefe z. B. an das Ministerium nie mit „Heil Hitler", wie sonst vorgeschrieben, sondern mit seiner unverwechselbaren Handschrift „Wieland" unterzeichnet. Er hat viel für seine Mitarbeiter erreicht durch sehr geschicktes Handeln; z. B. hat er auf Vorhaltungen des damaligen Rektors Wüst wegen der Beschäftigung nicht arischer Studierenden einfach nicht reagiert. Die Zeit am Staatslabor während des Krieges, wobei Wieland in seiner Sorge für gefährdete Studenten durch Rudolf Hüttel intensiv unterstützt wurde, hat Freddy Litten eindrucksvoll und bewegend beschrieben. Sehr mutig war Wielands Einsatz für die verhafteten Studierenden Hans Leipelt, Marie-Luise Jahn, auch als ist als Entlastungszeuge bei dem Prozess. Zur Erinnerung an Hans Leipelt, der im Sinne der weißen Rose wirkte und

Ch. Ritz: An den Grenzen der Spielräume, Heinrich Wieland und die halbjüdischen Studenten am Chemischen Staatslabor der Universität München. In: Heinrich Wieland **2008**, s. Anm. 85 auf S. 94.

850 H. Behrens: *Wissenschaft in turbulenter Zeit. Erinnerungen eines Chemikers an die Technische Hochschule München 1933 – 1953*. Algorismus, Studium der Geschichte der Mathematik und der Naturwissenschaften (Ed.: M. Folkerts). Institut für Geschichte der Naturwissenschaften, München, **1998**, 48.

851 Vollmer **2008**, s. Anm. 16 auf S. 30.

am 29. Januar 1945 hingerichtet wurde, ist ein Seminar-Raum nach ihm benannt. Die Enthüllung der Hans-Leipelt-Gedenktafel am 18. Juli 2000 mit Reden des Rektors Andreas Heldrich, Marie-Luise Schultze-Jahn und Rolf Huisgen war in der Fakultät ein feierliches Ereignis.[852]

Heinrich Wieland hat eine große wissenschaftliche Schule mit vielen bedeutenden akademischen Schülern aufgebaut:

Clemens Schöpf, Gottwalt Fischer, Elisabeth Dane, Wilhelm Franke, Friedrich Klages, Karl Meinel, Günther Endres, Franz Wille, Feodor Lynen, Rudolf Hüttel, Robert Purrmann, Werner Schmitt, Bernhard Witkop, Rolf Huisgen und Hans Behringer.

Heinrich Wieland erhielt alle Ehrungen, die ein Wissenschaftler erringen kann. Von den vielen großen Auszeichnungen sollen hier aufgeführt werden:

- 1927 Nobelpreis Chemie
- 1942 Goethe-Medaille für Kunst und Wissenschaft
- 1952 Ritter der Friedensklasse des Ordens Pour le mérite, Großes Bundesverdienstkreuz
- 1955 Otto-Hahn-Preis für Chemie, Lavoisier-Medaille der Societé Chimique France

Mitglied und Ehrenmitglied von 17 wissenschaftlichen Akademien, Ehrendoktor der TH Darmstadt, der Universitäten Freiburg und Athen.

Wieland hat mit großem Einsatz und Erfolg von 1922–1956 Liebigs Annalen der Chemie als Herausgeber betreut.

Zu Wielands Andenken wurde 1963 der Heinrich-Wieland-Preis vom Margarine-Institut für Gesunde Ernährung gestiftet, der jährlich für Arbeiten aus dem Bereich der Chemie, Biologie und Physiologie und klinische Medizin der Fette und Lipide vergeben wurde und mit 50.000 DM dotiert war. Die Verleihung des Wieland-Preises war lange für die Professoren der Fakultät ein Höhepunkt im Jahr und auch ein gesellschaftliches Ereignis. Seit 2000 wird der Wieland-Preis für hervorragende

852 *Hans Leipelt und Marie-Luise Jahn – Studentischer Widerstand in der Zeit des Nationalsozialismus am Chemischen Staatslaboratorium der Universität München, Band 1* (Ed.: H.-U. Wagner). Garnies, Haar, München, **2003**.

Arbeiten über biologisch aktive Verbindungen in der Chemie, Biochemie und Physiologie sowie in der klinischen Chemie von dem Pharmaunternehmen Boehringer Ingelheim, ab 2011 durch die Boehringer Ingelheim Stiftung in Höhe von 100.000 EUR dotiert. Sie gehört damit international zu den renommiertesten Auszeichnungen. Im Hintergrund stand hier die enge Bindung des Namensgeber an die Familie und die Firma Boehringer.

In Pforzheim, dem Geburtsort von Heinrich Wieland, trägt die Berufsschule und das Technische Gymnasium seinen Namen. In München gibt es eine große Heinrich-Wieland-Straße in Neuperlach.

9.66 Franz Wille (1909–1986)

Franz Wille wurde am 12. Januar 1909 in Düsseldorf geboren. Er begann 1927 sein Chemiestudium an der Universität Freiburg, wechselte 1928 an die LMU und wurde 1935 mit einer biochemischen Arbeit („Dehydrierung von Alkohol durch Hefe") unter Anleitung von Heinrich Wieland promoviert.[853] Im Jahr 1939 folgte die Habilitation über die „Synthese und biologische Bedeutung der 1,4-Diketoadipinsäure".[854] Erst im Jahr 1942 wurde ihm die Lehrbefugnis erteilt, da er vom Dozentenbund wegen „zu geringer politischer Einsatzbereitschaft" schlecht beurteilt wurde. Wille wurde von der Dozentenführung mitgeteilt, dass er die angestrebte Dozentur nicht erhalten könnte, weil ihm die notwendigen charakterlichen Voraussetzungen für einen politisch zuverlässigen Universitätslehrer fehlten, von denen zumindest die Mitgliedschaft bei der NSDAP erwartet würde. Unter diesem Zwang und aus Sorge für seine berufliche Zukunft, beantragte Wille den Eintritt in die „Partei", obwohl er stets Gegner des Nationalsozialismus war, wie Geheimrat Heinrich Wieland und Hildegard Brücher (die Kollegin beim Chemiestudium und spätere Staatsministerin) und eine Reihe von Studenten und Mitarbeitern nachdrücklich bestätigten. Hildegard Brücher schrieb: „Wille galt wie Heinrich Wieland während der Kriegsjahre als besonderer Förderer von begabten Studenten, die von den Nürnberger Gesetzen betroffen waren. Wo es nur ging, versuchte er ihnen ihre schwierige Lage zu erleichtern". Wille musste

853 H. Wieland, F. Wille, *Liebigs Ann. Chem.* **1933**, *503*, 70; **1935**, *515*, 216.
854 F. Wille, *Liebigs Ann. Chem.* **1939**, *538*, 237.

1945 die Universität verlassen und konnte 1948 wieder als Verwalter einer Wissenschaftlichen Assistentenstelle an das Chemische Institut der Universität München zurückkehren. Er wurde 1951 zum apl. Professor ernannt und erhielt 1956 eine Diätendozentur, die durch die Berufung von Hermann Lux an die TH München frei geworden war. Im Jahr 1966 wurde er zum Abteilungsvorsteher nach HS2 ernannt und 1969 zum Abteilungsvorsteher nach HS3.

In der Forschung war Wille zunächst ganz in der Organischen Chemie tätig und hat sich u. a. mit der Chemie des Propargylaldehyds[855] und verschiedener Aldehyde,[856] sowie mit Heterocyclen (Isothiazol, Isoselenazol)[857] befasst. Über Vorlesungen zur Analytischen Chemie und durch regelmäßige Forschungsaufenthalte bei C. A. Coulson in Oxford kam Wille als Abteilungsleiter zur Anorganischen Chemie an der LMU. Wille hatte immer schon eine Liebe zur Mathematik und zur Theorie. Seine Vorlesungen in Analytischer Chemie und die „Einführung in die Theoretische Chemie" sowie seine Kurse über die Anwendung der Mathematik in der Chemie waren ein wichtiger Abschnitt in der Ausbildung der Chemiestudenten. Durch die Übersetzung der bekannten und grundlegenden Bücher von Coulson[858] und von J. D. Roberts hat Wille ganz wesentlich zum Verständnis der Chemischen Bindung bei den Kollegen und den Chemiestudierenden beigetragen. Gemeinsam mit Elisabeth Dane hat Wille ein weit verbreitetes Buch „Kleines Chemisches Praktikum" für die Medizinstudierenden verfasst, das in vielen Auflagen erschienen ist.[859]

Franz Wille war ein hochgeschätzter und liebenswerter Kollege, auch aufgrund seines überaus freundlichen und bescheidenen Wesens. Er hat sich mit Umsicht und Organisationstalent um die chemische Bibliothek verdient gemacht.

Wille trat 1974 in den Ruhestand und ist 1986 gestorben.

---

855 F. Wille, L. Saffer, W. Weisskopf, *Liebigs Ann. Chem.* **1950**, *568*, 34. — F. Wille, W. Schwab, *Z. Naturforsch.* **1977**, *32 b*, 733.

856 F. Wille, W. Schwab, J. Kroner, *Monatsh. Chem.* **1979**, *110*, 613.

857 F. Wille, W. Schwab, J. Schnitzer, C. Jochum, *Chem. Ber.* **1977**, *110*, 264.

858 Charles A. Coulson: *Die chemische Bindung.* Hirzel Verlag, Stuttgart, **1969**

859 E. Dane, F. Wille: *Kleines chemisches Praktikum.* Verlag Chemie, Weinheim, **1960**.

9.67 Ernst-Ludwig Winnacker (* 1941)

Ernst-Ludwig Winnacker wurde am 26. Juli 1941 in Frankfurt am Main als Sohn des Chemikers und ehemaligen Vorsitzenden der Hoechst AG Karl Winnacker geboren. Er studierte Chemie an der ETH Zürich (Diplom 1965) und wurde dort 1968 bei Albert Eschenmoser mit einer Arbeit „Ligandreaktivität synthetischer Kobalt(III)Corrin-Komplexe“ promoviert. Anschließend war er als Postdoktorand an der University of California, Berkeley und am Karolinska Institut in Stockholm tätig. 1974 folgte die Habilitation an der Universität Köln. 1977 wurde er als C3-Professor an die LMU in München berufen. 1980 wurde er als Nachfolger des Nobelpreisträgers Feodor Lynen C4-Profesor für Biochemie an der LMU. Von 1984 – 1997 war er Leiter des von ihm gegründeten Genzentrums der Universität München, 1994 / 95 Dekan der Fakultät für Chemie und Pharmazie. Von 1987 – 1993 war er Vizepräsident und von 1998 bis Ende 2006 Präsident der Deutschen Forschungsgemeinschaft (DFG) und von Januar 2007 bis Juli 2009 war er der erste Generalsekretär des neu geschaffenen Europäischen Forschungsrats (European Research Counsil ERC) in Brüssel und anschließend von 2009 – 2015 Generalsekretär des Human Frontier Science Program (HFSP) in Straßburg. Jetzt ist er Emeritus an der LMU.

In der Forschung stehen seine Arbeiten über Virus-Zell-Wechselwirkungen,[860] über Mechanismen der Genexpression in höheren Zellen, den Mechanismen und der Steuerung von Rekombinations-und Transkriptionsprozessen,[861] sowie über Prionen-Krankheiten (Biochemie der Prion-Proteine)[862] im Vordergrund. So hat er mit seinen Mitarbeitern viele Publikationen über Adenoviren herausgebracht. Mit seinem Kollegen Meinhart Zenk hat Winnacker eine Reihe von hochinteressanten Arbeiten

860 J. Fütterer, E.-L. Winnacker: Adenovirus DNA replication. *Curr. Topics in Microbiology and Immunology* **1984**, *111*, 41 – 64. — E.-L. Winnacker, *Cell* **1978**, *14*, 75 – 773. — M. Donzeau, E.-L. Winnacker, M. Meisterernst, *J. Virology* **1997**, *71*, 2628 – 2835.

861 R. Schneider, I. Gander, U. Müller, R. Mertz, E.-L. Winnacker, *Nucleic Acids Res.* **1986**, *14*, 1303 – 1307. — H. Altmann, W. Wendler, E.-L. Winnacker, *Nucleic Acids. Res.* **1994**, *22*, 2601 – 2603.

862 S. Weiss., D. Proske, M. Neumann, M. H. Groschup, H. A. Kretschmar, M. Famulok, E.-L. Winnacker, *J. Virology* **1997**, *71*, 8790 – 8797.

über die Metall-koordinierenden Peptide in Pflanzen, die Phytochelatine, publiziert, die ungewöhnlich oft zitiert wurden, z. B. 5 mit 661 Zitaten![863] Das Interesse und die große Kompetenz von Winnacker ist die Technik bei der chemischen DNA Synthese[864] und insbesondere bei der Gen-Forschung wie der Bestimmung der Sequenz der Nucleobasen in der DNA.[865] Er ist der große Pionier („Deutschlands Gentechnik-Papst") in der Genforschung und er hat die deutsche Genforschung in hohem Maße geprägt, auch durch die Gründung des Gen-Zentrums an der Universität München, auf die Winnacker besonders stolz ist. Er ist der Autor von Fachbuchklassikern auf diesem Gebiet.[866] Schließlich ist Winnacker ohne Zweifel auch der große Wissenschaftsmanager. Durch seine erfolgreiche Tätigkeit als Präsident der DFG, als Generalsekretär des Europäischen Forschungsrats und des Human Frontier Science Program, als Mitglied der Enquete-Kommission des Bundestages zu „Chancen und Risiken der Gentechnologie (1982 – 1992), als Vorsitzender der Gesellschaft Deutscher Naturforscher und Ärzte (1999 – 2000) hatte er entscheidenden Einfluss auf die Förderung der Forschung und des wissenschaftlichen Nachwuchses und auf die Politik in der Wissenschaft. Sein Schriftenverzeichnis umfasst 224 Publikationen. Winnacker hat ungewöhnlich viele Vorträge im In-und Ausland gehalten (häufig über 50 pro Jahr).

Die überaus erfolgreiche Tätigkeit Winnackers wurde durch sehr viele Auszeichnungen anerkannt und geehrt: Mitgliedschaft der Akademie der Naturforscher Leopoldina (seit 1988), der Nordrhein-Westfälischen Akademie der Wissenschaften (seit 1993), der Göttinger Akademie der Wissenschaften (seit 1997), der Berlin / Brandenburgischen Akademie der Wissenschaften (seit 1998), der Academia Europaea (seit 1989) sowie der National Academy of Medicine USA (seit 1998).

---

863 E. Grill, E.-L. Winnacker, M. H. Zenk, *Science* **1985**, *230*, 674 - 676.

864 E.-L. Winnacker: Principles and uses of chemical DNA synthesis. *DECHEMA Monographien* **1984**, *95*, 251 - 165.

865 Beispielsweise E.-L. Winnacker, *Angew. Chem., Int. Ed.* **1992**, *31*, 1578 - 1582.

866 E.-L. Winnacker: *Gene und Klone - Eine Einführung in die Gentechnologie*. VCH, Weinheim, **1985**. — Ders.: *From Genes to Clones*. VCH, Weinheim, **1987**. — Ders.: *Am Faden des Lebens*. Piper, **1993**. — Ders.: *Viren - Die heimlichen Herrscher*. Eichborn, Frankfurt, **1999**. — Ders: *Das Genom - Möglichkeiten und Grenzen der Genforschung*. Eichhorn, Frankfurt, 3. Aufl. **2002**.

- Bundesverdienstkreuz am Bande (1990), Bundesverdienstkreuz I. Klasse (1996), Großes Verdienstkreuz der Bundesrepublik Deutschland (2006), Großes Verdienstkreuz mit Stern des Verdienstordens der Bundesrepublik Deutschland (2010)
- Bayerischer Verdienstorden (1992), Bayerischer Maximiliansorden für Wissenschaft und Kunst (1999), Bayerische Verfassungsmedaille in Silber (2006), Medaille für besondere Verdienste um Bayern in einem Vereinten Europa (2007)
- Doctor honoris causa der Tierärztlichen Universität Wien (1999)
- Wissenschaftspreis des Johann-Georg-Zimmermann-Vereins (1999)
- Ehrenring der Eduard-Rhein-Stiftung (2001)
- Komtur des Verdienstordens der Republik Polen (2007)
- Orden der Aufgehenden Sonne mit Goldenen Strahlen am Halsband, überreicht vom japanischen Ministerpräsidenten Taro Aso (2009)
- Medaille für internationale Zusammenarbeit in Wissenschaft und Technik der Volksrepublik China (2010)
- Verdienstmedaille der Deutschen Akademie der Naturforscher Leopoldina (2010)
- Robert-Koch-Medaille in Gold für seine „wertvollen Impulse für eine nachhaltige Entwicklung des Wissenschaftssystems in Deutschland und Europa" (2011)
- Richard-Ernst-Medaille der ETH Zürich (2011)
- Doctor honoris causa der Medizinischen Fakultät der Universität Würzburg (2011)
- Doctor honoris causa der Medizinischen Fakultät der LMU München (2015)
- Ehrenmitgliedschaft der Deutschen Gesellschaft für innere Medizin (2015)

Im Jahr 2017 wurde Winnacker als ganz besondere Auszeichnung in die Hall of Fame der deutschen Forschung aufgenommen.

9.68 Bernhard Witkop (1917–2010)

Bernhard Witkop wurde am 9. Mai 1917 als Sohn des namhaften Germanisten an der Universität Freiburg Philipp Witkop in Freiburg (Breisgau) geboren. Er begann 1935 an der Universität München das Chemiestudium, das er schon 1940 mit einer Arbeit über das Knollenblätterpilz-Gift Phalloidin[867] abschließen konnte. Sein Doktorvater war Heinrich Wieland, der die Studiengenehmigung für den „halbjüdischen" Bernhard Witkop erwirkt hatte, weil er diese als Nichtmitglied der Deutschen Studentenschaft sonst nicht erhalten hätte. Witkop war Privatassistent von Heinrich Wieland. Auf Vermittlung von Wieland konnte Witkop in der „Abgeschiedenheit" des Chemischen Instituts Weihenstephan (Direktor Prof. F. Reindel) 1943–1945 seine Habilitationsarbeit über Indolalkaloide[868] ausführen, nachdem der Aufenthalt für „Nichtarier" an den Universitäten nicht mehr möglich war. Im Jahr 1945 folgte die Habilitation. 1947 wanderte er in die USA aus und konnte mit einem Stipendium Forschungs- und Lehraufgaben an der Harvard-Universität wahrnehmen. Dort fand er in Robert Burns Woodward einen Freund. Ab 1950 wirkte Witkop am National Institute of Health in Bethesda und leitete dort von 1957 - 1987 das „Laboratory of Chemistry". Witkop ist am 22. November 2010 in Chevy Chase, MD (USA) im Alter von 93 Jahren gestorben.

Witkop war ein hoch angesehener und überaus produktiver Forscher in der Organischen Chemie und der Naturstoffchemie. Sein Freund Rolf Huisgen hat einen sehr bewegenden und besonders schönen Nachruf verfasst.[869] Als Beispiele seien genannt:

- Der (bekannte) „NIH shift", d. i. der Mechanismus der Hydroxylierung von Phenylalanin,[870]
- die selektive Spaltung von Peptiden mit Bromcyan und N-Bromsuccinimid,[871]

867 H. Wieland, B. Witkop, *Liebigs Ann. Chem.* **1940**, *543*, 171.

868 B. Witkop, *Angew. Chem.* **1943**, *56*, 265.

869 R. Huisgen, *Angew. Chem., Int. Ed.* **2011**, *50*, 5609; *Angew. Chem.* **2011**, *123*, 5723.

870 G. Groff, J. W. Daly, B. Witkop, et al., *Science* **1967**, *157*, 1524.

871 B. Witkop, *Science* **1968**, *162*, 318.

- die Isolierung von Naturstoffen,[872]
- Photochemische Arbeiten, z. B. Dimerisierung von Thymin,[873]
- Arbeiten zur Synthese und zum Mechanismus, z. B. von Indol-Verbindungen,[874]
- Chemie von Tryptophan „Forty years of Trypto-Fun".[875]

Sein großes wissenschaftliches Werk umfasst ca. 570 Publikationen. Von Witkop stammt eine sehr ausführliche und von tiefer Zuneigung geprägte Würdigung seines verehrten Doktorvaters Heinrich Wieland.[876]

Bernhard Witkop wurde durch viele Auszeichnungen geehrt. 1990 wurde von unserer Fakultät sein Doktor-Diplom nach 50 Jahren erneuert. Er erhielt die Paul-Karrer-Medaille der Universität Zürich (1971), den „Orden des Heiligen Schatzes" des japanischen Kaisers (1975). Er war Mitglied der National Academy of Science, der American Phisophical Society, Section Biology, der American Academy of Arts and Science, der Europäischen Akademie der Wissenschaften und Künste.

9.69 Eduard Zintl (1898–1941)

Eduard Zintl wurde am 21. Januar 1898 in Weiden (Oberpfalz) geboren. Er wurde 1916 zum Militärdienst eingezogen und konnte erst mit 21 Jahren sein Chemiestudium an der Universität München beginnen. Er fiel bereits in den ersten Semestern durch besondere Leistungen auf und wurde so von Otto Hönigschmid zum Hilfsassistenten ernannt. Im Jahr 1923 wurde er mit einer Arbeit über „Revision des Atomgewichts von Brom durch vollständige Synthese des Bromsilbers" bei Hönigschmid promoviert.[877] Bereits nach zwei Jahren hat er sich 1925 über „Potentio-

---

872 B. Witkop, *J. Am. Chem. Soc.* **1968**, *71*, 2559. — F. Märki, B. Witkop, Experientia 1963, 19, 329.

873 T. Kunieda, B. Witkop, *J. Am. Chem. Soc.* **1971**, *93*, 3493.

874 B. Witkop et. al., *J. Am. Chem. Soc.* **1969**, *91*, 6199.

875 B. Witkop, *Heterocycles* **1983**, **20**, 2059.

876 B. Witkop: Erinnerungen an Heinrich Wieland (1877–1957). *Liebigs Ann. Chem.* **1992**, X–XXXII. — B. Witkop: Heinrich Wieland hundert Jahre: Sein Werk und Vermächtnis heute. *Angew. Chem.* **1977**, *89*, 577.

877 O. Hönigschmid, E. Zintl, *Liebigs Ann. Chem.* **1923**, *433*, 201.

metrische Titrationsmethoden zur Bestimmung von Schwermetallen und ihre Verwendung in der Legierungsanalyse“[878] habilitiert und wurde zum Konservator ernannt. Als 29-jähriger wurde er auf ein Extraordinariat an der Universität Freiburg berufen und übernahm 1928 als Nachfolger von Robert Schwarz die Anorganische Abteilung des Chemischen Laboratoriums. Im Jahr 1933 erhielt er den Ruf als ordentlicher Professor und Vorstand des Instituts für Anorganische Chemie an der Technischen Hochschule Darmstadt als Nachfolger von Lothar Wöhler. Wegen der für seine Arbeiten wichtigen Physikalischen Methoden erhielt sein Institut die Bezeichnung „Institut für Anorganische und Physikalische Chemie“.

Die Eröffnung des Neubaus des von ihm geplanten Instituts hat Zintl nicht mehr erlebt. Er starb am 17. Januar 1941 kurz vor Vollendung seines 43. Lebensjahres. Ihm zu Ehren wurde sein Institut nach seinem Namen benannt. Seine Nachfolger im „Zintl-Institut“ waren Herbert Schäfer und Thomas Fässler, die das Zintl-Konzept weiter entwickelt haben. Schüler und Mitarbeiter, die ihrem Doktorvater in der akademischen Laufbahn folgten, waren J. Goubeau (Stuttgart), G. Brauer (Freiburg), A. Meuwsen (Erlangen), G. Rienäcker (Rostock, Berlin), U. Croatto (Padua) und M. Linhard (Clausthal-Zellerfeld).

In der Forschung hat sich Zintl in München zunächst mit weiteren Atomgewichtsbestimmungen befasst:[879] Er wurde dann ein großer Experte für potentiometrische Titrationen als Analysenmethode (19 Publikationen). Ausgehend von den farbigen Lösungen der Alkalimetalle in flüssigem Ammoniak schuf Zintl[880] die Grundlagen für die – wie sie heute nach Laves[881] genannt wird – Chemie der Zintl-Ionen und der Zintl-Phasen. Zintl-Ionen sind die Polyanionen von Elementen der V., VI. und VII. Hauptgruppe, während die Elemente der III. – VI. Hauptgruppe mit Alkali- und Erdalkalimetallen die salzartigen Zintl-Phasen ausbilden können. Klas-

878 E. Zintl, Elektrometrische Maßanalyse. *Handbuch der Arbeitsmethoden in der Anorganischen Chemie*, Bd. II, **1925**, 959. — E. Zintl: Neue elektrochemische Titrationsmethoden. *Z. Elektrochem.* **1925**, *31*, 428.

879 Beispielsweise E. Zintl, J. Goubeau: Über die Atomgewichte von Silber, Chlor und Kalium. *Z. Anorg. Allg. Chem.* **1927**, *163*, 302.

880 E. Zintl: Salzartige Verbindungen des Natriums und ihr Übergang in intermetallische Phasen. *Naturwiss.* **1929**, *17*, 782. — E. Zintl, *Angew. Chem.* **1939**, *52*, 1.

881 F. Laves, *Naturwiss.* **1941**, *29*, 244.

sische Beispiele für Zintl-Ionen sind die Polyanionen Bi_5^{2-} und Sn_9^{4-}, für Zintl-Phasen Na^+Tl^- (mit Diamantstruktur der Tl-Ionen).[882] Klemm und Busmann[883] führten die (8-N)-Regel für die Bindigkeit des Anions in den Zintl-Phasen ein (N = Zahl der Außenelektronen), die für die Struktur bestimmend ist. Das Konzept der Zintl-Phasen wurde von Schäfer und Eisenmann[884] und von Fässler,[885] das der Zintl-Ionen durch Corbett[886] und Fässler[887] wesentlich erweitert.[888] Hochdruck-Untersuchungen an Zintl-Phasen wurden von Evers ausgeführt.

Zintl hat in nur 15 Jahren, die ihm für seine grundlegenden Arbeiten vergönnt waren, weit vorausschauend eine Chemie der Festkörper entwickelt, die bis heute hochaktuell ist: „Wir treiben auch in der Wissenschaft eine Politik auf weite Sicht und wir erstreben durch Grundlagenforschung eine umfassende Theorie, weil sie uns dem höchsten Ziel der Wissenschaft näher bringt. Es besteht darin, Neues vorauszusagen". Seine grundlegenden Arbeiten sind in 104 Publikationen[889] niedergelegt, Darunter finden sich auch weitere interessante Ergebnisse, wie die Synthese von Siliziummonoxid[890] und die experimentell anspruchsvollen Arbeiten über Erdalkalihydride[891]. Im Jahr 1938 wurde Zintl die Liebig-Denkmünze verliehen. Sein einflussreiches Wirken und seine Persönlichkeit haben Kollegen und Schüler in einer Reihe von eindrucksvollen Nachrufen gewürdigt.[892]

882 E. Zintl, W. Dullenkopf, *Z. Physik. Chem. B* **1932**, *16*, 1956.

883 W. Klemm, E. Busmann, *Z. Anorg. Allg. Chem.* **1963**, *219*, 297.

884 H. Schäfer, B. Eisenmann, W. Müller, *Angew. Chem.* **1973**, *85*, 742. — H. Schäfer, *Ann. Rev. Mater. Sci.* **1985**, *1*, 15.

885 T. F. Fässler: Zintl Phases and Recent Developments. *Structure and Bonding* **2011**, *139*, IX. — L. M. Scherf, A. Karttunen, P. Pecher, P. C. M. M. Magusin, C. P. Grey, T. F. Fässler, *Angew. Chem.* **2016**, *128*, 1087.

886 J. D. Corbett, *Angew. Chem.* **2000**, *112*, 682.

887 T. F. Fässler, S. D. Hoffmann, *Angew. Chem.* **2004**, *116*, 6400.

888 Für eine kurze schöne Übersicht über Zintl-Phasen siehe J. Evers, *Structure and Bonding* **2011**, *139*, 57.

889 Veröffentlichungen von Eduard Zintl: *Ber. Dtsch. Chem. Ges.* **1941**, *75 A*, 71.

890 E. Zintl, *Z. Anorg. Allg. Chem.* **1940**, *245*, 1.

891 E. Zintl, A. Harder, *Z. Elektrochem.* **1935**, *41*, 33.

892 O. Hönigschmid, *Ber. Dtsch. Chem. Ges.* **1941**, *75 A*, 40. — H. W. Kohlschütter, *Ber. Dtsch. Chem. Ges.* **1941**, *75 A*, 45. — G. Jayme, *Ber. Dtsch. Chem. Ges.* **1941**, *75 A*, 67. — A. Schneider, Z. Elektrochem. 1941, 47, 291 (mit einer Liste der

Hönigschmid beschrieb „die Lehrjahre seines begabtesten und treuesten Schüler und Freund in München", Kohlschütter, „die Entwicklung der wissenschaftlichen Arbeiten Eduard Zintls in Freiburg und Darmstadt", und Jayme die Zeit Zintls als „Hochschullehrer in Darmstadt". R. Hoffmann hat das Konzept der Zintl-Phasen „as the single most important theoretical concept in solid-state chemistry of the 20th century" herausgestellt.[893]

9.70 Georg Zundel (1931–2007)

Georg Zundel wurde am 17. Mai 1931 in Tübingen geboren. Er begann 1952 das Studium der Physik an der Universität München. Nach dem Vordiplom (1954) studierte er zwei Semester an der Universität Frankfurt, kehrte aber 1956 wieder nach München zurück, um seine Diplom und Doktorarbeit am Physikalisch-Chemischen Institut der LMU anzufertigen. Er wurde 1961 bei G.-M. Schwab mit einer Arbeit über Ionenhydration und Protonenbeweglichkeit promoviert. Ab 1961 war er wissenschaftlicher Mitarbeiter am Physikalisch-Chemischen Institut der LMU und baute eine spektroskopische Abteilung (vor allem Infrarotspektroskopie) zur Untersuchung der zwischenmolekularen Wechselwirkung auf. 1967 hat er sich mit einer Arbeit über zwischenmolekulare Wechselwirkung, Hydratation und Protonenbeweglichkeit in Polyelektrolyten habilitiert.[894] 1972 wurde er zum Universitätsdozenten, 1974 zum apl. Professor und 1976 zum Professor HS3 ernannt. Anschließend erfolgte die Überleitung in eine C3-Professur, die er bis zu seinem Ruhestand im Jahr 1996 innehatte. Georg Zundel ist am 11. März 2007 in Salzburg gestorben.

In der Forschung von Zundel stand die Wasserstoffbrückenbindung im Mittelpunkt seines Interesses, die Wasserstoffbrücken in biologischen

Veröffentlichungen von E. Zintl). — W. Klemm, *Z. Anorg. Allg. Chem.* **1941**, *247*, 1. — B. Albert, Technische Universität Darmstadt. ➤<https://www.chemie.tu-darmstadt.de/albert>. — C. Wagner, *Angew. Chem.* **1941**, *54*, 525.

893 R. Hoffmann: *Solid and surfaces – a chemist's view of bonding in extended structures*. VCH, New York, **1988**, 3. — Weitere Literatur über E. Zintl siehe Wikipedia, Eduard Zintl, Zintl-Phases sowie Lexikon bedeutender Chemiker, VEB Leipzig, **1989**, 468. — Zintl Eduard (1898 - 1941) Chemiker ➤<https://www.kipnis.de/>.

894 G. Zundel, *Angew. Chem.* **1969**, *81*, 507.

Systemen, aber auch in einer Vielzahl anderer Verbindungen, die vor allem mit der Infrarotspektroskopie verfolgt wurden. Dabei stellte er die Polarisierbarkeit der Wasserstoffbrücken heraus.[895] Eine Arbeit über die Berechnung der Frequenz und der Intensität von Valenzschwingungen in H-Brücken galt seinerseits als herausragende Publikation auf diesem Gebiet.[896] Sein umfangreiches wissenschaftliches Werk umfasst 379 Publikationen in internationalen Zeitschriften der Physikalischen Chemie und der Biophysik. Er war – auch durch seine Vorträge auf Tagungen sehr anerkannt; u. a. galt $H_5O_2^+$ als „Zundel-Kation". Bereits 1969 hat er eine Monographie „Hydration and Intermolecular Interaction – Infrared Investigations of Polyelectrolyte Membranes"[897] verfasst, die 1972 in erweiterter Form ins Russische übersetzt wurde. Zundel hat sich an der LMU große Verdienste durch die Einführung einer viersemestrigen Kursvorlesung über Biophysik und Molekularbiologie erworben, zu einem Zeitpunkt als dieses heute ungemein wichtige Forschungsgebiet erst am Anfang stand. Gleichzeitig hat er mit Kollegen der TU München ein biophysikalisches Kolloquium eingerichtet, das heute noch besteht.

Auch begünstigt durch die wirtschaftlichen Verhältnisse in seiner Familie hat sich Zundel intensiv und erfolgreich für soziale, unternehmerische und philanthropische Projekte engagiert. Diese Verdienste wurden 2003 durch die Verleihung des Großen Verdienstkreuzes der Bundesrepublik Deutschland gewürdigt.

---

895 G. Zundel, D. Schiöberg, *J. Chem. Soc. Faraday Trans. II* **1973**, *69*, 771. — G. Zundel: Hydrogen bonds with large proton polarizability and proton transfer processes in electrochemistry and biology. *Adv. Chem. Phys.* **2000**, *111*, 1 (comprehensive review).

896 G. Zundel, R. Janoschek, E. G. Weidemann, *J. Chem. Soc. Faraday Trans. II* **1973**, *69*, 505.

897 G. Zundel: *Hydration and Intermolecular Interaction – Infrared Investigations of Polyelectrolyte Membranes.* Academic Press, New York, **1969**.

Anhang

Abkürzungsverzeichnis

a. o.	außerordentlich (Professur)
ADUC	Arbeitsgemeinschaft Deutscher Universitätsprofessoren und Universitätsprofessorinnen für Chemie
AG	Aktiengesellschaft
apl.	außerplanmäßig (Professur)
BASF	Badische Anilin- & Soda-Fabrik, Ludwigshafen am Rhein
C1 …	Besoldungsgruppen für wissenschaftliche Beamte 1975 – 2002
CeNS	Center of Nanoscience
DFG	Deutsche Forschungsgemeinschaft
DFT	Dichtefunktionaltheorie (theoretische Chemie)
DM	Deutsche Mark (1948 – 2001)
DMAP	„Steglich-Reagenz" 4-Dimethylaminopyridin
DNA	Desoxyribonukleinsäure
EM	Elektronen-Mikroskopie
Eon	E.ON SE, Essen, Energiekonzern
ETH	Eidgenössische Technische Hochschule (Zürich)
FH	Fachhochschule
FU	Freie Universität Berlin
GDCh	Gesellschaft Deutscher Chemiker e. V.
HS1 …	Besoldungsgruppe für Beamte
IPN	Leibniz-Institut für die Pädagogik der Naturwissenschaften und Mathematik an der Universität Kiel
IR	Infrarot
IUPAC	International Union of Pure and Applied Chemistry
LED	Leuchtdiode (engl. *light-emitting diode*)

Wolfgang Beck: Die Geschichte der Chemie an der LMU München.
 DOI: ‣ <https://doi.org/10.47261/1552>.

LMU	Ludwig-Maximilians-Universität
M	Mark
MPI	Max-Planck-Institut
NIM	Exzellenzcluster „Nanosystens Initiative Munich"
NLO	Nicht-lineare Optik
NMR	Kernspinresonanz (engl. *nuclear magnetic resonance*)
NS	Nationalsozialismus
NSDAP	Nationalsozialistische Deutsche Arbeiterpartei
o.	ordentlich (Professur)
PS	Periodensystem
PVC	Polyvinylchlorid
RM	Reichsmark (1924 – 1948)
RNA	Ribonukleinsäure
SKW	SKW Trostberg AG, ehem. Chemieunternehmen
SS	Sommersemester; Schutzstaffel
TH	Technische Hochschule
TU	Technische Universität
TUM	TU München
UV	Ultraviolett
VIAG	Vereinigte Industrieunternehmungen AG, ehem. Industriedachgesellschaft für staatliche Beteiligungen
W1 …	Besoldungsgruppen verbeamteter Professoren ab 2002
WS	Wintersemester.

Tabellenverzeichnis

Bildnachweis

Andreas Heddergott, Süddeutsche Zeitung: Abb. 2.12. – 2.15.
Arbeitskreis Prof. Beck.: Abb. 2.10., 2.11., 7.2., 7.3.
Bauamt LMU am 4.10.1995: Abb. 2.6., 2.7.
Broschüre und Pläne der Neubauten der Fakultät für Chemie und Pharmazie, 2. Bauabschnitt, Universitätsbauamt LMU: Abb. 2.8.
Department Chemie LMU: Abb. 1.1.
Dieter Oesterhelt: Abb. 5.4.
ETH-Bibliothek Zürich, Bildarchiv: Abb. 5.2. (Camille Ruf).
Georg Heyne, Fritz-Haber-Institut: Abb. 5.6.
Gießener Universitätsblätter **1973**, *6*, H. 1, 109 – 110: Abb. 3.1.
Julius F. Lehmann, München: Abb. 5.3.
LMU Kunstinventar Nr. 0312: Abb. 7.1.
MünchnerUni Magazin, Zeitschrift der LMU, Hrsg. Leitung der LMU, Sonderausgabe zum Umzug der Chemie der LMU nach Großhadern und der dort zitierte Bildnachweis: Abb. 2.1., 2.4., 2.4.
Presse-Illustrationen Heinrich Hoffmann: Abb. 5.1.
Ralf Hahn / Scripta Scientium: Abb. 5.5.
Rolf Huisgen, *Nachr. Chem.* **2007**, *55*, November, 1083: Abb. 2.2., 2.3.
Wolfgang Beck: Abb. 2.9., 6.1. , 8.1., 9.1. – 9.22.,[898] 10.1.

Von einigen Bildern konnten die Rechteinhaber leider nicht ermittelt werden. Der Verlag bittet etwaige Rechteinhaber, sich bei ihm zu melden.

898 Zu Abb. 9.1. – 9.22.: Kollegen, über die eine Kurzbiographie erstellt wurde, gilt der Dank für die Überlassung eines Porträtfotos.

Über den Autor

Abb. 10.1. Wolfgang Beck.

Wolfgang Beck wurde 1932 in München geboren. Er studierte Chemie an der TH München und wurde 1959 bei Walter Hieber promoviert. 1963 folgte die Habilitation, seit 1968 war er Professor an der Ludwig-Maximilians-Universität.

Die Forschungsarbeiten von Wolfgang Beck liegen auf den Gebieten der Koordinationschemie und der Metallorganischen Chemie, in den letzten Jahren besonders auf der Bioanorganischen und Biometallorganischen Chemie.

Gemeinsam mit Gymnasiallehrern hat Beck Chemie-Lehrbücher für die Schüler an Gymnasien verfasst, die in Bayern und Baden-Württemberg verbreitet waren.

Personenindex

DOI: › <https://doi.org/10.47261/1552>.

C

D

E

F

G

H

I

J

K

L

M

N

S

T

U

V

W

Z

Frank Kuschel

Die Experimentalchemie und ihre Protagonisten an der Universität Halle

Hardcover, 14,8 × 21 cm
170 Seiten, 57 Abb., ***29,80 €***
ISBN 978-3-86225-140-7

↗ gnt-verlag.de/1140

Die Chemiegeschichte in Halle zeigt eindrucksvoll das neuzeitliche Leitmotiv des verifizierbaren Experiments. Die alten Meister trugen ihre Inspirationen und Erkenntnisse aus der experimentellen Forschung stets an ihre Schüler weiter und standen damit für eine Entwicklung, die mit Persönlichkeiten wie R. F. Marchand, H. W. Heintz und Jacob Volhard einen einzigartigen Aufstieg erlebte. Diese Tradition setzte sich im 20. Jahrhundert mit Schwerpunkten wie Flüssigkristalle oder Stereochemie fort und wird anhand ihrer Protagonisten erzählt.

Frank Kuschel

Mühlpforte Nr. 1 und die Physikalische Chemie an der Universität Halle

Die Geschichte eines universitären Refugiums

Softcover, 14,8 × 21 cm
164 Seiten, 68 Abb., ***19,80 €***
ISBN 978-3-86225-108-7

↗ gnt-verlag.de/1108

Die Geschichte der Physikalischen Chemie an der Universität Halle konzentrierte sich bis 2009 auf einen einzigen Gebäudekomplex – die Mühlpforte 1. Der Autor, der als Mitarbeiter und Hochschullehrer hier drei Jahrzehnte tätig war, zeichnet die Entfaltung dieser Disziplin in Halle und die Baugeschichte des Gebäudekomplexes nach. Besondere Aufmerksamkeit gilt der Flüssigkristallforschung, die 100 Jahre lang ein wichtiges Forschungsthema war.

Astrid Schürmann und Burghard Weiss (Hrsg.)

Chemie – Kultur – Geschichte

Hardcover, 14,8 × 21 cm
434 Seiten, 118 Abb.,
39,00 €
ISBN 978-3-928186-63-6

↗ gnt-verlag.de/163

Chemie ist Kultur, Chemie hat Geschichte. 34 Beiträge versuchen die Chemie als Teil unserer Kulturgeschichte zu begreifen und in ihrer kulturellen und historischen Dimension zu vermitteln.
Um den Ansatz der Wissenschaftskulturgeschichte breiter zu dokumentieren, enthält der Band auch Beiträge, die Physik-, Biologie- oder Technikgeschichte thematisieren. Zu den Autoren gehören u. a. Günter Abel, Menso Folkerts, Walter Kaiser, Michael Eckert, Andreas Kleinert, Eberhard Knobloch, Wolfgang König, Fritz Krafft, Herbert Mehrtens, Christoph Meinel, Hans Poser, Carsten Reinhardt und Alan J. Rocke.

LEBENSWERKE
IN DER
CHEMIE

DIE WERKE DER INTERNATIONALEN REIHE SIND EINE HOMMAGE AN AUSGEZEICHNETE FORSCHUNG, ERZÄHLEN LEHRREICH UND ANREGEND, WIE SIE GELANG, UND WOLLEN DIE NÄCHSTEN GENERATIONEN FÜR DIE ZUKUNFT INSPIRIEREN.

DIE BUCHREIHE „LEBENSWERKE IN DER CHEMIE“ ERHIELT EINE GOLDPRÄMIERUNG DER STIFTUNG BUCHKUNST UND GEHÖRT DAMIT ZU DEN „SCHÖNSTEN DEUTSCHEN BÜCHERN“.

BISLANG IN DER REIHE ERSCHIENEN.

GÜNTHER MAIER
DAS WAR'S – ERINNERUNGEN EINES DOKTORVATERS (2021)

GERHARD ERTL
MEIN LEBEN MIT DER WISSENSCHAFT (2021)

HENRI BRUNNER
BILD UND SPIEGELBILD: KLEINER UNTERSCHIED – GROSSE AUSWIRKUNGEN (2021)

DIETER OESTERHELT UND MATHIAS GROTE
LEBEN MIT LICHT UND FARBE – EIN BIOCHEMISCHES GESPRÄCH (2022)

STEPHEN B. H. KENT
INVENTING SYNTHETIC METHODS TO DISCOVER HOW ENZYMES WORK (2022)

FRANZ EFFENBERGER
VON AROMATEN UND HETEROCYCLEN ZUR BIO- UND NANOTECHNOLOGIE (2023)

GERHARD ERTL
MY LIFE WITH SCIENCE (2023)

HORST KESSLER
NMR: MEIN KOMPASS IN DER ORGANISCHEN UND MEDIZINISCHEN CHEMIE
(ERSCHEINT IM HERBST 2023)

L-I-C.ORG

Reaktionen

Aber wie kam Günther Maier darauf, … auf den ersten Blick „nutzlose" Moleküle zu erforschen? … All dies wird auf spannende und unterhaltsame Weise beschrieben. … Tatsächlich ist das Buch eine Hommage an die zahlreichen Doktoranden. … In seinem Buch schildert er, wie sich aus ersten Experimenten, ohne Unterstützung durch Spektroskopie und Computersimulation, ein reiches Arbeitsgebiet entwickelt hat.

Wolfram Sander, Bochum, in *Angewandte Chemie*

Dieses Buch ist ein *pageturner*. … Ist daher aus meiner Sicht eine exzellente, kurzweilige Lektüre nicht nur für all diejenigen, die sich für Wissenschaftsgeschichte im Allgemeinen und Gerhard Ertl im Besonderen interessieren.

Melanie Schnell, Hamburg, in *Angewandte Chemie*

Henri Brunner lässt den Leser sowohl an den Schwierigkeiten, ein eigenes Forschungsthema zu etablieren, teilhaben als auch an den Erfolgen, die ihn in Windeseile als Ordinarius an die Universität Regensburg führten. Er beschreibt die Chancen und Gestaltungsmöglichkeiten beim Aufbau des Chemiestudiengangs sowie die Sorgen und Freuden des Lehrstuhlinhabers.

Doris Kunz, Tübingen, in *Angewandte Chemie*

Das Bakteriorhodopsin (BR) steht im Mittelpunkt des neuesten Bands der wunderbaren Reihe „Lebenswerke in der Chemie". … Oesterhelts Autobiografie schildert seinen Lebensweg, nicht nur den wissenschaftlichen, sondern auch den privaten. Aus allem spüren die Leser:innen den Enthusiasmus und die menschliche Wärme …

Ferdinand Hucho, Berlin, in *BIOspektrum*

Kents Motivation war es, einen Beitrag zum Verständnis der enzymatischen Katalyse zu leisten … Als Modell hierfür diente ihm die HIV-1-Protease, als Methode die von ihm entwickelte „Native Protein Ligation". Ein Fest für jeden Chemiker, die entsprechenden Kapitel seiner Autobiografie zu lesen!

Ferdinand Hucho, Berlin, in *BIOspektrum*

Die Reihe will außerdem das Schöne und die Naturwissenschaften verbinden und die Leserschaft auch emotional packen. … Und das Ergebnis ist bestechend!

Silvia Werfel, Leipzig, in *bindereport*

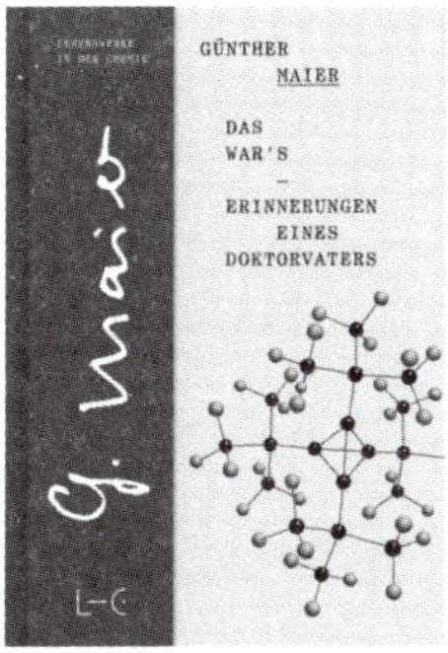

312 S.
170 ABB.
39,80 €
L-I-C.ORG/1125

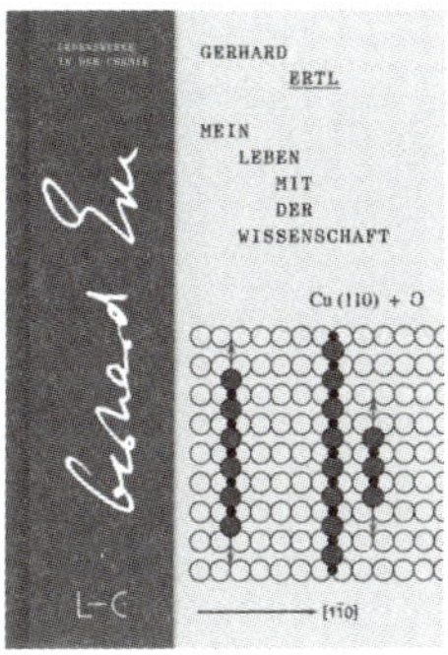

172 S.
85 ABB.
34,80 €
L-I-C.ORG/1126

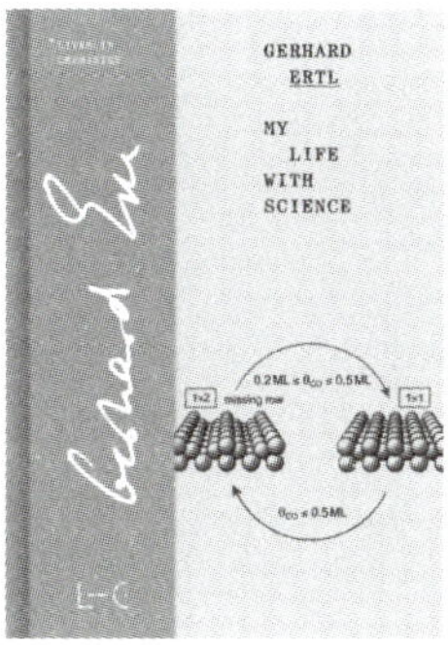

196 S.
98 ABB.
39,80 €
L-I-C.ORG/1131

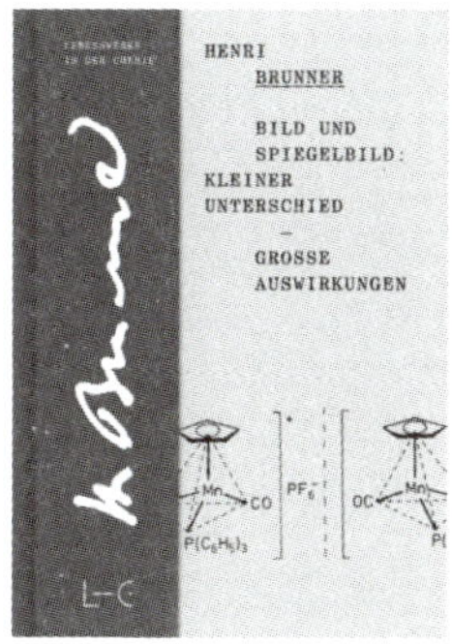

296 S.
261 ABB.
39,80 €
L-I-C.ORG/1127

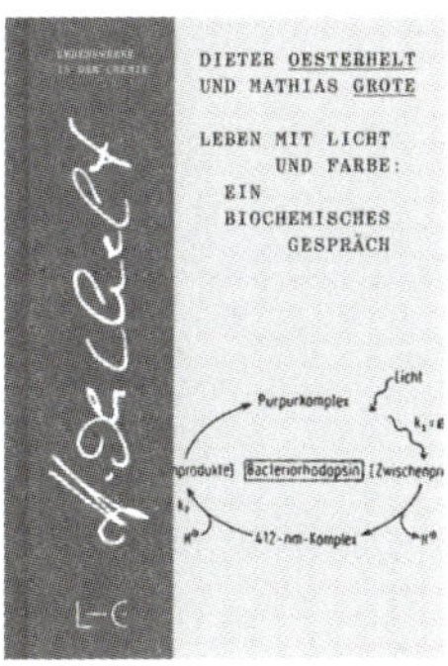

288 S.
82 ABB.
39,80 €
L-I-C.ORG/1128

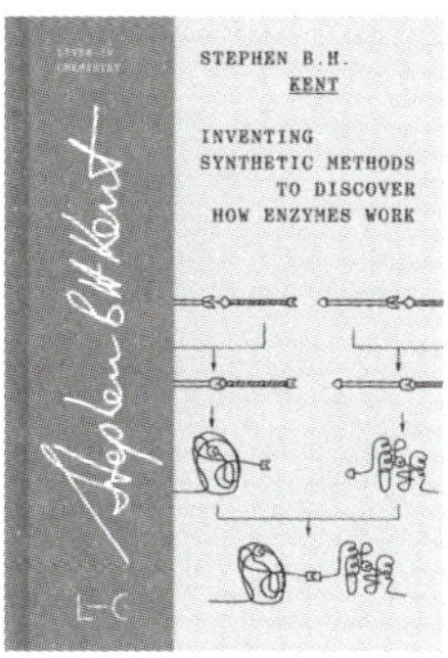

336 P.
267 FIG.
39,80 €
L-I-C.ORG/1129

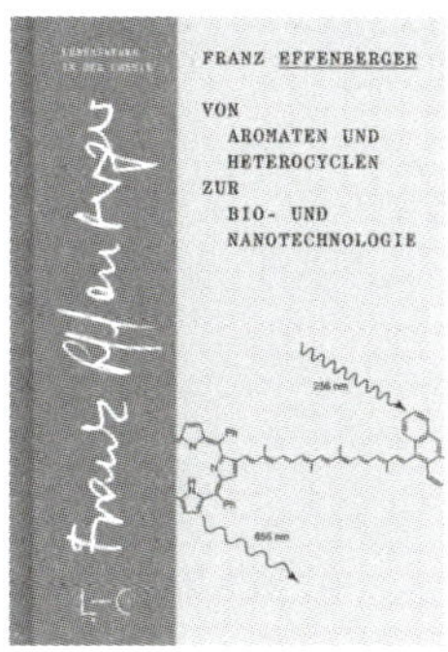

268 S.
231 ABB.
39,80 €
L-I-C.ORG/1130